Sciences de la Vie et de la Terre

Géologie

Mariette Campergue
professeur à Fréjus

Jean-Pierre Desloges
professeur à Paris

Gérard Fugiglando
professeur à Villeneuve-Loubet

Jean-Yves Le Ménec
professeur à Brest

Michelle et Bernard Maury
professeurs à Nantes

Éric Périlleux
professeur à Paris

Bernard Piat
IPR Paris

Pierre Thomas
professeur à l'ENS Lyon

Claudette Tortora
professeur à Paris

4[e]

Collection Périlleux

NOUVEAU
PROGRAMME
1998
CYCLE CENTRAL
DES COLLÈGES

NATHAN

LE CYCLE CENTRAL DES COLLÈGES
Programme de la classe de 4^{e}

B LA TRANSMISSION DE LA VIE CHEZ L'HOMME*
(durée conseillée : 8 heures)

C_2 REPRODUCTION SEXUÉE ET PÉRENNITÉ DES ESPÈCES DANS LES MILIEUX*
(durée conseillée : 8 heures)

D LA TERRE CHANGE EN SURFACE

D_1. L'évolution des paysages : roches, eau, atmosphère, êtres vivants*
(durée conseillée : 16 heures)

D_2. L'évolution des paysages : effets de l'activité interne du globe
(durée conseillée : 12 heures)

E LA « MACHINE TERRE »
(durée conseillée : 6 heures)

F HISTOIRE DE LA VIE, HISTOIRE DE LA TERRE
(durée conseillée : 10 heures)

**Les parties B, C_2, D_1, peuvent être enseignées en 5e comme en 4e.*
Les parties A et C_1 sont spécifiques à la classe de 5e.

OBJECTIFS DE LA CLASSE DE 4^{e}

- Quel que soit le parcours d'enseignement retenu, la classe de 4e prolonge les acquis méthodologiques des classes de 6e et de 5e.

Après deux années au collège, l'accent est mis principalement sur « la formation au raisonnement expérimental : formulation de problèmes, confrontation avec de nouvelles données, conception et réalisation des dispositifs expérimentaux, exploitation des résultats des expériences et critique de leur mise en œuvre ».

- « La nécessité d'atteindre un premier niveau de compréhension des phénomènes biologiques ou géologiques impose de dépasser les simples constats.

Les thèmes du programme concourent à développer chez l'élève une éducation à la responsabilité, particulièrement dans le cadre de la santé et de l'environnement.

Ces aspects éducatifs, toujours en rapport avec les savoirs construits et les méthodes apprises, conduisent les élèves à choisir une attitude raisonnée, fondée sur la connaissance ».

© Éditions Nathan-1998- ISBN : 2.09.171336-8
9, rue Méchain, 75014 Paris.

ORGANISATION DE L'ENSEIGNEMENT EN CLASSE DE 4^{e}

La répartition officielle des différentes parties du programme permet deux parcours possibles en classe de 4e (BO, 13 février 1997).

L'ordre des thèmes (B, C, D…) n'est qu'indicatif. L'organisation de l'enseignement au cours de l'année relève de la responsabilité du professeur.

Répartition 1

- **B** La transmission de la vie chez l'Homme
- **C2** Reproduction sexuée et pérennité des espèces…
- **D2** L'évolution des paysages : effets de l'activité interne du globe
- **E** La « machine Terre »
- **F** Histoire de la Vie, histoire de la Terre.

Répartition 2

- **D1** L'évolution des paysages : roches, eau, atmosphère, êtres vivants.
- **D2** L'évolution des paysages : effets de l'activité interne du globe
- **E** La « machine Terre »
- **F** Histoire de la Vie, histoire de la Terre.

CHOIX DES ÉDITIONS NATHAN

Pour répondre à la liberté de choix laissée aux professeurs, les Éditions Nathan proposent, pour la classe de 4e, les trois manuels suivants :

- **SVT 4e avec reproduction,** comprenant les parties B, C2, D2, E, F du programme.
- **SVT 4e géologie,** comprenant les parties D1, D2, E et F du programme.
- **SVT 4e comportant l'ensemble du programme**, c'est-à-dire les parties B, C2, D, E, F.

UN MANUEL CONÇU POUR RÉPONDRE AUX OBJECTIFS DE LA CLASSE DE 4^{e}

Pour faciliter l'utilisation du manuel, tant en classe qu'à la maison, la présentation retenue est simple, immédiatement accessible et attrayante :

- les chapitres, courts, sont regroupés selon les grandes parties du programme officiel ;
- les chapitres sont tous organisés de la même façon :

– la double page d'**ouverture** sensibilise au thème à étudier et pose les questions qui guideront l'étude ;

– les pages d'**activités** rassemblent un choix réfléchi de documents, supports de cette étude ;

– des pages d'**informations** permettent approfondissements ou ouvertures, faciles à intégrer dans la progression ;

– les pages **Bilan des activités** et **Ce qu'il faut retenir**, font le point des connaissances acquises et indiquent, par quelques phrases, par la définition des mots clés et un schéma… l'essentiel à mémoriser ;

– de très nombreuses pages d'**exercices** permettent un entraînement aux contrôles, une vérification des acquis.

SOMMAIRE

PREMIÈRE PARTIE

La Terre change en surface

L'évolution des paysages : roches, eau, atmosphère, êtres vivants

DEUXIÈME PARTIE

La Terre change en surface

Effets de l'activité interne du globe

TROISIÈME PARTIE

La « machine Terre »

QUATRIÈME PARTIE

Histoire de la Vie, histoire de la Terre

La planète Terre

La Terre est l'une des 9 planètes du système solaire. Elle tourne, avec ces autres planètes, autour d'une étoile de la galaxie : le Soleil.

Elle est située à environ 150 millions de kilomètres de cette étoile, dont elle effectue le tour complet en 365,256 jours, durée qui définit l'année.

Nom : Terre

Qualité : Planète

Âge : 4,5 milliards d'années

Forme : sphère légèrement aplatie aux deux pôles

Diamètre moyen : 12 750 km

Surface totale : 510 000 000 km^2

Température moyenne de surface : 14 °C

Signes particuliers :
- Satellite : la Lune
- Planète bleue (les 2/3 de sa surface sont couverts par de l'eau liquide)
- Atmosphère
- Présence de vie

PREMIÈRE PARTIE

La Terre change en surface

L'ÉVOLUTION DES PAYSAGES : ROCHES, EAU, ATMOSPHÈRE, ÊTRES VIVANTS

CHAPITRES

CHAPITRE

1 Découvrir un paysage

1 Paysage du Jura, près de Nantua. Les masses rocheuses sont entaillées par une vallée au fond plat, occupée en partie par un lac. L'Homme, par ses constructions, contribue à modifier fortement ce paysage.

2 À l'ouest de Clermont-Ferrand, ce sont d'anciens volcans aux pentes boisées qui caractérisent le paysage.

3 En région parisienne, on observe parfois à la surface du sol des sortes d'entonnoirs résultant d'un effondrement de cette surface, entraînant avec lui végétation... ou construction ! Dans ce cas, un paysage peut changer d'aspect rapidement.

Un paysage est l'ensemble de tout ce que l'on peut observer autour de soi. Le relief, la végétation, les manifestations des activités humaines..., sont les éléments les plus visibles d'un paysage. Ces éléments varient cependant d'une région à une autre.
Peut-on expliquer une telle diversité de paysages ?

Les questions qui se posent

- Quels sont les éléments caractéristiques d'un paysage ?
▶ ACTIVITÉ 1
- L'étude d'un paysage permet-elle d'établir une relation entre les caractères de ce paysage et la nature de son sous-sol ? ▶ ACTIVITÉ 2
- Peut-on repérer, à l'échelle d'un paysage, des changements qui affectent la surface de la Terre ?
▶ ACTIVITÉ 3

Se repérer dans un paysage

Chaque paysage est constitué d'éléments (relief, végétation, cours d'eau, traces d'activités humaines…) que l'on peut identifier rapidement et dont on peut préciser les caractères.

1 Les éléments d'un paysage

Paysage photographié au sud de Saint-André-les-Alpes.
La ville est située à une altitude voisine de 1 000 mètres.

Dans les Alpes-de-Haute-Provence, le paysage observé à proximité de la petite ville de Saint-André-les-Alpes permet de repérer les principaux éléments qui caractérisent un paysage. Le relief* est marqué par des ruptures de pente et des falaises où affleure* le sous-sol. Il est aussi caractérisé par une végétation qui varie selon son emplacement, par un fond de vallée occupé par une rivière qui débouche dans un lac. Les traces des activités humaines (habitations, routes, cultures…) sont nombreuses.

2 L'étude d'un paysage

● Pour se repérer dans un paysage, il faut, dans un premier temps, identifier par une observation rapide les éléments qui le constituent. La réalisation d'un croquis, la lecture d'une carte topographique* de la région facilitent souvent ce repérage.

● Pour comprendre le paysage, il est nécessaire de pousser plus loin les investigations* : la recherche des affleurements* et la détermination des roches présentes permettent de mettre en relation certains caractères du paysage avec la nature du sous-sol. Sont aussi prises en compte : la disposition des roches (aspect massif, superposition de couches horizontales ou inclinées, etc...), la nature des cours d'eau (torrents, rivières paisibles...) et la forme des vallées (fond plat, versants en pente douce ou falaises abruptes...).

(1) Affleurement de calcaire (en falaise)
(2) Affleurement marno-calcaire
(3) Arrivée du Verdon dans le lac (dépôts)
(4) Forêt
(5) Végétation basse
(6) Cultures

a Repérage des principaux éléments du paysage de Saint-André-les-Alpes.

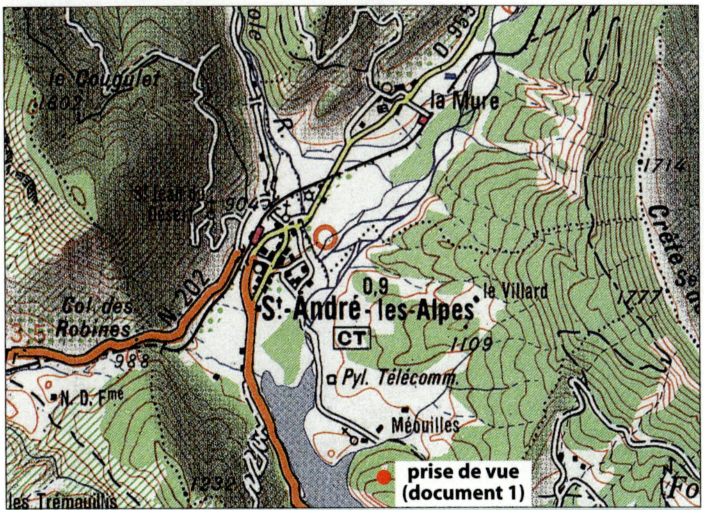

b La carte topographique* permet de situer le paysage observé.

Exploitation

1. En utilisant les informations de cette double page, nommez les différents éléments du paysage étudié.

2. Délimitez, sur un calque, chacun de ces éléments (trait de couleur différente selon l'élément) et indiquez à l'emplacement de chacun d'eux l'une des légendes suivantes : affleurement, alluvions*, col, falaise.

3. Indiquez les éléments qui, dans ce paysage, sont susceptibles d'apporter des informations sur :
– la nature du sous-sol ;
– l'influence que l'Homme peut avoir au niveau d'un paysage.
Proposez vos réponses sous la forme de phrases courtes.

Vocabulaire

Affleurement : Endroit où la roche est directement visible à la surface de la Terre.
Alluvions : Matériaux déposés par l'eau (rivière ou mer).
Carte topographique : Représentation à échelle réduite, sur un plan, d'une partie de la surface de la Terre, où sont indiqués : les routes, l'habitat, les cours d'eau, le relief...
Investigation : Recherche minutieuse.
Relief : Aspect de la surface terrestre.

Bilan

▶ ***L'observation d'un paysage permet d'identifier les éléments variés qui le caractérisent.***

▶ ***Une étude plus approfondie conduit à envisager des relations entre les formes de relief observées et la nature du sous-sol.***

Paysages et nature des roches

Les paysages observés dans une même région ou dans des régions voisines sont parfois très différents.
Existe-t-il une relation entre les différences observées au niveau des paysages et la nature des roches qui constituent leur sous-sol ?

1 Nature des roches et modelé* d'un paysage

a La surface et le versant de ce plateau ont des pentes différentes. La forêt est installée sur une dalle* de calcaire, qui recouvre des marnes sur lesquelles l'Homme a planté des vignes.

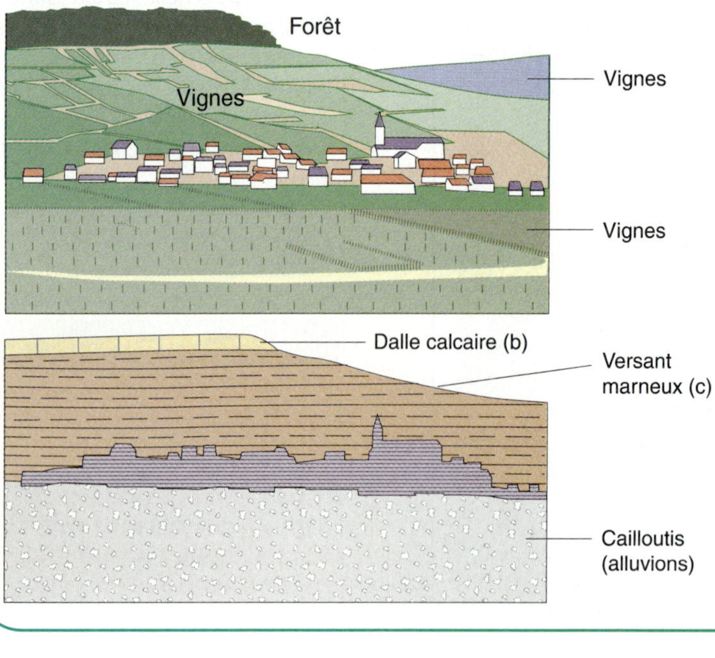

- Les paysages bourguignons présentent en général l'aspect suivant : sur la hauteur, un plateau boisé, limité par une pente forte puis douce, sur laquelle est installé le vignoble.
- L'observation du sous-sol, au niveau d'affleurements divers (carrières, tranchées en bord de route…), révèle la superposition de deux roches aux propriétés différentes :
  – le calcaire, roche compacte, souvent disposée en strates*, assez résistante au ruissellement* de l'eau ;
  – la marne, roche plus friable dont les éléments peuvent être plus ou moins entraînés par les eaux qui ruissellent le long d'une pente, après une pluie ou un orage.

b Détail de calcaire.

c Détail de marne.

2 Comportement des roches avec l'eau et paysages

a Paysage « sec » en surface du Causse.

b Paysage de zones humides dans la région des Dombes.

La pluviométrie* est, à Millau (sud du Massif central), très voisine de celle du nord de Lyon (environ 1 000 litres d'eau par mètre carré chaque année).

● Cependant, en surface du Causse, près de Millau, la végétation est peu abondante, le sol apparaît sec et des blocs de calcaire sont visibles. L'eau de pluie n'est pas retenue par le calcaire du Causse. Elle s'infiltre dans le sous-sol, par les nombreuses fissures présentes au sein de la roche.

● Entre Lyon et Bourg-en-Bresse, de très nombreux étangs alternent avec pâturages et champs cultivés. L'eau de pluie ne s'infiltre pas dans l'argile qui constitue la couche superficielle du sous-sol de la Bresse et des Dombes. L'eau retenue explique la présence des nombreux étangs qui caractérisent cette région.

Exploitation

1. Rappelez les caractères des roches qui constituent le sous-sol du paysage observé dans le document 1.

2. Proposez une hypothèse pour expliquer les aspects différents du paysage bourguignon.

3. Rappelez les comportements de l'argile et du calcaire fissuré avec l'eau (document 2).

4. À partir des informations fournies par cette double page, rédigez un texte court montrant que les propriétés des roches (roche compacte ou friable, roche perméable* ou imperméable…) peuvent expliquer les paysages.

Vocabulaire

Dalle : Surface plate, horizontale ou inclinée.
Modelé : Ensemble des formes du relief d'une région donnée.
Perméabilité : Propriété des roches qui se laissent traverser par des liquides.
Pluviométrie : Quantité de pluie par mètre carré et par jour, en un endroit donné.
Ruissellement : Écoulement des eaux de pluie à la surface du sol.
Strates : Couches superposées de roches.

Bilan

▶ ***Les roches qui constituent le sous-sol ont des propriétés différentes.***

▶ ***Sous un même climat, les différences observées entre deux paysages peuvent s'expliquer par la nature des roches qui constituent leur sous-sol.***

activité 3

Évolution des paysages au cours du temps

La nature des roches influence le modelé* d'un paysage. Ce modelé n'est jamais définitif. Sous l'action des agents atmosphériques (vent, précipitations…), mais aussi des allées et venues de la mer lors des marées, ou encore de la force d'écoulement des fleuves ou des rivières, les paysages d'une même région se transforment.

1 Falaise calcaire et action de la mer

Le littoral est varié : tantôt rocheux, plus ou moins marqué par des falaises, tantôt sableux, s'étendant en pente plus douce vers la mer. Dans la région de La Rochelle (Charente-Maritime), les falaises sont fréquentes. Elles sont constituées de calcaires ou de marnes. Leur base, soumise à l'action répétée des vagues lors des fortes marées, est creusée, ce qui entraîne parfois l'éboulement de toute une partie de la falaise.

a Vue d'ensemble d'une falaise, au sud de La Rochelle. La photographie a été prise en 1983.

b Même vue, photographiée en 1997.

c Détail de l'affleurement (cadre 1).

d Détail de l'affleurement (cadre 2).

2 Plaine alluviale et lit des cours d'eau

La vallée du Lot, au sud de Cahors, est une large plaine alluviale* formant de grandes boucles qui entaillent les plateaux calcaires environnants. Ces boucles, ou méandres*, sont parfois occupées par le lit de la rivière. En d'autres endroits, les cultures ont remplacé l'ancien lit du Lot.

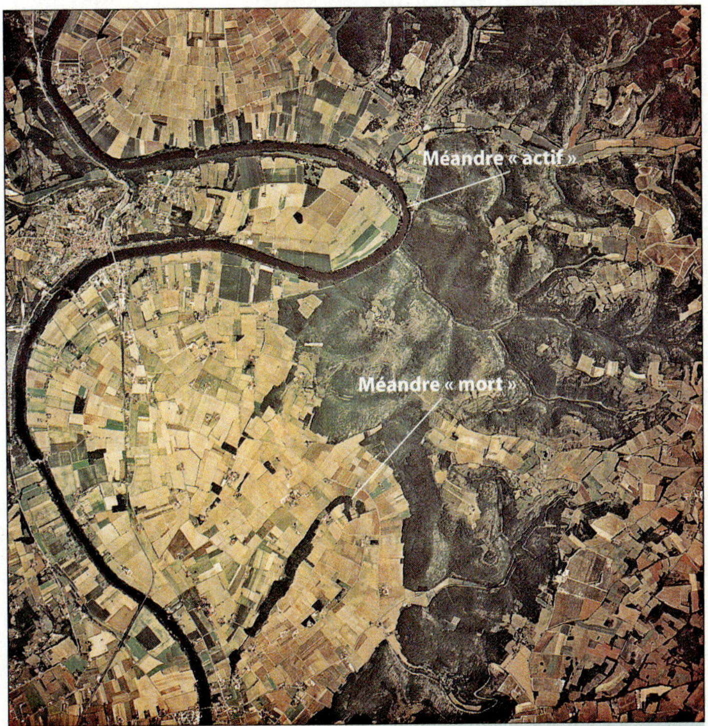

a Vue aérienne de la vallée du Lot.

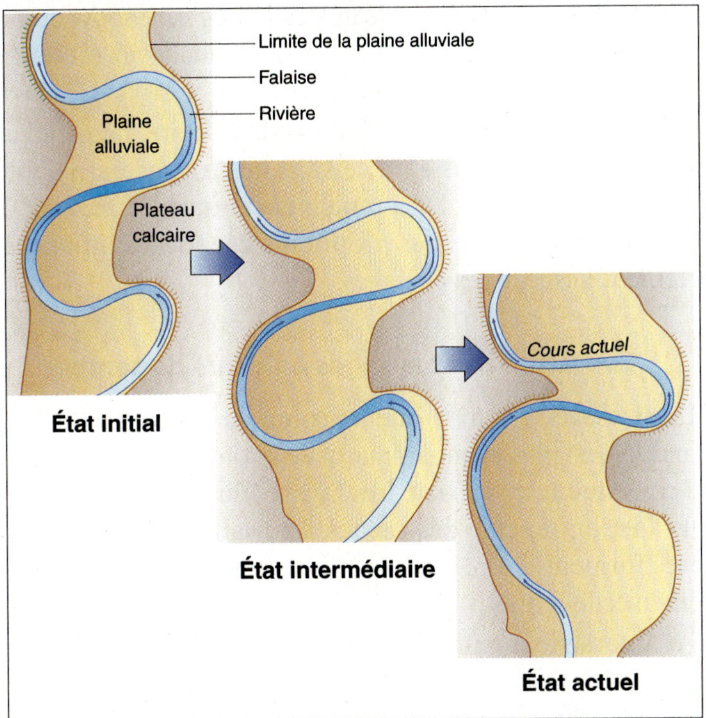

b Schéma de l'évolution des méandres.

Exploitation

1. Observez la falaise du document **1** **a**.
Nommez les éléments qui la caractérisent (sol, sous-sol, strates, roches « en forme de chou-fleur » ...).

2. Proposez une explication à l'aspect de la base de la falaise (document **1** **c** et **d**).

3. Les couches marneuses apparaissent souvent en retrait, par rapport aux strates calcaires. À l'aide de vos connaissances, expliquez cette différence.

4. La comparaison des photographies **a** et **b** du document **1**, les informations du document **2**, montrent qu'un paysage évolue au cours du temps.
Indiquez les agents responsables de ces évolutions.

Vocabulaire

Méandre : Boucle créée par le lit d'une rivière ou d'un fleuve.
Modelé : Ensemble des formes du relief d'une région donnée.
Plaine alluviale : Forme de relief caractérisant un fond de vallée plat et constituée d'alluvions.

Bilan

► ***Sous l'action de nombreux facteurs, un paysage se transforme au cours du temps.***

► ***Cette transformation est plus ou moins marquée, selon la nature des roches qui constituent le sous-sol.***

Découvrir un paysage

1 Se repérer dans un paysage

• Les éléments qui constituent un paysage sont nombreux. Certains sont d'origine naturelle, d'autres sont dus aux activités de l'Homme.

• Un relief se caractérise par la présence de montagnes, de collines, de falaises, mais aussi de plateaux, de plaines ou de vallées dans lesquelles coulent des cours d'eau. Les affleurements de roches renseignent sur la nature du sous-sol.

• L'implantation humaine se manifeste par la présence d'habitations groupées ou isolées, de routes, d'activités industrielles ou agricoles.

▶ ACTIVITÉ 1

2 Paysages et nature des roches

• Les affleurements permettent de découvrir les roches constituant le sous-sol de la région. Les formes du relief observées en surface sont souvent, sous un même climat, en relation avec la nature et la disposition des roches.

• Les roches compactes et relativement dures, comme le calcaire, résistent à l'action des eaux de ruissellement. Par contre, les marnes, roches plus friables, sont en partie entraînées par ces eaux. Les pentes des versants calcaires sont souvent marquées par des falaises. Celles des versants marneux présentent généralement des pentes plus douces.

• Certaines roches fissurées, comme le calcaire, laissent l'eau s'infiltrer dans le sous-sol : ce sont des roches perméables. D'autres, comme l'argile, la retiennent en surface : ce sont des roches imperméables. Les propriétés des roches influencent fortement l'aspect des paysages.

▶ ACTIVITÉ 2

3 Évolution des paysages au cours du temps

• Un paysage se transforme au cours du temps. Cette transformation est plus ou moins marquée selon la nature des roches qui constituent le sous-sol. Les falaises du littoral « reculent » sous l'action répétée des vagues. Les vallées de certaines rivières forment des méandres qui se « déplacent » et se comblent avec le temps.

• Les interactions entre les roches, les agents atmosphériques, l'eau des cours d'eau ou de la mer... semblent être, avec la nature des roches, à l'origine des différences observées dans les paysages.

▶ ACTIVITÉ 3

CE QU'IL FAUT RETENIR

LES NOTIONS ESSENTIELLES

- Un paysage se caractérise par des éléments naturels (relief, affleurements, végétation, rivière…) et par les manifestations de la présence de l'Homme (routes, habitat…).
- Le modelé du relief dépend de la nature des roches qui constituent le sous-sol et donc des propriétés de ces roches.
- Le modelé du relief dépend aussi de l'action des agents atmosphériques et de l'eau présente à la surface de la Terre.

Les mots clés

Affleurement : Endroit où la roche est directement visible à la surface de la Terre.

Modelé : Ensemble des formes du relief, qui s'expliquent par l'action de nombreux facteurs (agents atmosphériques, eau circulante…) sur les roches du sous-sol.

Relief : Aspect de la surface de la Terre.

Roches : Éléments constituant le sous-sol d'un paysage.

LE SCHÉMA

Les éléments d'un paysage

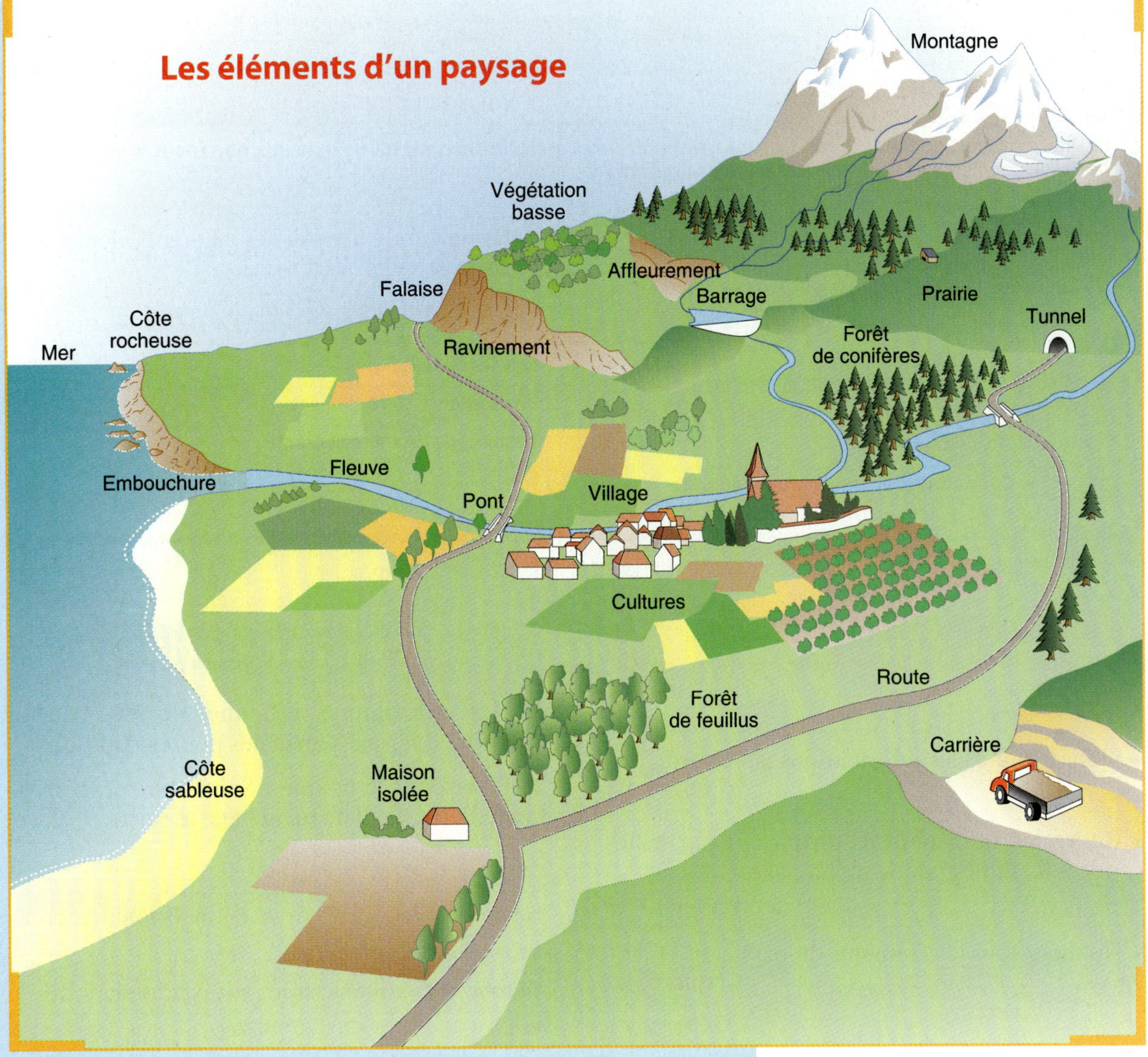

EXERCICE CORRIGÉ

Un paysage des Antilles

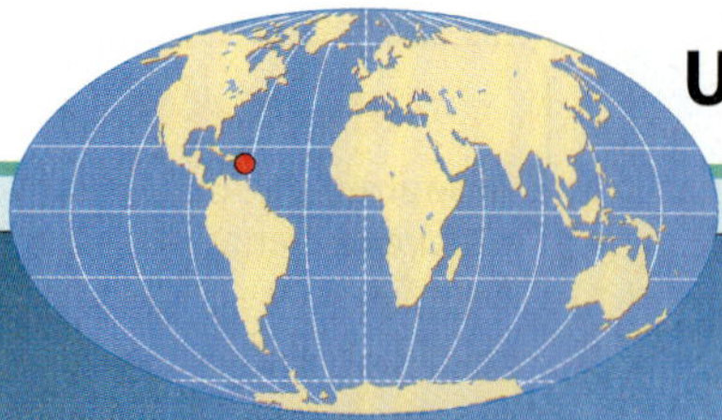

La ville et le port de Saint-Pierre de la Martinique sont construits au bord d'une baie que dominent le volcan de la montagne Pelée et le plateau de Morne Montauban.

QUESTIONS

1. Localisez la Martinique à l'aide de la carte.

Objectif ▶ **S'informer à partir d'une carte**

2. Calquez le paysage de la photographie. Sur votre calque, placez les lieux géographiques mentionnés dans la légende.

Objectif ▶ **Communiquer : mettre une légende**

3. Complétez le tableau des différents éléments du paysage après l'avoir recopié.

Objectif ▶ **Communiquer : remplir un tableau**

Formes du relief	
Végétation	
Témoins de l'activité humaine	
Eau	

POUR RÉUSSIR L'EXERCICE

Vous devez :

- Utiliser toutes les informations de la carte.
  ▶ QUESTION 1
- Relier les informations proposées par la légende à la photographie du paysage.
  ▶ QUESTION 2
- Nommer tous les éléments du paysage.
  ▶ QUESTION 3

RÉPONSES ATTENDUES

1. La Martinique est une île de l'océan Atlantique faisant partie des petites Antilles.

2. Placez sur le calque : Saint-Pierre, la montagne Pelée, le plateau, la baie, le port.

3.

Formes du relief	Volcan - Plateau
Végétation	Forêt
Témoins de l'activité humaine	Ville, port, bateaux
Eau	Mer

EXERCICES

TESTS RAPIDES

1 Associer un mot à sa définition

En utilisant les lettres d'une part et les chiffres d'autre part, associez chaque mot ou groupe de mots à sa définition.

a. Affleurement	**1.** Matériau constituant le sous-sol
b. Modelé	**2.** Irrégularité de la surface de la Terre
c. Roche	**3.** Eau sous toutes ses formes modifiant le relief
d. Agent d'érosion	**4.** Endroit où la roche est directement visible à la surface de la Terre
e. Relief	**5.** Ensemble des formes du relief qui s'expliquent par l'action des agents d'érosion

2 Choisir les propositions exactes

Recopiez les numéros des propositions exactes. Rédigez une phrase corrigeant chaque proposition inexacte :

1. Un paysage n'évolue pas au cours du temps.
2. Le modelé d'un paysage dépend en partie de la nature du sous-sol.
3. Un affleurement est un élément du relief.
4. Les témoins de l'activité humaine sont un élément du paysage.

3 Chercher l'intrus

Dans ces suites de mots, relevez celui qui n'a aucun rapport avec les autres :

a. • Sous-sol • affleurement • modelé • culture
b. • Relief • affleurement • forêt • roche

VÉRIFIER SES CONNAISSANCES

4 Trouver le mot caché

Recopiez la grille ci-dessous et placez les mots correspondant aux définitions proposées. Vous découvrirez alors le mot caché dont vous donnerez une définition.

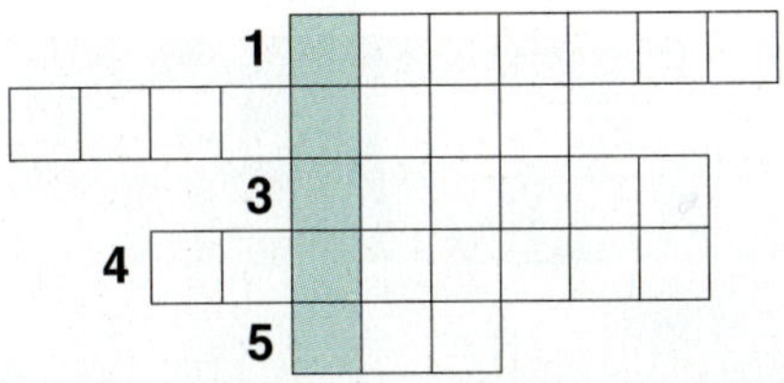

• **1.** Fait partie du matériel nécessaire à la récolte d'échantillons de roches • **2.** Roche claire, compacte • **3.** Constituants du sous-sol • **4.** Élément du relief • **5.** Facteur d'évolution du paysage.

5 Compléter un tableau

Classez les mots suivants, relatifs au paysage, dans le tableau ci-dessous que vous aurez recopié.

• Champs cultivés • Falaise de calcaire • Colline • Village • Ferme • Vallée • Forêt • Carrière de marne • Route • Prairie

Relief	Affleurement	Végétation	Activités humaines

APPLIQUER DES CONNAISSANCES ET DES SAVOIR-FAIRE

6 S'informer à partir d'un document. Communiquer

Rocher de la Baume à Sisteron (Alpes de Haute-Provence).

1. Décrivez ce paysage calcaire.

2. Classez les éléments du paysage dans le tableau ci-dessous.

Relief	Affleurement	Végétation	Activités humaines

7 Communiquer : réaliser un calque

Calquez la photographie du paysage ci-dessous, puis coloriez chacun de ses éléments d'une couleur différente :

• Relief : marron • Végétation : vert • Témoins de l'activité humaine : noir • Affleurement : jaune • Eau : bleu

Un méandre du Lot.

8 S'informer à partir d'un document Raisonner

Paysage de la région de Tignes, Val d'Isère (Savoie).

Retrouvez les éléments de ce paysage et précisez les caractéristiques de chacun des éléments présents.

9 S'informer à partir d'un document Raisonner : formuler une hypothèse

Le mont Aiguille (Alpes, massif du Vercors) est constitué de calcaires fissurés qui reposent sur une couche de marnes.

1. Décrivez le paysage.

2. Nommez les roches qui forment le relief.

3. Formulez une hypothèse qui explique la variation de pente observée.

10 Communiquer : faire un croquis légendé

Réalisez un croquis de la photographie ci-dessous et placez les légendes convenables.

Un affleurement : sous-sol, sol et végétation sont bien visibles.

11 Raisonner : comparer Formuler une hypothèse

Littoral normand (roche = craie).

Littoral breton (roche = granite).

1. Décrivez chacun de ces deux paysages.

2. Complétez le tableau ci-dessous, après l'avoir recopié.

	Côte normande	Côte bretonne
Relief		
Nature du sous-sol		
Couleur de la roche		
Disposition de la roche		

3. Citez un agent responsable du modelé de ces deux paysages.

4. Formulez une hypothèse pour expliquer les différences d'aspect entre ces deux côtes.

12 S'informer à partir de photographies Raisonner : formuler une hypothèse

Pentes marneuses de Serre-Ponçon, Hautes-Alpes.

Falaise calcaire du Vercors, Alpes.

1. Nommez la roche qui affleure :
- à Serre-Ponçon ;
- dans le Vercors.

2. Décrivez chacun de ces deux paysages.

3. Proposez une hypothèse expliquant la différence d'aspect entre ces deux paysages, tous deux situés dans les Alpes.

2 L’érosion modifie les paysages

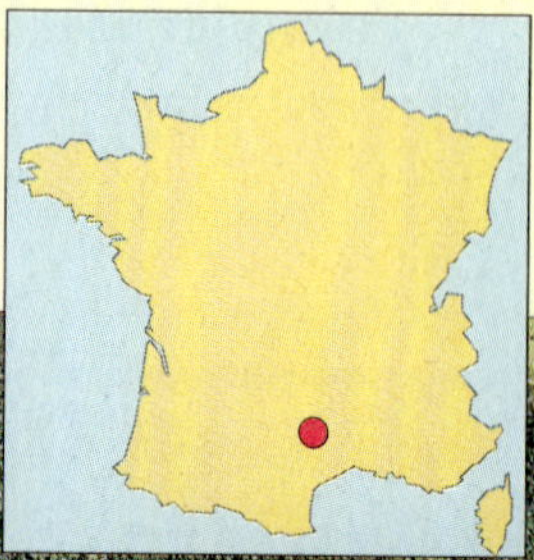

Vue d’avion de la région de Florac, au sud du Massif central. Les vallées du Tarn et de ses affluents sont facilement repérables. À l’ouest de Florac (gauche de la photographie), la surface du sol apparaît uniforme : c’est la région du Causse, plateau calcaire fortement entaillé par les rivières et présentant une végétation rase (**a**).

Plus à l'est (droite de la photographie), la région apparaît vallonnée, aux versants boisés. Les fonds de vallées sont plus plats. Parfois, sur les hauteurs, des roches en boules (**b**) donnent un aspect chaotique au paysage : c'est la région granitique du mont Lozère.

***À** la surface de la Terre, toutes les roches subissent l'action des agents atmosphériques (vent, précipitations...) et de l'Homme. Avec le temps, les roches sont désagrégées, modifiées ou dissoutes.*

Les produits de désagrégation qui restent sur place participent à la formation du sol.

Les questions qui se posent

- Comment l'eau agit-elle sur les roches granitiques ? ▶ ACTIVITÉ 1
- Comment l'eau agit-elle sur les roches calcaires ? ▶ ACTIVITÉ 2
- Comment les propriétés chimiques ou physiques des roches expliquent-elles ces actions de l'eau ? ▶ INFOS
- Quels sont les différents types de paysages dus à l'érosion ? ▶ INFOS

activité 1

La désagrégation, la transformation, et l'érosion des granites

Sur le plateau du mont Lozère, on trouve de nombreux amoncellements de boules de granite. Dans les carrières que l'Homme a creusées dans ce plateau, on observe un changement d'aspect du sous-sol avec la profondeur.

1 Trois affleurements sur le mont Lozère

a Chaos rocheux en surface du mont Lozère. Des boules de granite reposent les unes sur les autres. La surface des boules est lisse.

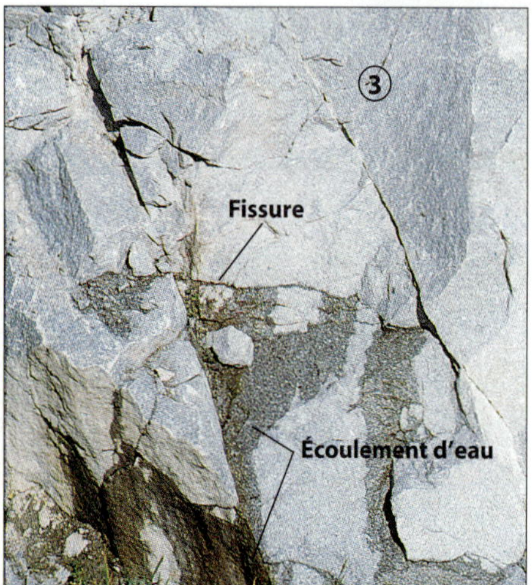

b Au fond des carrières creusées dans le granite du mont Lozère, la roche apparaît fissurée.
De l'eau sort par les fissures.

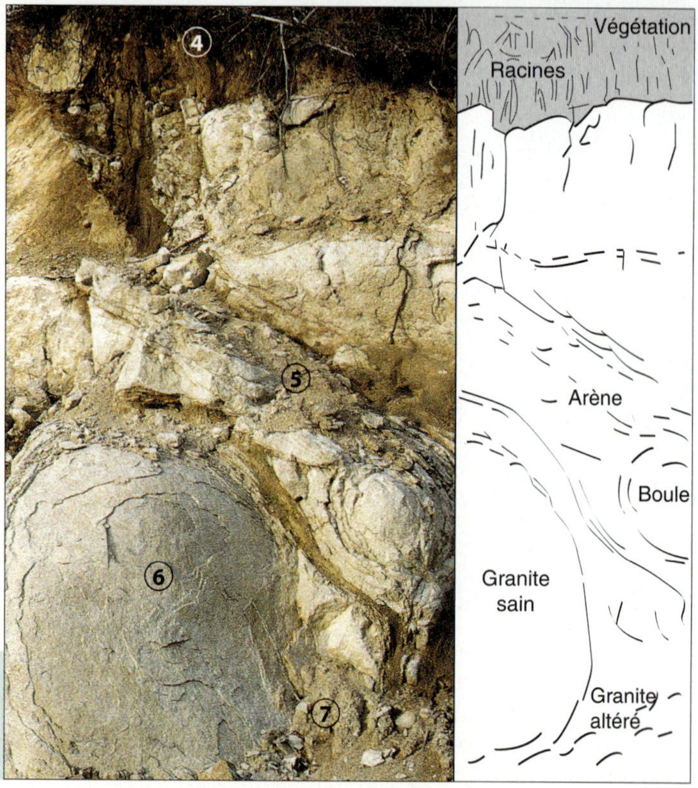

c Au sommet des carrières ouvertes dans le granite du mont Lozère, on voit le passage entre le sol et les roches du sous-sol.

2 Les roches du mont Lozère

a Le sol, prélevé aux points ① ou ④ du document ❶ a et c.

b Arène granitique prélevée au point ⑤ du document ❶ c.

Il s'agit d'un sable composé de quartz (Q), de feldspaths (F), de micas « pourris » (Mp), d'argile (A).

c Granite « pourri », prélevé au point ⑦.

Cette roche, en partie désagrégée*, est constituée de quartz, de feldspaths et de micas qui s'effritent, d'un peu d'argile.

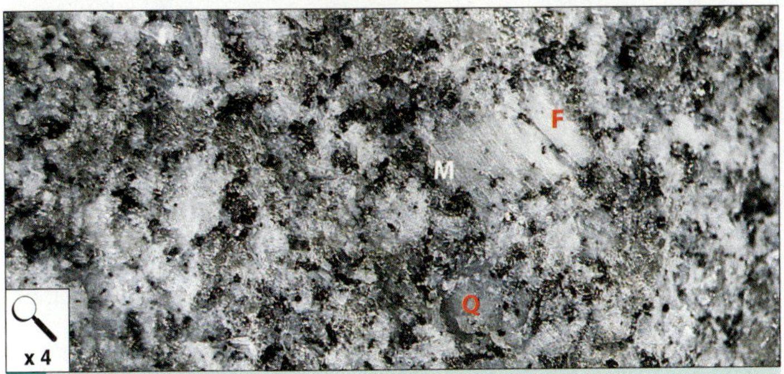

d Granite « sain », prélevé aux points ②, ③ ou ⑥.

Il est constitué de quartz (Q), de feldspaths (F) et de micas jointifs (M), qui ne s'effritent pas. Il ne contient pas d'argile.

Exploitation

1. Décrivez le paysage (document ❶ **a**) et décrivez les roches du sous-sol du mont Lozère (document ❷). Nommez les constituants de celles-ci.

2. a. Quels minéraux* sont modifiés, entre le granite sain, le granite pourri et l'arène ?
b. Quel nouveau matériau apparaît ?
c. Quelles relations peut-on envisager entre les roches du document ❷ ?

3. a. Si de l'eau ruisselle sur l'affleurement ❶**c**, quels sont les constituants facilement entraînés, ceux peu déplacés, ceux restant en place ?
b. Pourquoi qualifie-t-on l'eau « d'agent d'érosion* ».

4. Comment passer d'un affleurement où les roches sont sous un sol (document ❶ **c**), à un paysage où le granite sain affleure en formant des boules (document ❶ **a**) ?

Vocabulaire

Désagrégation : Séparation des grains (minéraux) d'une roche.
Érosion : Ensemble des phénomènes qui enlèvent tout ou partie des terrains existants et modifient l'aspect du paysage.
Minéraux : Éléments constitutifs d'une roche.

Bilan

▶ ***L'eau circulant dans les fissures d'un granite l'altère et le transforme en arène, mélange de sable et d'argile.***

▶ ***L'érosion enlève cette arène et laisse, de place en place, des blocs de granite sain (chaos).***

activité 2

La dissolution des calcaires

La surface de certaines régions calcaires présente l'aspect de champs de ruines. Sur certaines dalles de ces calcaires, les fissures sont nombreuses, larges et profondes. En profondeur, les fissures deviennent étroites puis fermées.

Comment ce paysage calcaire a-t-il acquis son modelé caractéristique ?

1 Le paysage et les roches de la région des Causses

a Paysage ruiniforme à Montpellier-le-Vieux.

b La surface du calcaire est parcourue de nombreuses et profondes fissures, larges et vides.

c Si l'on ouvre une carrière dans le calcaire des Causses, la roche apparaît fissurée. Ces fissures sont étroites ou fermées. De l'eau peut y circuler.

À Montpellier-le-Vieux, sur le rebord du Causse, les calcaires, dressés, forment un ensemble ressemblant à de vieux murs, d'où le qualificatif de ruiniforme donné à ce relief.
Ces calcaires, stratifiés, sont séparés par de vastes couloirs vides. Les strates se correspondent de part et d'autre des couloirs.

2 Les eaux et les roches de la région des Causses et du mont Lozère

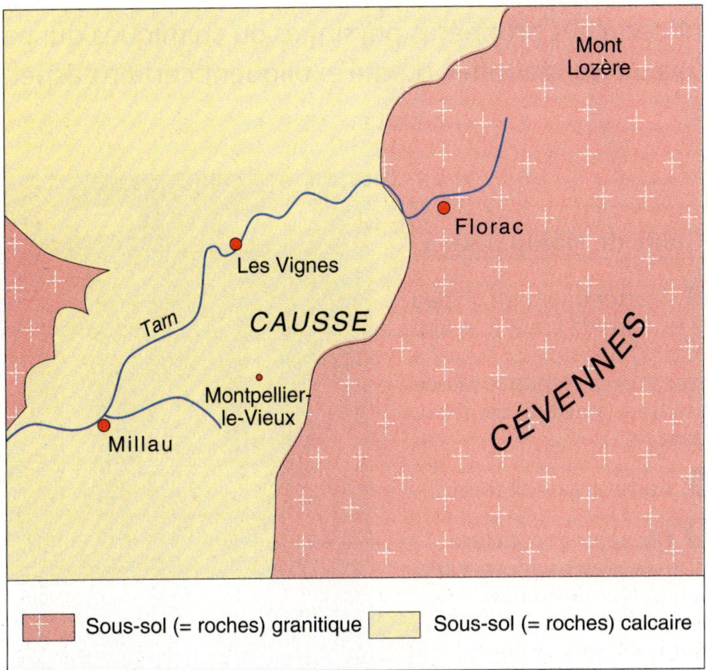

a Carte géologique simplifiée de la région de Millau.

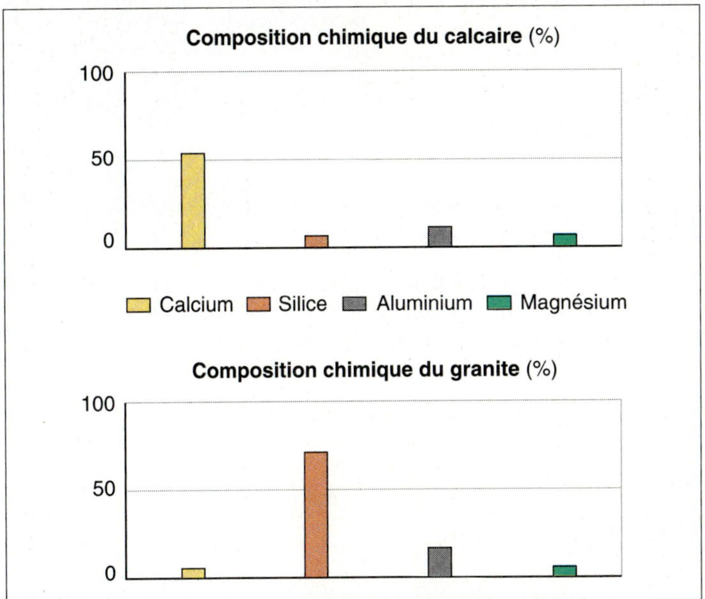

b Composition chimique des deux roches caractéristiques du sous-sol du mont Lozère et des Causses.

Constituants chimiques des minéraux	Eau de pluie	Eau du Tarn		
		à Florac	aux Vignes	à Millau
Calcium (mg par L)	0	8,7	23,5	47,2
Silice (mg par L)	0	3,8	3,9	4,1

c Composition chimique des eaux de pluie et des eaux du Tarn en amont de Millau.

Exploitation

1. Décrivez le paysage et les affleurements du document **1**.

2. Au mont Lozère, on trouve des granites « pourris ».
Trouve-t-on du calcaire pourri sur le Causse ?

3. Le principal constituant du granite (la silice) est-il présent à l'état dissous* dans les mêmes proportions, dans les eaux du Tarn, à Florac, aux Vignes comme à Millau ?
En est-il de même pour le calcium, principal constituant du calcaire ? Expliquez.

4. Comment se réalise le passage des fissures étroites et fermées du document **1 c** à celles, larges et vides, du document **1 b** ?

Vocabulaire

Dissolution : Incorporation des constituants d'un solide ou d'un gaz dans un liquide, en éléments si petits qu'ils deviennent invisibles et inséparables du liquide. Exemples : du sel ajouté en petite quantité à de l'eau se dissout ; de la farine ne s'y dissout pas.

Bilan

► ***Les calcaires sont peu dissous par les eaux de ruissellement.***

► ***Les fissures de la roche sont élargies au cours du temps et le relief peut devenir ruiniforme. Le calcaire dissous se retrouve dans les cours d'eau.***

INFOS Pratique

Quelques propriétés des roches Conséquences géologiques

Les roches ont certaines propriétés physiques ou chimiques qui permettent parfois de les identifier, ou qui expliquent certains aspects des paysages.

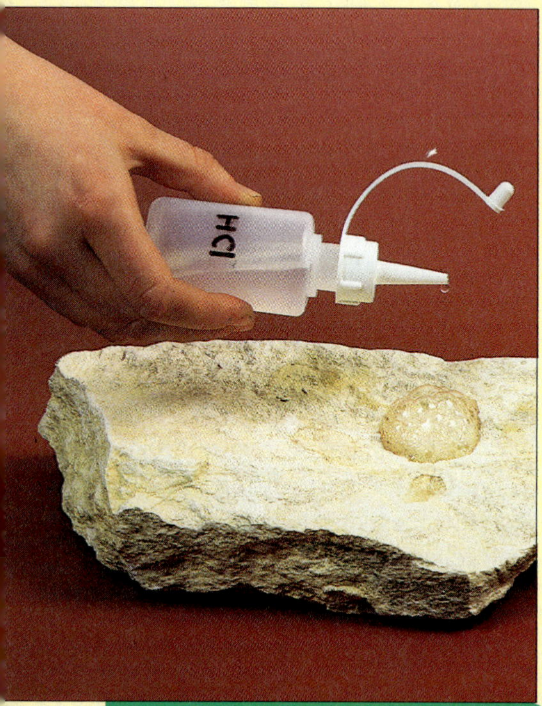

1. Caractérisation d'un calcaire

Lors du dépôt d'acide chlorhydrique dilué sur du calcaire, on observe un dégagement gazeux : il y a effervescence. Le calcaire est la seule roche usuelle à avoir cette propriété.

Guide de manipulation

1. Gratter finement un peu de poudre de craie (calcaire tendre) dans deux tubes à essai, l'un contenant de l'eau distillée, l'autre de l'eau gazeuse.
2. Agiter les deux tubes.
3. Observer et conclure :
   - si le corps est toujours visible, c'est qu'il est insoluble ;
   - si le corps n'est plus visible, c'est qu'il est soluble.
4. Un réactif chimique permet de mettre en évidence la présence de calcium dissous grâce à l'apparition d'un corps insoluble blanc dans le liquide.
   Ajouter un peu de ce réactif dans les tubes b et c.

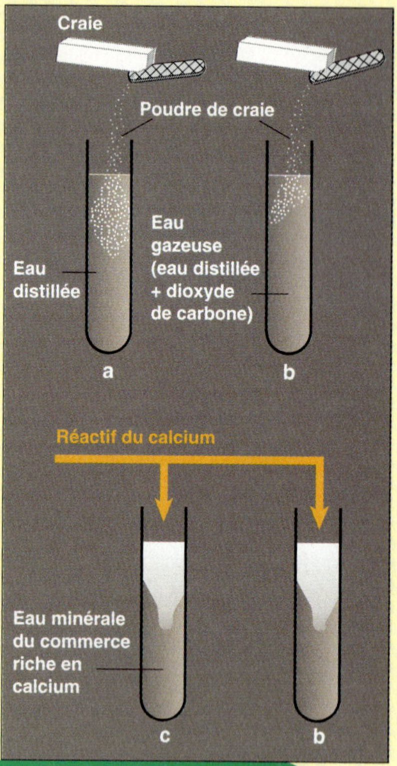

2. Le calcaire est une roche légèrement soluble

Cette propriété explique que les eaux de pluie et de ruissellement chargées de dioxyde de carbone enlèvent du calcaire, donnant ainsi aux massifs calcaires un modelé caractéristique.

Guide de manipulation

1. Placer dans un récipient un peu d'arène. Couvrir d'eau puis agiter.
2. Filtrer l'eau du récipient.
3. Observer l'intérieur du filtre : certains minéraux du granite (quartz, micas blancs...) semblent intacts. Les feldspaths ont disparu et les micas noirs semblent altérés*. Une fine poudre d'argile est observée.
4. Recommencer les mêmes opérations avec du granite sain, cassé en petits morceaux. Dans le filtre, quartz, micas et feldspaths, souvent jointifs, sont visibles.

***Altération :** Transformation d'une roche sous l'action de l'eau qui rend la roche peu solide et modifie plus ou moins les minéraux qui la constituent.

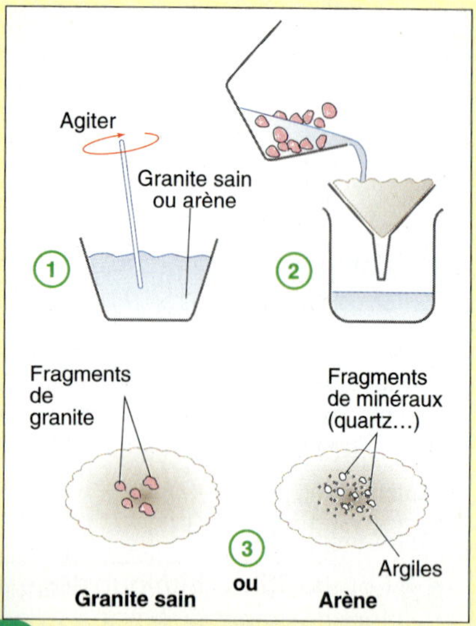

3. Mise en évidence des composants d'un granite « altéré »

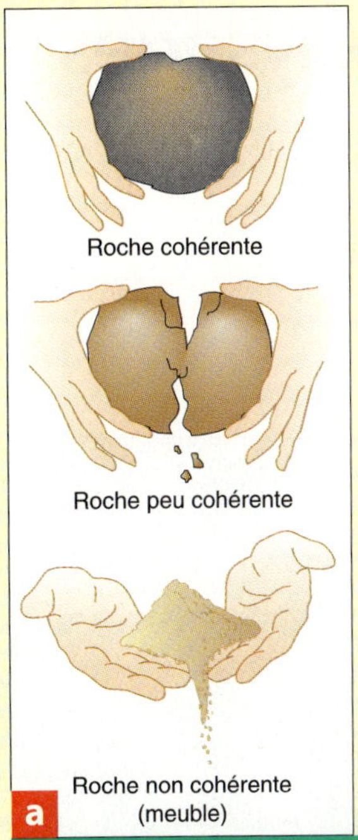

4. Roches cohérentes et roches meubles

Pour déterminer la cohérence d'une roche, on exerce sur un échantillon une pression à l'aide des doigts (**a**). Selon la résistance, on dit que la roche est plus ou moins cohérente. Lorsque les éléments qui constituent les roches ne sont pas assemblés, la roche est dite meuble.
Le granite sain et le calcaire sont des roches cohérentes. Le granite pourri et les marnes sont peu cohérents, friables. Le sable est une roche non cohérente, meuble.
Dans les Alpes ou le Jura, des roches cohérentes et des roches peu cohérentes (friables) peuvent être superposées (**b**). Soumises à l'érosion, les roches cohérentes – ici des calcaires – forment des falaises ; les roches moins cohérentes – ici des marnes – forment des talus à pente plus douce.

5. Roches perméables et roches imperméables

Une roche est perméable si elle se laisse traverser par l'eau : le sable est perméable (**a**).
De nombreuses roches sont imperméables. C'est le cas des argiles, de certains calcaires, du granite.
Cependant, des massifs* de roches imperméables peuvent devenir perméables lorsqu'ils sont fissurés (calcaires, granites...). Imperméable, l'argile peut absorber l'eau qui la recouvre : l'eau pénètre dans les minuscules pores** présents dans la roche et fait légèrement gonfler la roche. Lorsque tous les pores sont occupés, l'eau reste en surface de l'argile (**b**).

***Massif** : Ensemble de roches.
****Pores** : Petits trous existants dans une matière solide compacte.

INFOS
Paysages

L'érosion modèle les paysages

Différents agents d'érosion (l'eau sous forme liquide ou solide, le vent), usent et enlèvent des fragments aux roches.
Les paysages se modifient sous l'action de l'érosion.

a

b

← ↑ 1. Paysage de Digne

Cette région des Alpes-de-Haute-Provence se situe dans des marnes noires (roches peu cohérentes et imperméables). Sous l'action de pluies violentes, des fragments de roche sont arrachés et entraînés. De profonds ravins apparaissent, des crêtes aiguës les séparent.

a

↑ → 2. Côtes rocheuses granitique ou calcaire

Les chocs répétés des vagues entraînant des galets sapent la falaise calcaire à sa base. Les roches fissurées situées au-dessus finissent par s'écrouler brutalement, provoquant le recul de la falaise (**b**). Sur le littoral breton (**a**), l'action des vagues sur la côte granitique donne un paysage tout à fait différent.

b

← ↑ 3. Vallée glaciaire en Haute-Savoie

Le glacier, en se déplaçant, rabote la roche sur le fond et les côtés (**a**). Les roches arrachées sont entraînées, accentuant le phénomène d'érosion.
La disparition du glacier (fonte) laisse la place à une vallée en U à fond plat et à bords abrupts*(**b**).

*__Abrupt__ : Pente très raide, à pic.

→ 4. Gel et dégel

En montagne, l'alternance du gel et du dégel est responsable de l'éclatement des roches.
L'eau, en gelant, augmente de volume et agrandit les fissures.
Des éboulis se détachent et s'accumulent au bas des pentes lors du dégel.

← 5. Les Baux-de-Provence

Le vent chargé de particules a une action abrasive* sur la roche qui présente des creux plus ou moins profonds.

*__Abrasif__ : Se dit de tout élément capable d'user et de polir par frottement.

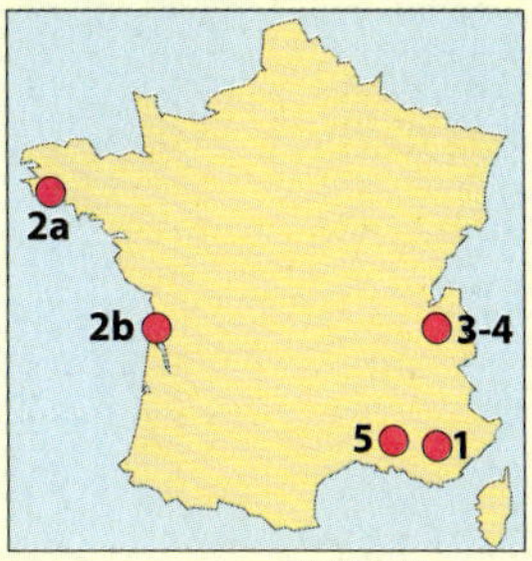

L'érosion modifie les paysages

1 L'érosion des granites

• Fréquemment, la surface des régions granitiques présente un aspect « chaotique ». Sous le sol, un massif granitique présente des fissures. L'eau s'y infiltre : le massif est perméable. L'humidité, permanente au niveau des fissures de la roche, provoque la transformation de certains minéraux qui la constituent (feldspaths, micas) en minéraux argileux. Le granite se désagrège en un sable grossier : l'arène granitique. Les fissures situées entre les blocs s'agrandissent, se comblent des matériaux de l'arène ; les arêtes anguleuses des blocs s'arrondissent.

• Sous l'action de l'eau qui ruisselle, les éléments meubles de l'arène sont entraînés, dégageant peu à peu des boules de roches saines, caractéristiques des paysages de chaos. ▶ ACTIVITÉ 1

2 La dissolution et l'érosion des calcaires

• Les affleurements de calcaire montrent souvent à leur surface des fissures profondes, plus ou moins élargies, sans accumulation de matériaux. Ils présentent parfois un aspect ruiniforme.

• Ces paysages sont le résultat d'une dissolution du calcaire. Sous l'action de l'eau de ruissellement et de l'eau qui circule dans le sol, chargée de dioxyde de carbone, le calcium, constituant essentiel du calcaire, est dissous et entraîné vers les rivières. En dissolvant le calcium, l'eau érode le calcaire. ▶ ACTIVITÉ 2

3 Propriétés des roches et paysages

Au laboratoire, on met en évidence la réaction caractéristique des calcaires à l'acide chlorhydrique (effervescence). On révèle la présence d'argiles dans une arène granitique et on en déduit qu'elles ont pour origine la transformation des feldspaths et des micas sous l'action de l'eau. La plus ou moins grande dissolution des calcaires dans l'eau chargée de dioxyde de carbone est constatée. La cohérence des roches, leur perméabilité sont également testées. Ces propriétés permettent d'expliquer certains traits du paysage, en relation avec la nature du sous-sol.

▶ INFOS

4 L'érosion modèle les paysages

L'érosion conduit à l'aplanissement des reliefs. Les principaux agents d'érosion sont l'eau, les variations de température, le vent. Il est souvent difficile de dissocier leurs actions. ▶ INFOS

CE QU'IL FAUT RETENIR

LES NOTIONS ESSENTIELLES

■ Le relief est modelé à la surface de la Terre par les agents d'érosion. L'eau, le principal d'entre eux, agit différemment suivant la nature et les propriétés des roches qui constituent le sous-sol.

■ Le granite est une roche cohérente, perméable au niveau des fissures. Formé d'un assemblage de minéraux, il se désagrège au contact de l'eau en une arène, meuble. Certains minéraux sont transformés en argile. Les autres sont entraînés par les eaux de ruissellement.

■ Le calcaire, cohérent et perméable au niveau des fissures, est en grande partie dissous par les eaux de ruissellement et d'infiltration. Les marnes, peu cohérentes, imperméables, sont érodées.

Les mots clés

Altération : Transformation de la roche sous l'action de l'eau qui rend la roche peu solide (désagrégation) et transforme partiellement ses minéraux.

Désagrégation : Séparation des constituants (minéraux…) d'une roche.

Dissolution : Incorporation des constituants d'un solide ou d'un gaz dans un liquide, en éléments tellement petits qu'ils deviennent invisibles et inséparables du liquide.

Érosion : Ensemble des phénomènes qui enlèvent tout ou partie des terrains existant et modifient le relief.

LE SCHÉMA

L'eau désagrège, transforme, dissout et érode

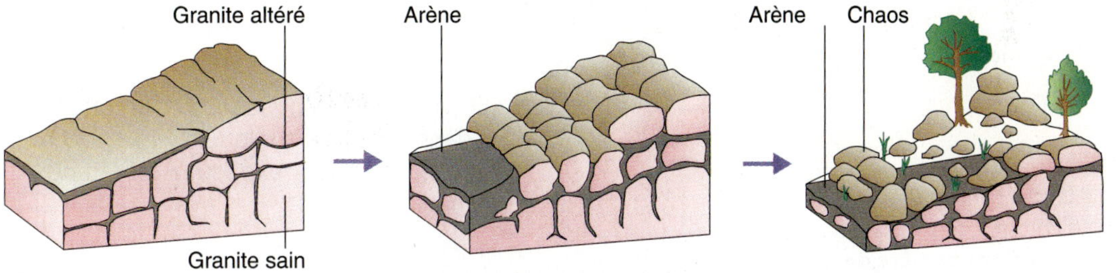

Du granite sain au chaos

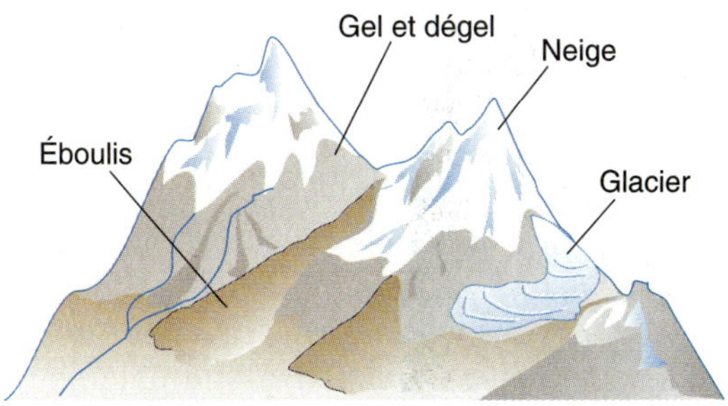

Désagrégation et érosion en montagne

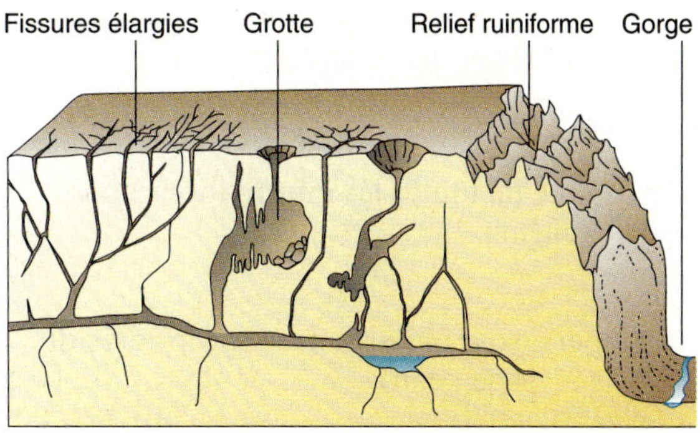

Dissolution dans le calcaire

Effondrement d'une carrière : causes et conséquences

1. Fontis à Chanteloup-les-Vignes (Yvelines) : 30 m de diamètre, 25 m de profondeur.

En mars 1991, sur la butte de l'Hautil, une caravane installée dans un jardin est brutalement ensevelie dans un gigantesque trou, un fontis, provoqué par l'effondrement du toit d'une ancienne carrière souterraine de gypse, roche soluble.
Après exploitation du gypse pour fabriquer du plâtre, les anciennes carrières non remblayées sont laissées à l'abandon. Elles sont souvent inondées, l'eau atteignant la couche de gypse en s'infiltrant sur les flancs de la butte.

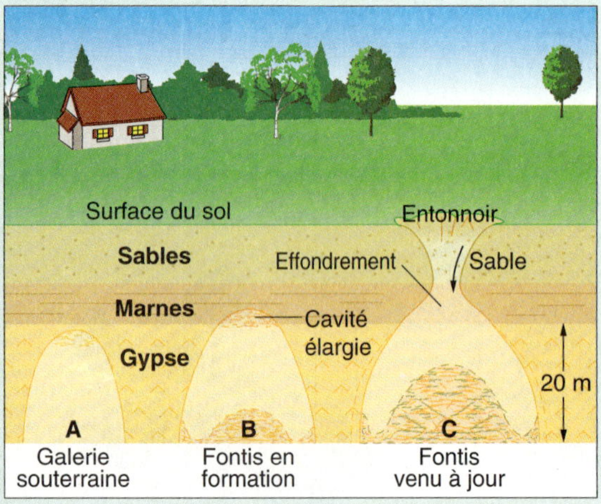

2. Évolution d'une carrière de gypse abandonnée.

QUESTIONS

1. Décrivez l'évolution de la carrière de gypse abandonnée (schéma 2).

Objectif ▶ **S'informer à partir d'un schéma**

2. En vous appuyant sur le texte et le schéma, formulez une hypothèse expliquant l'effondrement du toit de la carrière.

Objectif ▶ **Raisonner**

3. En vous appuyant sur les informations contenues dans le texte et sur le schéma de la carrière de gypse abandonnée, expliquez les étapes de la formation d'un fontis.

Objectif ▶ **Communiquer**

POUR RÉUSSIR L'EXERCICE

Vous devez :

- Tenir compte de toutes les informations apportées par le schéma.

▶ QUESTION 1

- Faire appel à vos connaissances (propriétés du calcium vis-à-vis de l'eau).

▶ QUESTION 2

- Traduire les informations fournies dans l'énoncé sous la forme d'un texte.

▶ QUESTION 3

RÉPONSES ATTENDUES

1. Les galeries s'agrandissent. Le toit s'effondre, entraînant les roches et le sol situés au-dessus.

2. Hypothèse : l'eau dissout le gypse.

3. En s'infiltrant sur les flancs de la butte, les eaux de surface atteignent le gypse et le dissolvent. Le toit des galeries souterraines s'effondre peu à peu (B et C). Quand l'effondrement atteint la couche de sable, ce dernier, roche meuble, s'écoule comme dans un gigantesque entonnoir. Le fontis est venu au jour.

EXERCICES

TESTS RAPIDES

1 Associer un mot à sa définition

En utilisant les lettres d'une part et les chiffres d'autre part, associez chaque mot ou groupe de mots à sa définition.

a. Dissolution
b. Imperméabilité
c. Désagrégation
d. Érosion

1. Ensemble des phénomènes qui, à la surface du globe, enlèvent tout ou partie des terrains existants
2. Séparation des minéraux d'une roche
3. Passage en solution d'un solide
4. Propriété d'une roche qui ne se laisse pas traverser par l'eau

2 Associer des mots

À partir de la liste suivante, constituez trois couples de mots ayant un rapport logique entre eux.

• Perméabilité • Insoluble • Meuble • Imperméabilité • Cohérent • Soluble

3 Choisir les propositions exactes

En utilisant les lettres d'une part et les chiffres d'autre part, complétez chaque début de phrase par la proposition qui convient.

1. *Une arène granitique est :*
a. un empilement de blocs de granite ;
b. un sable grossier de composition minéralogique proche de celle du granite ;
c. un affleurement granitique de forme circulaire.

2. *La désagrégation d'une roche consiste en :*
a. une séparation des minéraux qui la constituent ;
b. l'assemblage des minéraux qui la constituent ;
c. la dissolution de ces minéraux.

3. *Une roche perméable :*
a. n'absorbe pas l'eau ;
b. est traversée par l'eau ;
c. n'est pas traversée par l'eau.

4. *L'eau est :*
a. un agent d'érosion ;
b. un agent de dissolution.

VÉRIFIER SES CONNAISSANCES

4 Trouver le mot caché

Recopiez la grille ci-dessous et placez les mots correspondant aux définitions proposées.
Vous découvrirez alors le mot caché dont vous donnerez la définition.

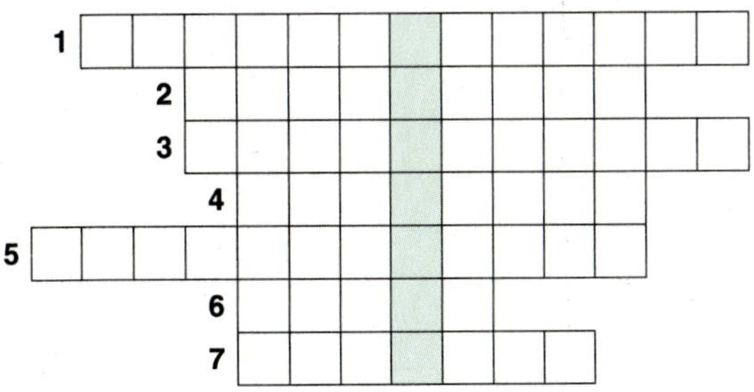

1. Séparation des grains (minéraux) d'une roche.
2. Propriété d'une roche qui résiste à la rupture.
3. Action de dissoudre.
4. Fentes parcourant un massif rocheux.
5. Propriété d'une roche qui laisse passer l'eau.
6. Accumulation de boules reposant les unes sur les autres.
7. Roche constituée de quartz, feldspaths et micas.

5 Retrouver une chronologie

Observez les schémas ci-dessous.
En utilisant les lettres indiquées, classez dans l'ordre chronologique ces quatre schémas de l'évolution du granite.

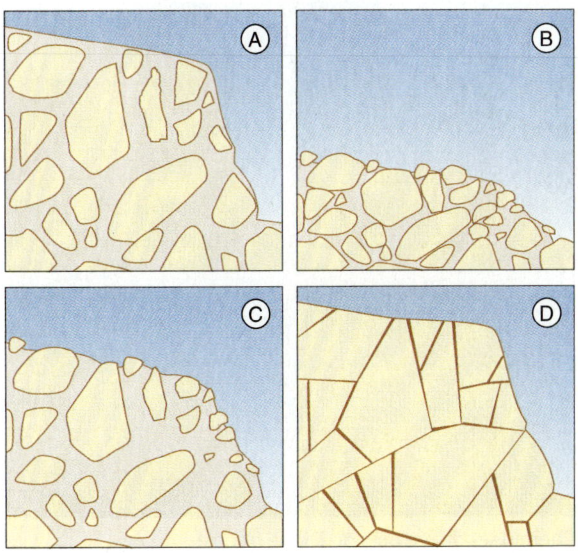

6 Compléter un tableau

Recopiez le tableau puis placez les signes + (la roche présente la propriété) ou – (la roche ne présente pas la propriété) dans les cases qui conviennent.

Propriétés / Roches	Perméabilité	Imperméabilité
Marne		
Calcaire fissuré		
Granite non fissuré		

APPLIQUER DES CONNAISSANCES ET DES SAVOIR-FAIRE

7 S'informer
Raisonner : proposer une explication

Les cheminées de fée sont le résultat de l'action des eaux de ruissellement sur une pente constituée de roche meuble, parsemée de cailloux.

Cheminées de fée près de Digne (Alpes).

Trois étapes de la formation des cheminées de fée.

À l'aide des informations fournies par le texte, la photographie et les schémas, expliquez la formation des cheminées de fée.

8 Raisonner : relier des informations et des connaissances

En pays calcaire, les spéléologues explorent un monde souterrain : gouffres ou avens, grottes, galeries et rivières souterraines. Ces rivières peuvent réapparaître en surface au niveau de résurgences.

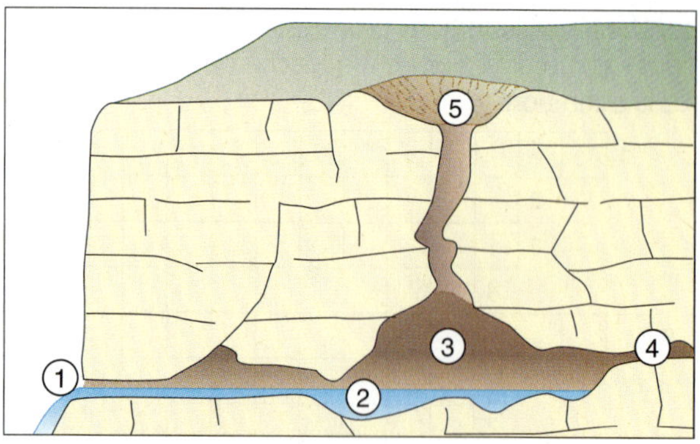

Sous-sol d'un plateau calcaire.

1. Indiquez la légende pour chaque chiffre du schéma, en utilisant le vocabulaire du texte.

2. Expliquez la présence de rivières souterraines.

3. Expliquez la présence de nombreuses cavités dans le massif calcaire.

9 S'informer
Raisonner : proposer une explication

Les Causses, région calcaire du Sud de la France, sont parsemées de dolines dont le fond est tapissé d'argiles. Après dissolution du calcaire par les eaux de pluie, les argiles contenues dans cette roche s'accumulent dans les dolines.

Paysage des Causses.

1. Décrivez le paysage, plateau calcaire et dolines.
2. Relevez dans le texte la phrase qui explique le mode de formation des dolines.
3. Expliquez l'aspect différent des dolines et du reste du plateau en vous appuyant sur une propriété des roches.

10 Raisonner

En haute montagne, l'eau de pluie ou celle de la fonte des neiges pénètre dans les fissures du granite. En gelant la nuit, l'eau augmente de volume.

Aiguilles rocheuses (Alpes de Haute-Savoie).

1. Énoncez les conséquences des alternances gel-dégel sur le massif granitique.
2. Trouvez l'origine des éboulis qui s'accumulent au pied de la pente.
3. Nommez l'agent responsable de la désagrégation de la roche en haute montagne.
4. Expliquez l'expression « geler à pierre fendre ».
5. Pourquoi est-il dangereux d'entreprendre une escalade en milieu de journée ?

11 Raisonner : proposer une explication

La dune du Pilat près d'Arcachon.

La dune du Pilat (120 m de haut) est constituée de sable fin, déposé sur la côte par la mer. Déplacé par le vent qui souffle de l'océan vers le continent, le sable s'accumule dès qu'il rencontre un obstacle. La dune se déplace de 25 mètres par an.
Le sable est formé de grains qui glissent les uns par rapport aux autres. En cas de pluie, il absorbe l'eau rapidement et la laisse passer.

1. Décrivez le paysage de la photographie.
2. Nommez les trois propriétés du sable.
3. Expliquez la formation et le déplacement de la dune du Pilat en utilisant les informations du texte et le document photographique.
4. Énoncez les conséquences du déplacement de la dune à l'intérieur des terres.

CHAPITRE

3 La formation des roches sédimentaires

1 L'estuaire de la Loire vu par satellite : l'eau du fleuve entraîne de nombreux produits solides jusqu'à la mer. Elle les abandonne parfois, sous forme de graviers, sur les bords du fleuve (**b**).
Au niveau de l'estuaire (**a**), ce sont des particules très fines qui se déposent. Les eaux des rivières et des fleuves transportent les éléments érodés au niveau des reliefs jusqu'à des lieux de dépôt.

2 Après une inondation, il faut nettoyer les dépôts de boue dans les habitations. Ces dépôts témoignent des particules que l'eau peut transporter.

b

Les éléments issus de la désagrégation des roches, de leur transformation ou de leur dissolution sont transportés par l'eau, à l'état solide ou dissous.
Ils se déposent à la surface de la Terre, sous forme de sédiments qui pourront se transformer en roches sédimentaires.

Les questions qui se posent

- Que deviennent les matériaux solides ou dissous enlevés aux roches ? ▶ ACTIVITÉS 1 ET 2
- Comment les dépôts se transforment-ils en roches ? ▶ ACTIVITÉ 3
- Toutes les roches issues du dépôt de sédiments sont-elles identiques ? ▶ INFOS
- Comment reconstituer un paysage ancien ? ▶ ACTIVITÉS 4 ET 5
- Comment replacer un fossile dans la classification des organismes « actuels » ? ▶ INFOS

Le transport des matériaux

Les eaux de ruissellement entraînent la majeure partie des produits qui résultent de la destruction des reliefs.
Sous quelles formes sont-ils transportés ?

1 Le transport des produits d'érosion : étude sur le terrain

Le volume d'eau présent dans un fleuve varie. Ici, différents aspects du fleuve Var (Alpes-Maritimes) soulignent ces variations de débit*.

- Le débit du fleuve est faible (**a**) ; deux niveaux d'eau sont apparents, de part et d'autre du barrage situé derrière l'usine hydroélectrique.
- Lors d'une forte crue (**b**), l'eau recouvre tout, ne laissant apparaître que l'usine. Elle charrie de nombreuses alluvions.
- Sous la force des eaux, la crue a détruit le barrage (**c**). Le fleuve refait ensuite son lit. Seuls quelques gros blocs subsistent en aval. La quasi-totalité des matériaux présents initialement dans le lit a été emportée.

a Avant la crue.

b Pendant la crue.

c Après la crue.

d De l'eau trouble a été prélevée dans le fleuve en crue. Après une heure de repos, des graviers, du sable, de la vase se sont déposés au fond. L'eau s'est clarifiée.

2 Le transport des matériaux : étude au laboratoire

Les matériaux libres sont entraînés par l'eau.
On peut simuler un tel processus en versant de l'eau sur des matériaux de différentes tailles placés dans un bac (**a** et **b**).
Lors du passage d'une faible quantité d'eau (**c**), seuls de petits éléments sont entraînés.
Après le passage d'un fort courant (**d**), des éléments plus gros sont déplacés. Seuls restent les blocs les plus importants.

a Ensemble du dispositif (vue de profil).

b Vue de dessus de la zone d'écoulement d'eau.

c Vue de dessus de la même zone après arrivée d'une petite quantité d'eau.

d Vue de dessus de la même zone après arrivée d'un fort courant d'eau.

Exploitation

1. Comparez le fleuve Var sur les documents **1** **a** et **b** (quantité, vitesse, aspect de l'eau).

2. Énoncez les conséquences de la crue (document **1** **c**).

3. On effectue les manipulations du document **2**.
Établissez une relation entre la force du courant d'eau d'une part, et la quantité et la taille des matériaux transportés d'autre part.

4. D'après les documents **1** et **2**, et les données du tableau ci-dessous, nommez les différentes formes sous lesquelles la matière peut être transportée par l'eau du fleuve.

Éléments dissous	Teneur (mg/L)
Calcium*	112
Sodium*	3
Silice*	7

Vocabulaire

Calcium, sodium, silice : Constituants chimiques des minéraux des roches, plus ou moins solubles dans l'eau.
Débit : Ici, il s'agit de la quantité d'eau transportée par unité de temps par un fleuve ou une rivière.

Bilan

▶ ***L'eau des rivières transporte des produits solides et dissous, de l'amont vers l'aval.***

▶ ***Le transport est plus ou moins important selon le débit du cours d'eau.***

2

Des dépôts sédimentaires

Les produits solides, entraînés par les eaux des rivières, finissent par se déposer. Où peut-on observer ces dépôts ?
Les eaux transportent également du calcium dissous. On a calculé que d'énormes quantités de calcium arrivent annuellement en mer.
Que devient ce calcium dans l'eau de mer ?

1 Des dépôts sédimentaires d'origine détritique* ou biochimique*

a Des dépôts détritiques sont visibles dans le lit des rivières.

La force d'un courant d'eau varie selon le débit de la rivière. Quand le courant d'eau faiblit, des éléments solides qui étaient déplacés sont déposés. La taille des éléments détermine l'ordre de leur dépôt : les plus gros en premier. La plupart des éléments solides sont déplacés de nombreuses fois avant leur dépôt définitif dans des eaux calmes.

b Des dépôts d'origine biochimique forment une boue blanche qui recouvre, en certains endroits, le fond des océans.

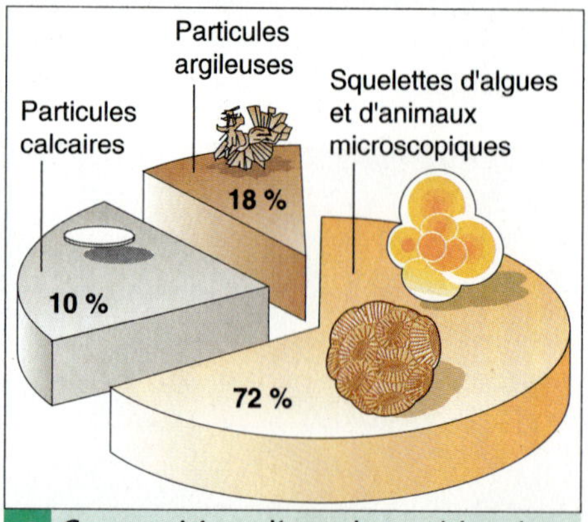

c Composition d'une boue blanche des fonds océaniques.

2 La formation des dépôts d'origine biochimique

De nombreux êtres du plancton* marin possèdent un squelette calcaire. Ils le fabriquent à partir du calcium dissous dans l'eau.
Ainsi, le calcium participe à la formation d'un nouveau produit, le calcaire (ou carbonate de calcium).
Le calcaire est très peu soluble dans l'eau de mer. À la mort des êtres planctoniques, les squelettes calcaires tombent sur le fond et s'y accumulent.

a La globigérine est un animal planctonique.

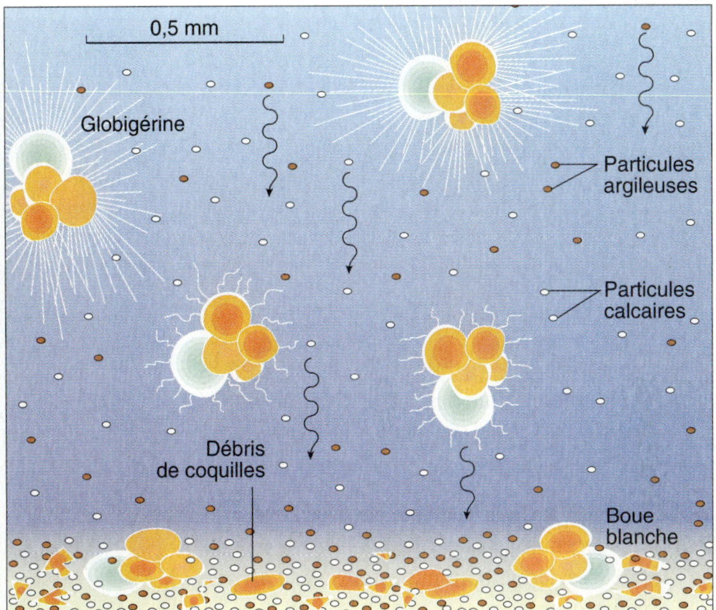

b Les boues calcaires ont pour origine principale l'accumulation des squelettes calcaires d'organismes planctoniques.

Exploitation

1. Nommez, d'après leur taille, les dépôts visibles sur le document 1 (galets, sables, graviers, vase).

2. a. De quels facteurs dépend le dépôt des éléments solides (document 1) ?
b. Indiquez les endroits où les sédiments* détritiques s'accumulent le plus.

3. Quel rôle les êtres vivants jouent-ils dans la construction des boues calcaires (document 2) ?

4. Justifiez les qualificatifs de *détritique* et de *biochimique* donnés aux différentes sortes de sédiments.

Vocabulaire

Biochimique : Se dit d'un matériel produit de façon directe ou indirecte par les êtres vivants.
Détritique : Se dit d'un matériel formé de débris de roches.
Plancton : Êtres vivants, souvent microscopiques, entraînés par les courants océaniques.
Sédiment : Ensemble de particules plus ou moins grosses qui ont séparément subi un transport et se sont déposées.

Bilan

▶ ***Les produits d'érosion qui ont été transportés par l'eau puis déposés constituent des sédiments.***

▶ ***Selon leur origine, on distingue des sédiments détritiques ou des sédiments biochimiques.***

activité

3 Du sédiment à la roche

Les sédiments, constitués d'éléments séparés, s'accumulent au cours du temps sur des épaisseurs plus ou moins importantes.
Comment les sédiments se transforment-ils en roches ?

1 Le dépôt des produits d'érosion : étude sur le terrain

a Dépôts récents, lac de Castillon (Alpes de Haute-Provence).

● La vidange partielle d'un lac permet d'observer les dépôts récents laissés par la rivière qui alimente ce lac (**a**). Ces dépôts sont importants dès l'arrivée de la rivière dans le lac.

● Lors d'une baisse du niveau de l'eau d'un lac de barrage, les cours d'eau qui alimentent ce barrage creusent les anciens dépôts. Ces derniers apparaissent, à l'observateur, disposés en strates* horizontales (**b**).

● Une manipulation, répétée plusieurs fois avec des produits de couleurs différentes, permet de simuler les dépôts successifs des matériaux contenus dans une eau boueuse. La zone de sédimentation est photographiée de profil, à travers la vitre (**c**).

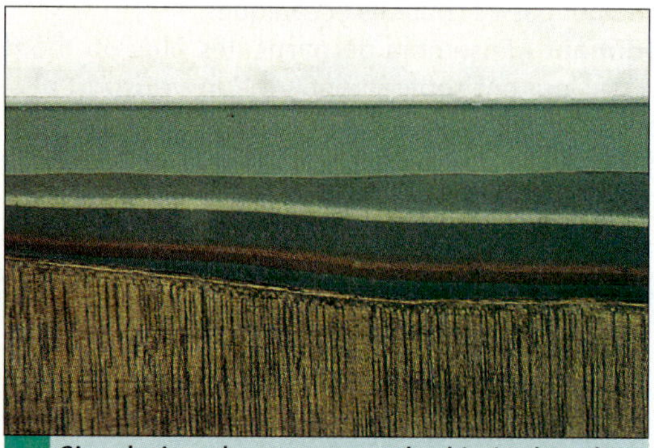

c Simulation du processus de dépôt dans le bac présenté à l'activité 1.

b Superposition des dépôts anciens observée après surcreusement du fond du lac.

2 La transformation du sédiment en roche

a Dépôts consolidés dans la région de Bédarieux (Hérault).

- Pendant des millions d'années, des graviers, des boues argileuses ou calcaires s'accumulent dans des lieux de sédimentation, parfois sur des épaisseurs considérables (plusieurs centaines de mètres).
- Lentement, ces sédiments se transforment en roches plus ou moins cohérentes.

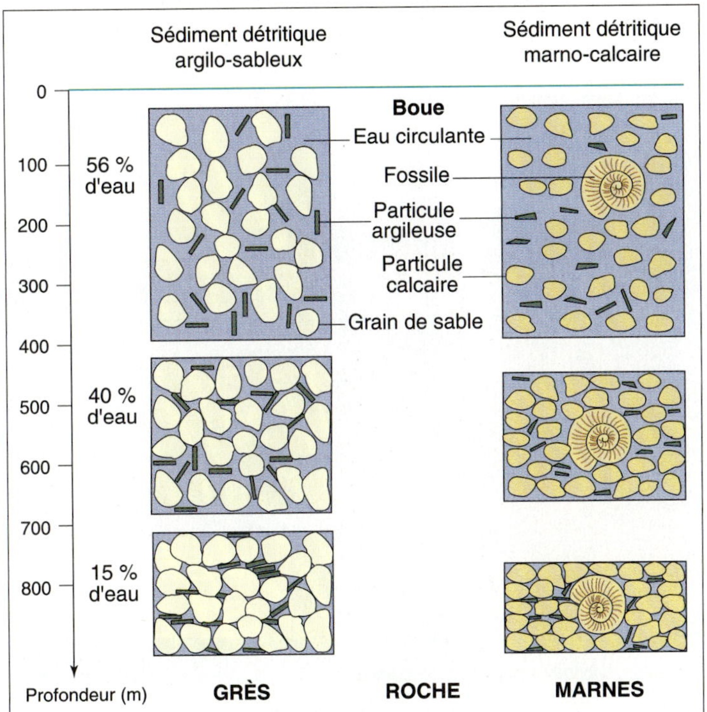

b Transformation de sédiments détritiques en roches cohérentes, par exemple des grès* ou des marnes*.

Exploitation

1. Décrivez la tranchée creusée dans les dépôts du lac : aspect des éléments rocheux, cohésion, disposition (document **1 b**).

2. **a.** Décrivez l'affleurement du document **2 a** selon les mêmes critères que précédemment.
b. Précisez les points communs et les différences entre cet affleurement et les dépôts du fond du lac.

3. Comparez la disposition des différents matériaux de la maquette (document **1 c**) à celle de l'affleurement (document **1 b**).

4. D'après le document **2 b**, indiquez comment un sédiment meuble devient une roche cohérente.

5. Les grès et les marnes sont appelées roches sédimentaires. Justifiez cette appellation.

Vocabulaire

Grès : Roche sédimentaire provenant de la consolidation de sédiments sableux.
Marnes : Roche sédimentaire provenant de la consolidation de sédiments argileux et calcaires.
Strates : Couches superposées de roches.

Bilan

► ***Au cours du temps, les énormes quantités de sédiments meubles déposés se transforment, par tassement, en roches sédimentaires cohérentes.***

INFOS Environnement

Diversité des dépôts et des roches sédimentaires

L'eau et le vent sont des agents d'érosion et de transport des matériaux. Les matériaux arrachés aux roches en place, qu'ils soient dissous ou solides, peuvent se déposer partout, aussi bien dans la mer que sur les continents.

1. Formation sédimentaire actuelle : la dune du Pilat, au nord-ouest d'Arcachon

Sous l'action du vent, le sable de la plage est poussé vers l'intérieur des terres (**a**). Son accumulation forme des dunes qui se déplacent, maigrissent, grossissent... Les dunes sont des dépôts éoliens*. Après tassement, les sables peuvent donner une roche cohérente, le grès (**b**).

*__Éolien__ : qui est relatif au vent.

2. Le lœss est une formation sédimentaire éolienne, ancienne

Les grandes plaines de Beauce, de Picardie... sont couvertes d'un matériau argilo-sableux sur lequel un sol fertile s'est installé (**a**). Cette formation peut atteindre plusieurs dizaines de mètres d'épaisseur.

Le lœss (**b**) résulte du dépôt de fines poussières arrachées aux moraines qui bordaient les glaciers, lors de certaines périodes très froides des derniers millions d'années.

3. Dans la partie basse de son cours, le Rhône s'étale jusqu'à la mer

Ses eaux, chargées de particules, perdent leur vitesse. Des boues argileuses se déposent et forment entre les deux bras du fleuve et la mer Méditerranée, un delta : c'est la Camargue, zone marécageuse de cultures et d'élevage, installée sur des fonds argileux ou argilo-sableux imperméables.

4. Mine de potasse en Alsace

En Alsace, on exploite la potasse pour fabriquer des engrais (**a**). Cette roche sédimentaire est d'origine chimique (**b**). Elle est le résultat de l'assèchement, par évaporation, de l'eau de mer.
L'exploitation des marais salants illustre ce processus chimique (**c**). Dans de larges bassins peu profonds, l'eau de mer s'évapore et du sel se dépose.

activité

4 Conditions de formation des roches sédimentaires

Les roches sédimentaires sont très différentes les unes des autres selon leurs composants et les fossiles qu'elles contiennent.
Peut-on, à partir de l'observation de dépôts actuels et de leur comparaison avec des roches sédimentaires en place, déterminer les conditions de formation de ces roches ?

1 Étude d'une formation sédimentaire

Près de Lodève dans l'Hérault, trois ensembles rocheux apparaissent : en bas, des roches sombres, charbonneuses et gréseuses datées de – 290 Ma* ; au milieu, des alternances d'argiles rouges et de grès datées de – 250 Ma ; au sommet, des calcaires blancs datées de - 200 Ma.

a Affleurement étudié.

-200 Ma

b Coraux fossiles* abondants dans les strates calcaires.

-250 Ma

c Fentes présentes à la surface des bancs argileux.

-290 Ma

d Tronc fossilisé de fougère arborescente dans les formations gréseuses et charbonneuses.

2 Dépôts sédimentaires actuels

● Les géologues identifient, dans une formation sédimentaire, divers éléments : fossiles*, constituants de la roche… Ils précisent leur disposition, leur nature...

● Ils cherchent également si des équivalents de ces éléments existent dans les sédiments actuels. Les ressemblances constatées leur permettent de reconstituer, en fonction de la connaissance des phénomènes actuels, les conditions qui régnaient au moment du dépôt des matériaux à l'origine des roches sédimentaires.

a Les coraux actuels vivent dans les eaux claires et chaudes des régions tropicales.

b Lorsque des argiles s'assèchent, des fentes de dessiccation* apparaissent dans le dépôt.

c Dans les zones équatoriale ou tropicale actuelles, les fougères arborescentes atteignent 10 m de hauteur.

Exploitation

1. Décrivez les roches (aspect et traces) des documents **1** **b**, **c** et **d**.

2. Les observations faites actuellement à la surface du globe (document **2**) présentent des similitudes avec ce que l'on observe dans les formations géologiques anciennes (document **1**). Lesquelles ?

3. Les géologues utilisent l'étude des dépôts actuels pour retrouver les conditions de formation des roches sédimentaires.
Justifiez cette utilisation à partir des données fournies par le document **2**.

Vocabulaire

Fentes de dessiccation : Fissures s'ouvrant dans un sol argileux qui se dessèche.
Fossile : Reste ou trace d'un être vivant conservé dans une roche.
Ma : Symbole de « millions d'années ».

Bilan

► ***Les informations tirées des observations faites dans les dépôts sédimentaires actuels peuvent être utilisées pour expliquer les conditions des dépôts anciens.***

► ***On reconstitue ainsi certains caractères des milieux anciens de sédimentation.***

activité

5 Reconstitution des paysages anciens

Dans la région de Lodève, au nord-ouest de Montpellier, les roches sédimentaires qui se superposent ont des aspects différents. L'étude des caractères de chacune d'elles permet de reconstituer les paysages et la vie qui s'y sont succédé depuis près de 300 millions d'années.

1 Il y a 300 Ma, dans la région de Lodève

a Tronc fossile.

b Libellule fossile.

c Il y a 300 Ma, la région de Lodève était recouverte d'une forêt luxuriante sous un climat chaud et humide.

2 Il y a 250 Ma, dans la région de Lodève

a Fentes de dessiccation anciennes.

b Traces de reptiles.

c Il y a 250 Ma, la région de Lodève présentait un aspect semi-désertique avec une courte saison humide.

3 Il y a 200 Ma, dans la région de Lodève

c Il y a 200 Ma, la région de Lodève était recouverte par une mer chaude propice aux formations coralliennes.

a Coraux fossiles.

b Ammonite*.

Exploitation

1. À partir des caractéristiques des roches et de leurs fossiles (documents 1, 2, 3 **a** et **b**), justifiez les reconstitutions de paysages 1 **c**, 2 **c** et 3 **c**.

2. Rappelez l'âge des roches (documents 1, 2, 3) et dites si l'empilement des matériaux successifs respecte la chronologie*.

3. Résumez en quelques lignes les changements importants (climatiques, géographiques, milieu de vie...) intervenus dans la région de Lodève depuis 300 Ma.

Vocabulaire

Ammonite : Groupe fossile de Mollusques Céphalopodes, aujourd'hui disparu. La seiche, le calmar sont des Céphalopodes actuels.

Chronologie : Succession d'événements dans le temps.

Bilan

▶ ***Des paysages différents se sont succédé à la surface de la Terre.***

▶ ***Cette succession est attestée par des formations sédimentaires différentes et superposées, dans un même lieu.***

INFOS
Paléontologie

Clé de détermination des fossiles

La diversité des fossiles est considérable. À partir d'une clé de détermination simple, on peut reconnaître les spécimens les plus courants et les classer.

FORME DU FOSSILE OU DE L'EMPREINTE

0,5 cm	1,5 cm	2 cm	2,5 cm	1 cm	1 cm	3,5 c

Petit disque ou lentille	Lame de scie	Corps présentant 3 bandes (lobes) disposées côte à côte	Forme de boule, de cœur	Forme de massue, ou fin et allongé	Structure généralement en forme rayonnante à partir d'un point ou d'un axe	Forme de ball de fusil

Nom	Nummulites	Graptolites	Trilobites	Oursins	Coraux	Bélemnites
Place dans la classification	FORAMINIFÈRES	GRAPTOLITES	TRILOBITES	ÉCHINODERMES	CNIDAIRES	MOLLUSQUES
Reconstitution de l'être vivant						
Milieu de vie Marin Continental						

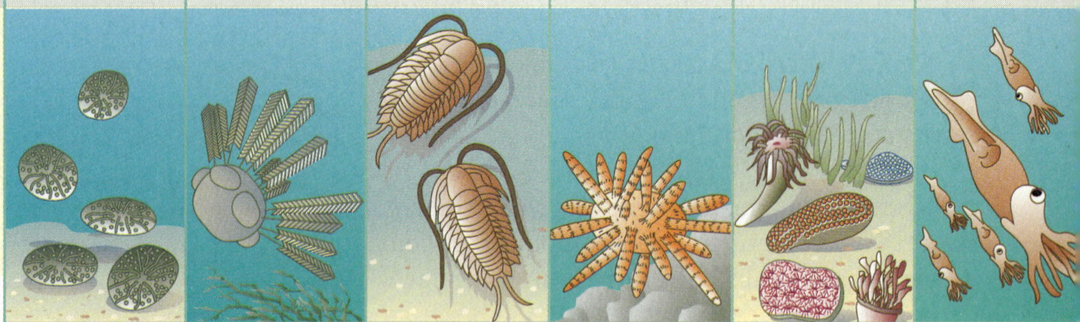

LA FOSSILISATION, UN PHÉNOMÈNE EXCEPTIONNEL

Les fossiles sont les témoins de l'histoire de la vie. À sa mort, un être vivant se décompose rapidement. Les parties dures de l'organisme (squelette, coquille…) résistent plus longtemps mais finissent tout de même par disparaître. Pourtant, certains organismes échappent à la destruction totale. Au départ d'un processus de fossilisation, un enfouissement rapide sous les sédiments est une condition nécessaire. Dans le cas le plus fréquent de fossilisation, les parties molles de l'organisme enfoui sont décomposées. Il ne subsiste que les parties dures autour et dans lesquelles les sédiments s'accumulent, se tassent, se transforment en roche. Souvent, ces parties dures disparaissent plus tard ; il ne reste alors que le moulage externe ou interne des squelettes ou des coquilles.

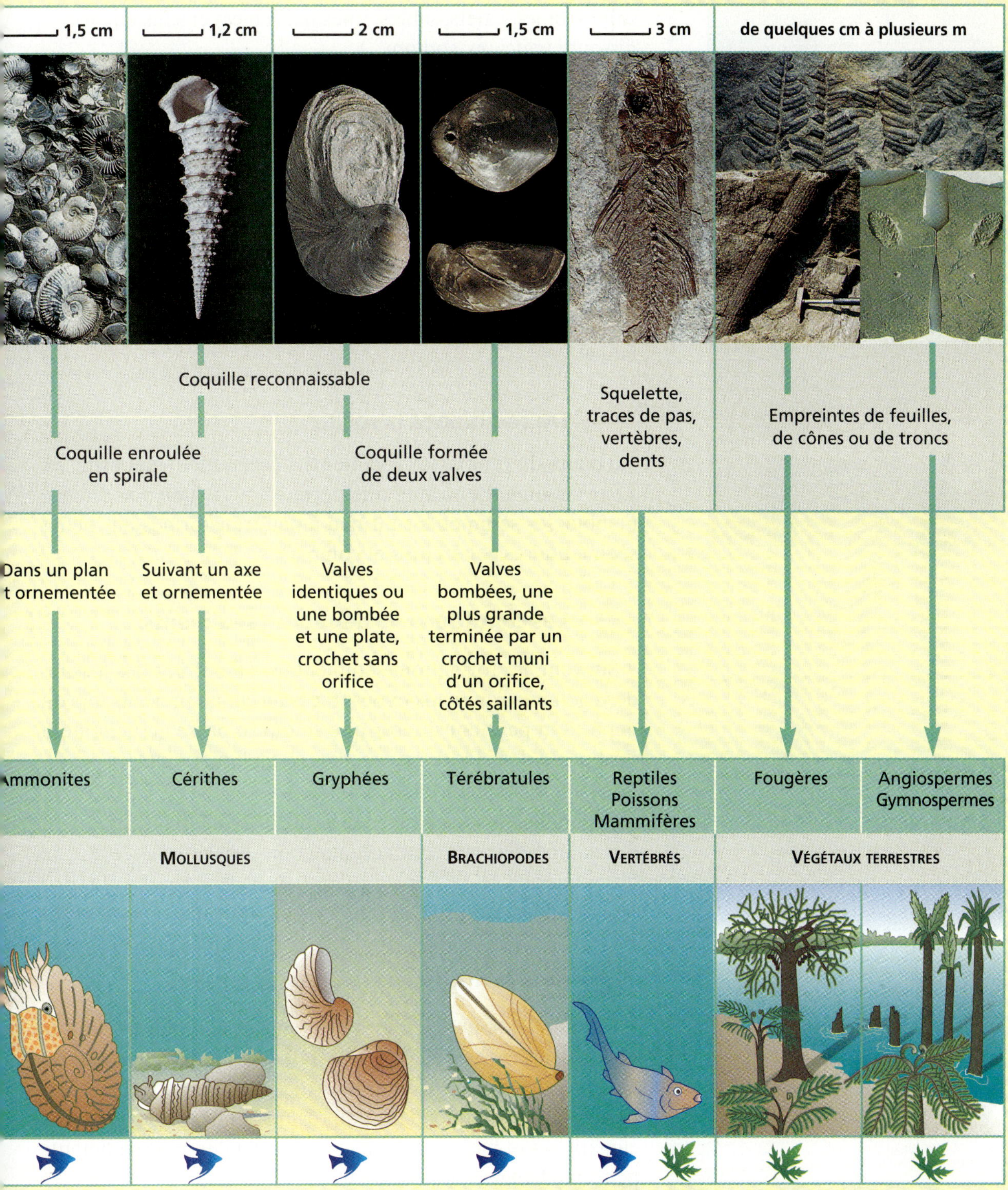

La formation des roches sédimentaires

1 Transport des matériaux et dépôts sédimentaires

• L'eau transporte les produits de l'érosion sous une forme solide (blocs, galets, sables, fines particules) et sous une forme dissoute (calcium, sodium...).

• Quand la vitesse de l'eau diminue, les éléments les plus grossiers se déposent d'abord, puis les graviers, les sables, les boues. Ces dépôts dépendent de la taille et de la masse des éléments, et de la vitesse du courant. Ils forment des sédiments d'origine détritique.

• Le calcium dissous dans l'eau arrive à la mer. De nombreux organismes utilisent ce calcium pour fabriquer leur squelette ou leur coquille en calcaire. À leur mort, ceux-ci tombent et s'accumulent sur le fond. Ils forment un sédiment d'origine biochimique. ▶ ACTIVITÉS 1 ET 2

2 Du sédiment à la roche

Au cours du temps, les sédiments s'accumulent, superposés. Leur tassement entraîne une perte d'eau. D'une consistance meuble, les sédiments sont peu à peu transformés en roches sédimentaires cohérentes et compactes. ▶ ACTIVITÉ 3

3 Les conditions de dépôt des sédiments

• Souvent, les formations sédimentaires montrent des fossiles de végétaux, d'animaux et des traces du climat présents lors du dépôt. On peut considérer que ce qui se passe actuellement s'est passé dans les temps anciens et expliquer ainsi les conditions qui régnaient lors du dépôt.

• Cependant, associer aux mêmes effets les mêmes causes peut être source d'erreurs : une accumulation de galets s'observe aussi bien dans un lit de rivière que sur une plage marine. Il faut rassembler plusieurs preuves pour cerner la vérité. ▶ ACTIVITÉ 4

4 Reconstitution des paysages anciens

• Les fossiles sont des traces d'organismes enfouis et conservés dans les roches. Ils témoignent des milieux de vie passés. Divers indices présents dans des roches sédimentaires superposées montrent que, dans une région donnée, les conditions climatiques et biologiques régnant lors du dépôt de sédiments peuvent changer au cours du temps. ▶ ACTIVITÉ 5

CE QU'IL FAUT RETENIR

LES NOTIONS ESSENTIELLES

- La formation des roches sédimentaires s'effectue en quatre grandes étapes :
  – désagrégation, dissolution et érosion de roches préexistantes ;
  – transport des produits libérés ou transformés ;
  – dépôt des matériaux ou sédimentation ;
  – transformation du sédiment en roche.
- Les roches sédimentaires sont généralement disposées en strates et contiennent souvent des fossiles.
- Les fossiles, la taille et la nature des éléments minéraux ou rocheux, les dispositions particulières des éléments dans la roche sédimentaire, sont autant de témoins qui peuvent s'interpréter à partir des êtres et des phénomènes actuels. On peut alors reconstituer les conditions de vie passées.
- Au cours des temps géologiques, dans un même lieu, les conditions de vie ont changé.

Les mots clés

Fossile : Reste ou trace d'êtres vivants conservés dans une roche. Souvent liées à des milieux de sédimentation particuliers, les associations de fossiles permettent, par leurs caractères, de reconstituer les milieux de vie anciens.

Sédiment : Ensemble formé d'éléments qui ont subi un transport et se sont déposés. Ils peuvent être d'origine détritique ou biochimique.

LE SCHÉMA

Formation des roches sédimentaires et reconstitution des paysages

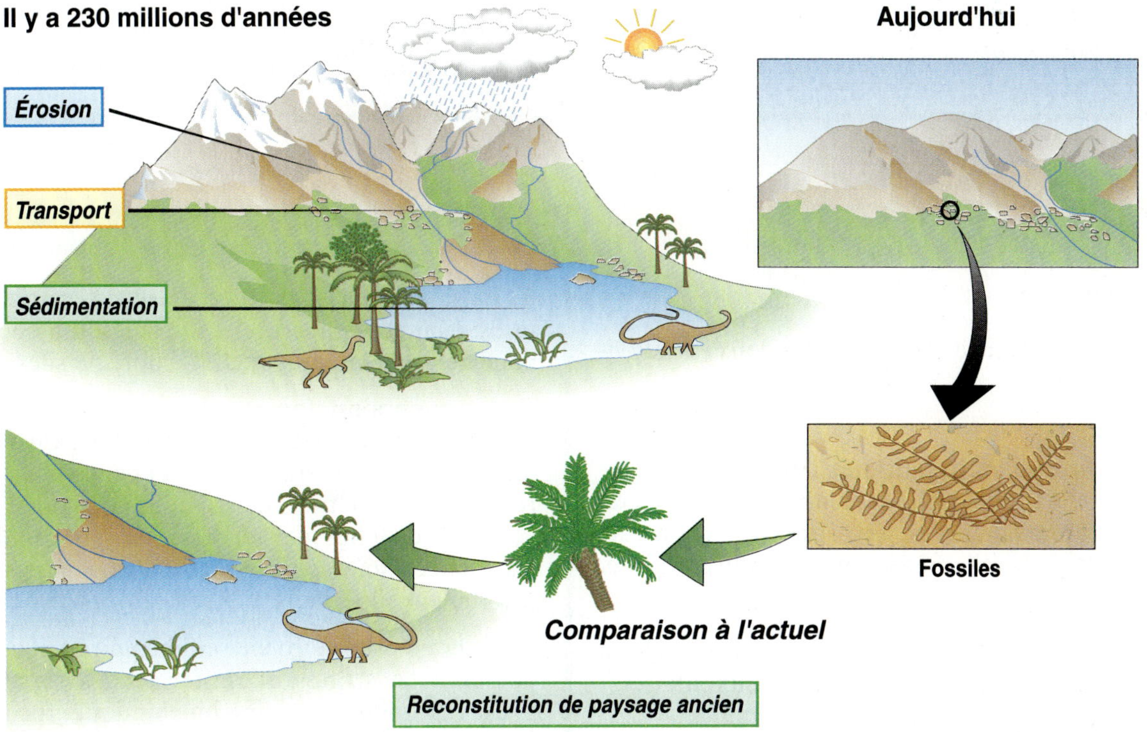

EXERCICE CORRIGÉ

La craie d'Étretat

1. Paysage d'Étretat (les alignements sombres sont des bancs de silex).

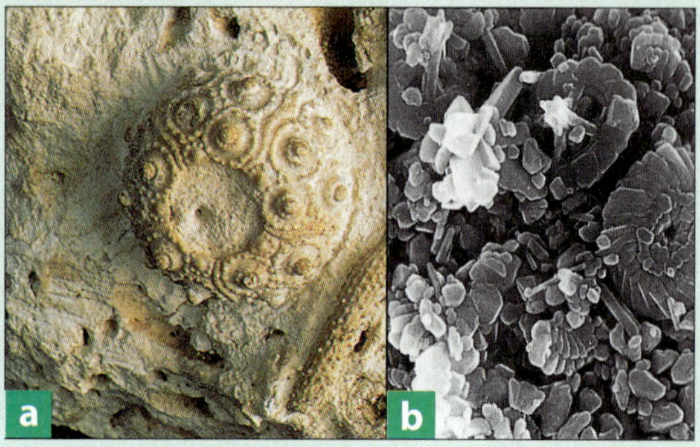

2. Craie blanche avec oursin (a) ; détail de coccolithes vus au microscope (b).

La craie est une roche très répandue dans le Bassin parisien. Elle renferme de nombreux restes fossiles d'animaux visibles à l'œil nu : oursins, huîtres… Au faible grossissement du microscope, on observe des « baguettes » appartenant à des éponges dont les espèces actuelles vivent en mer à une profondeur jamais supérieure à 250 m. La craie contient également de nombreux éléments calcaires du squelette d'algues microscopiques appelés coccolithes. Les représentants actuels de cette algue vivent dans les mers chaudes et peu agitées.

QUESTIONS

1. Décrivez l'affleurement visible sur le document 1.

Objectif ▶ **Saisir des informations**

2. D'après les informations tirées du texte et des photographies, précisez dans quel milieu s'est formée la craie. Indiquez les caractéristiques de ce milieu. Justifiez votre réponse.

Objectif ▶ **Mettre en relation des informations**

3. La craie est une roche sédimentaire d'origine biochimique. Justifiez cette affirmation.

Objectif ▶ **Raisonner : proposer une explication**

POUR RÉUSSIR L'EXERCICE

Vous devez :

- Repérer, décrire et nommer les deux roches visibles.

▶ QUESTION 1

- Savoir que les organismes cités dans le texte ont vécu dans des milieux comparables à ceux de leurs représentants actuels. Indiquer les caractères de la mer d'après les informations du texte.

▶ QUESTION 2

- Savoir reconnaître les deux caractères de la craie qui sont ceux d'une roche sédimentaire et celui qui indique son origine biochimique.

▶ QUESTION 3

RÉPONSES ATTENDUES

1. La falaise est constituée de strates horizontales, blanches et noires, alternées. La roche blanche est la craie, la roche sombre, le silex.

2. La craie s'est formée dans une mer : elle contient uniquement des restes d'organismes marins. Cette mer était chaude et peu agitée : les représentants actuels des fossiles de la craie vivent dans de telles mers. Elle était peu profonde : les éponges qui y vivaient ne supportaient pas de profondeur supérieure à 250 m.

3. La craie est une roche sédimentaire : elle est disposée en strates et renferme des fossiles. C'est une roche d'origine biochimique, formée par l'accumulation de restes d'êtres vivants.

EXERCICES

TESTS RAPIDES

1 Associer un mot à sa définition

En utilisant les lettres d'une part et les chiffres d'autre part, associez chaque mot ou groupe de mots à sa définition.

a. Chronologie **b.** Fossile
c. Roche sédimentaire **d.** Fente de dessiccation

1. Fissure s'ouvrant dans un sol argileux qui se dessèche
2. Roche contenant des fossiles et disposée en strates
3. Succession d'événements dans le temps
4. Reste ou trace d'un être vivant conservé dans une roche

2 Retrouver une chronologie

Chaque phrase ci-dessous décrit une étape de la formation d'une roche sédimentaire. En utilisant les chiffres, reclassez ces étapes dans l'ordre chronologique.
1. Les sédiments meubles perdent peu à peu leur eau et se transforment en roches sédimentaires cohérentes et compactes.
2. Les matériaux transportés par les cours d'eau se déposent.
3. La désagrégation, la dissolution, l'érosion libèrent de nombreux matériaux.
4. Les cours d'eau transportent des matériaux de tailles diverses et des produits dissous.

3 Choisir les propositions exactes

En utilisant les lettres d'une part et les chiffres d'autre part, complétez chaque début de phrase par la proposition qui convient.

1. ***L'observation de dépôts actuels permet :***
a. de dater des roches anciennes.
b. de déterminer une succession d'événements dans le temps.
c. de reconstituer des milieux sédimentaires anciens.

2. ***La présence de fossiles dans une roche permet :***
a. de reconstituer des conditions de vie.
b. de déterminer la nature de la roche.
c. de montrer que le vent est un agent de transport.

VÉRIFIER SES CONNAISSANCES

4 Trouver le mot caché

Recopiez la grille ci-dessous, puis placez les mots correspondant aux définitions proposées.
Vous découvrirez alors le mot caché.

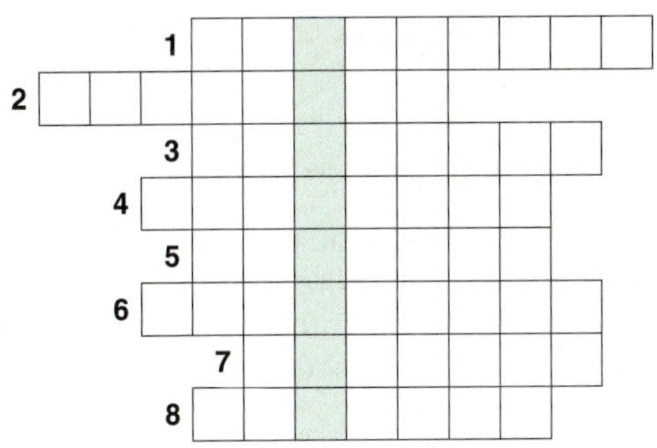

• **1.** Entraînement de matériaux. • **2.** Restes d'animaux ou de végétaux contenus dans une roche. • **3.** Roche riche en calcium. • **4.** Squelette calcaire de certains invertébrés. • **5.** Cours d'eau. • **6.** Matériaux généralement déposés sous l'eau. • **7.** Qui peut se dissoudre. • **8.** Constituant d'une roche.

5 Compléter un schéma

Recopiez les numéros et indiquez l'étape correspondante de la formation d'une roche sédimentaire.

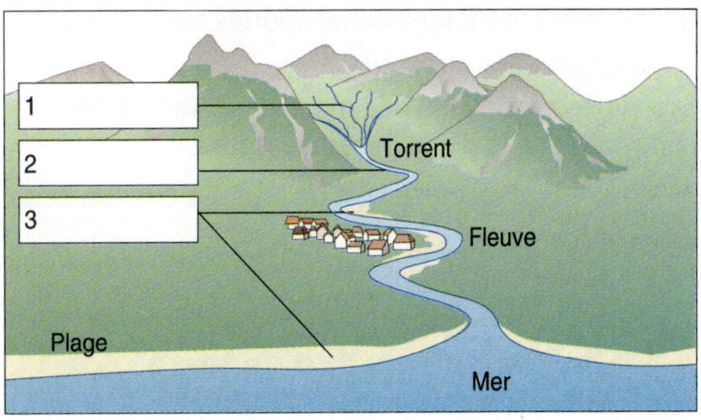

6 Rédiger une phrase

Construisez une phrase en utilisant les mots ou groupes de mots proposés.
Phrase 1 : • milieux de vie anciens • fossiles • roches.
Phrase 2 : • sédiments • roches sédimentaires • perte d'eau.

APPLIQUER DES CONNAISSANCES ET DES SAVOIR-FAIRE

7 S'informer à partir de documents Appliquer des connaissances et raisonner

Les glaciers sont de véritables fleuves de glace qui transportent des matériaux de toute taille tombés de la montagne et formant des moraines.
Ils rabotent le fond et les flancs de la vallée qui s'arrondissent, se polissent et se strient.
À l'avant du glacier, les matériaux se déposent en une moraine frontale.

a

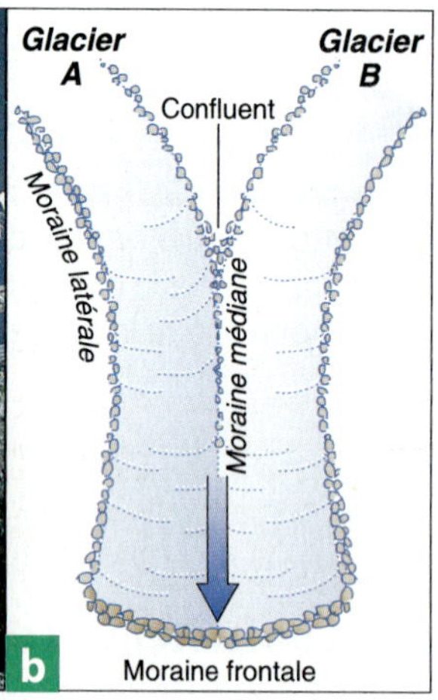

b

1. Rappelez le phénomène à l'origine des matériaux tombés de la montagne et transportés par le glacier.

2. Donnez une définition du mot « moraine ». Expliquez la formation une moraine latérale, d'une moraine médiane et d'une moraine frontale.

3. Montrez qu'un glacier est un agent d'érosion et de transport.

8 S'informer à partir d'un texte

Un marais salant est constitué de bassins de faible profondeur dans lesquels circule l'eau de mer. Celle-ci s'évapore sous l'action du vent et du soleil. Les cristaux de sel qui se déposent au fond de certains bassins sont récoltés quand l'épaisseur de la couche est suffisante, une à deux fois par an.

Un marais salant.

1. Indiquez sous quelle forme se trouve le sel dans l'eau de mer.

2. Précisez les trois conditions nécessaires au dépôt du sel marin évoquées dans le texte.

3. Nommez le phénomène physique à l'origine de la cristallisation du sel.

9 S'informer à partir d'une carte et raisonner

En amont de Paris, la Marne décrit de nombreuses courbes appelées méandres. La carte représente les alluvions déposées au niveau d'un méandre.

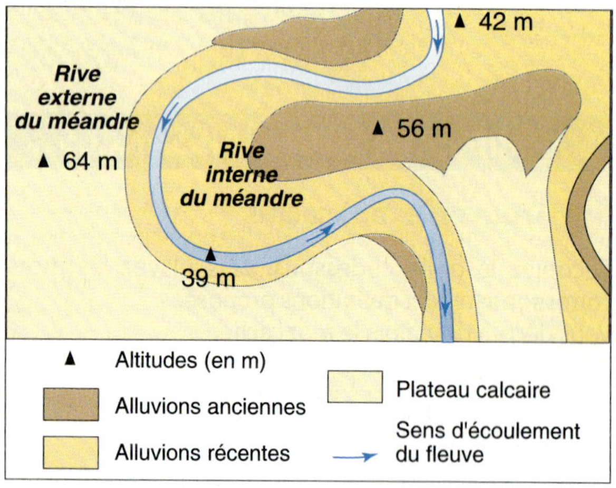

Un méandre de la Marne.

1. Comparez les altitudes du plateau calcaire, des alluvions anciennes, des alluvions récentes et de la Marne. Proposez une explication aux différences d'altitudes constatées et nommez le phénomène géologique mis en évidence.

2. Comparez l'âge et la quantité d'alluvions déposées par la Marne sur la rive interne et sur la rive externe du méandre.

3. Proposez des hypothèses expliquant l'absence d'alluvions anciennes à l'extérieur du méandre.

10 S'informer à partir de documents Raisonner

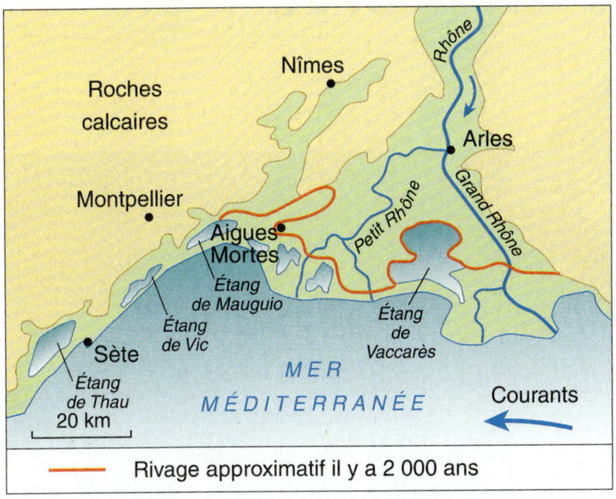

Côtes du Languedoc et delta du Rhône.

Le Rhône a constitué un delta à son arrivée dans la mer Méditerranée. Les alluvions qu'il transporte s'accumulent à l'embouchure et forment des dépôts sableux. Des courants marins poussent les sables, constituant ainsi des cordons littoraux.

1. Décrivez le tracé du fleuve à partir de la ville d'Arles, située à 5 mètres au-dessus du niveau de la mer et à 25 km des côtes.

2. Indiquez l'origine des alluvions qui se déposent dans le delta et la particularité du relief qui explique ce dépôt.

3. À partir des informations du texte, formulez une hypothèse pour expliquer le trajet du fleuve dans son delta.

4. Comparez le tracé actuel de la côte du Languedoc à celui d'il y a 2 000 ans.

11 Raisonner : reconstituer un milieu de vie ancien

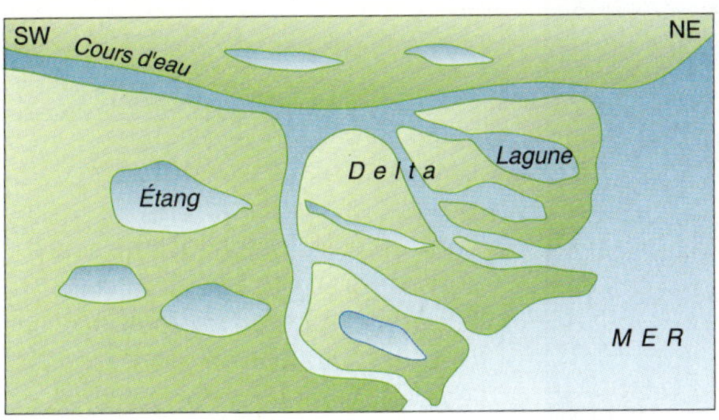

Reconstitution du milieu où se déposaient les sédiments à l'origine du grès.

Dans une couche de grès des Vosges, épaisse de quelques mètres, on trouve de nombreux fossiles. Certains bien conservés (méduses, crustacés, mollusques bivalves) correspondent au peuplement actuel d'étangs d'eau saumâtre et de lagunes.

Des fossiles d'animaux et de végétaux terrestres (insectes, araignées, fougères, gymnospermes) sont également bien conservés. Par endroits, on rencontre une abondance de restes de petits crustacés, comme ceux qui peuplent les flaques d'eau saumâtre s'asséchant périodiquement. Ailleurs, s'accumulent des débris d'animaux et de végétaux, comme dans les dépôts laissés par un fleuve après une crue.

Ces observations (et d'autres non relatées ici) ont permis de reconstituer le milieu où se déposaient les sédiments à l'origine de ce grès. Il s'agissait d'un delta, parcouru par des cours d'eau, parsemé d'étangs ou de lagunes en relation avec la mer (voir schéma). Des crues faisaient parfois déborder les cours d'eau. Les flaques d'eau s'asséchaient périodiquement.

Fossiles du grès. **a.** Poisson ; **b.** Végétal (Voltzia).

Relevez dans le texte les indices qui ont permis de savoir que :

- le milieu était parsemé de flaques d'eau saumâtre ;
- l'eau était calme ;
- les flaques d'eau s'asséchaient périodiquement ;
- des cours d'eau parcouraient le milieu ;
- entre les flaques se trouvaient des terres émergées.

CHAPITRE

4 Ressources géologiques et environnement

1 Le nickel est un métal que l'Homme obtient après transformation d'un minerai qu'il extrait du sous-sol. Les exploitations minières de nickel se font à ciel ouvert. Ici, la mine de Méa en Nouvelle-Calédonie. Le paysage dégradé sera réaménagé.

2 Les pouzzolanes, dépôts de projections volcaniques, sont utilisées par l'Homme pour de nombreux usages tant dans le bâtiment qu'en agriculture. Leur exploitation se fait sur les pentes mêmes des volcans, comme ici dans la chaîne des Puys (Massif central).

3 La fabrication de la plupart des pièces de monnaie comme celle d'outils de forage en aciers spéciaux sont des exemples de l'utilisation du nickel.

4 De nombreuses mesures doivent être prises pour préserver la qualité de l'eau.

L'Homme exploite les ressources minérales contenues dans le sous-sol. Le produit obtenu est utilisé brut ou après transformation.
La constitution de ces ressources se fait au cours de processus très longs, qui demandent parfois des dizaines, voire des centaines de millions d'années. De telles substances doivent être gérées avec discernement pour éviter leur épuisement irrémédiable.
Les activités humaines transforment l'environnement et peuvent être sources de pollution. L'Homme essaie d'y remédier.

Les questions qui se posent

- Pourquoi et comment extrait-on les ressources géologiques ?
  ▶ ACTIVITÉS 1 ET 2

- Les ressources du sous-sol sont-elles inépuisables ?
  ▶ ACTIVITÉ 3

- L'exploitation des ressources du sous-sol, la pollution des eaux, l'agriculture intensive, détériorent l'environnement. Comment essaie-t-on d'y remédier aujourd'hui
  ▶ INFOS

activité

1 Une exploitation de pouzzolanes

La pouzzolane (nom d'origine italienne), est un matériau volcanique. Son exploitation facile et ses qualités (légèreté, résistance à l'écrasement, porosité) en font un produit de choix dans le bâtiment, la construction des routes et des installations sportives, l'agriculture…

1 Localisation de l'exploitation

a Exploitation de pouzzolanes du Puy de Lemptégy, volcan de la chaîne des Puys d'Auvergne.

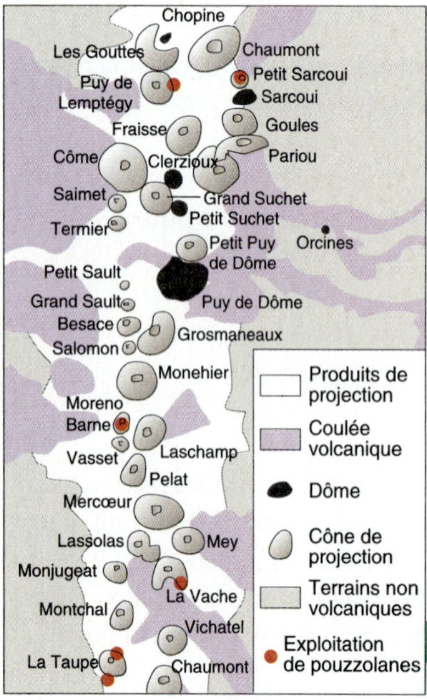

b Carte géologique simplifiée d'une partie de la chaîne des Puys.

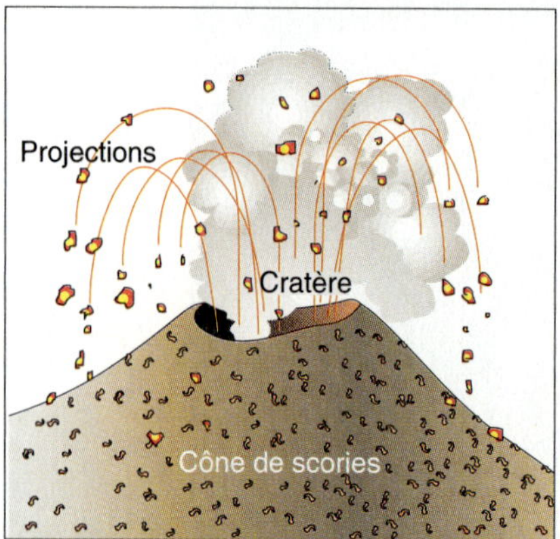

c Édification du cône de projection du volcan.

● À l'ouest de Clermont-Ferrand, le volcan de Lemptégy a projeté, il y a environ 30 000 ans, des matériaux qui se sont accumulés autour du cratère en édifiant un cône. Ces matériaux, appelés scories (ou pouzzolanes), sont des fragments de roches volcaniques qui ont conservé la trace des bulles de gaz présentes au moment de l'éruption.

● L'exploitation des scories se fait à ciel ouvert. Des pelleteuses découpent le terrain en gradins. Les éléments rocheux trop massifs sont laissés en place.

2 Le tri des pouzzolanes

Les scories prélevées sont triées suivant leur calibre et classées en différentes catégories dont le diamètre varie entre 5 et 50 mm.

Détail de pouzzolanes triées (ici, diamètre de 8 mm).

3 Utilisation des pouzzolanes

- Les utilisations des pouzzolanes, en fonction des qualités de ces matériaux, sont nombreuses. Dans le bâtiment, la pouzzolane est incorporée au béton* qui acquiert légèreté, isolation thermique et phonique.
- Dans les techniques routières et les équipements sportifs, sa porosité* en fait un matériau efficace pour l'écoulement des eaux.
- En agriculture, elle sert de support dans lequel circulent les liquides qui vont nourrir les plantes.

Exploitation

1. Quelle est l'origine du matériau exploité au Puy de Lemptégy (document 1) ?

2. Rappelez les phases de l'exploitation des pouzzolanes. Cette exploitation est-elle compliquée à réaliser ?

3. Pour quels usages la pouzzolane est-elle exploitée (document 3) ?
Quelles sont les propriétés recherchées lors de l'utilisation de ce matériau ?

4. On emploie également les pouzzolanes dans les stations d'épuration des eaux usées. Expliquez pourquoi.

Vocabulaire

Béton : Matériau de construction, formé d'un mélange de sable, de ciment et de pierres concassées (graviers).
Porosité : Qualité d'un matériau qui présente de très nombreux petits trous.

Bilan

► ***L'Homme recherche des matériaux qui améliorent ses réalisations techniques et qui sont d'un prix de revient acceptable.***

► ***Les pouzzolanes, matériau d'origine volcanique, sont des ressources géologiques.***

activité 2

Le nickel, ressource non renouvelable

Dans l'industrie, le nickel est un métal très employé. Le minerai d'où il est extrait est une ressource limitée en quantité. L'importance des gisements de minerai de nickel en Nouvelle-Calédonie et leur riche teneur en métal pur, permettent une exploitation rentable.

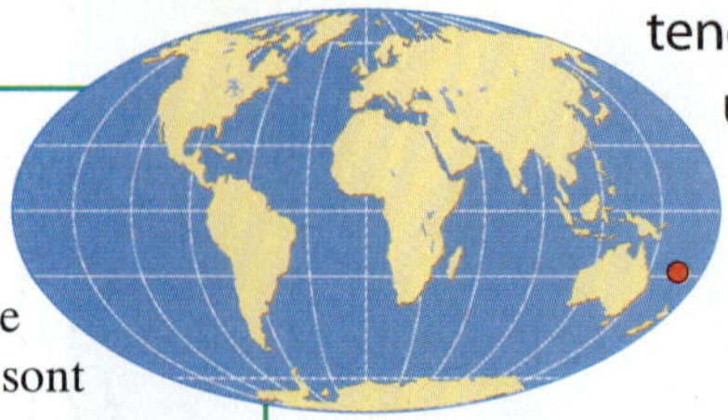

1 L'extraction du minerai

Dans la mine à ciel ouvert, les pelles mécaniques attaquent la paroi rocheuse pour prélever des roches dont certaines sont un minerai* de nickel.

2 Les utilisations du nickel

Le nickel est un métal gris-blanc, brillant, dur. Il peut être facilement travaillé en métallurgie.
Il améliore les propriétés des alliages* (résistance à la corrosion*, dureté…). Citons sa présence dans :
– les aciers inoxydables utilisés pour les cuves et tuyauteries des industries chimiques et agroalimentaires, pour les appareils électroménagers (lave-linge…) ;
– les alliages résistant à la chaleur des réacteurs des avions, des moteurs de fusées… ; les alliages utilisés en lunetterie, robinetterie, décoration.
D'autres applications existent : pièces de monnaie, pots catalytiques, piles.

3 Les caractéristiques du gisement

- Il y a 40 millions d'années, en Nouvelle-Calédonie, une roche, la péridotite, se met en place. Sous un climat tropical, près de la surface, la péridotite est transformée et érodée, laissant sur place du nickel.

- La transformation de la péridotite s'est poursuivie jusqu'à aujourd'hui. Un sol épais est apparu. Sous ce sol, s'est formé du minerai à forte teneur en nickel, associé à de la péridotite en partie transformée.

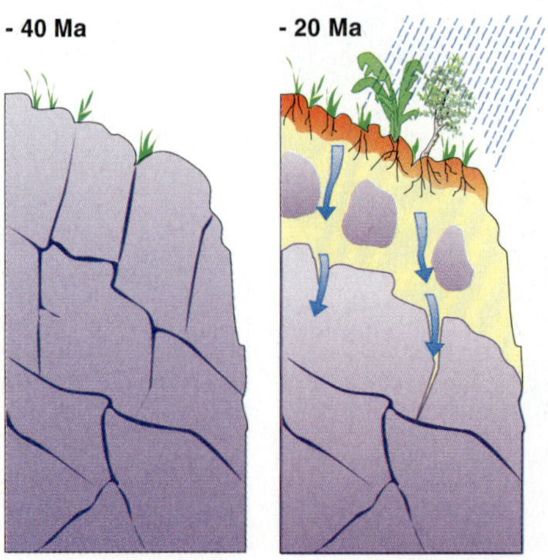

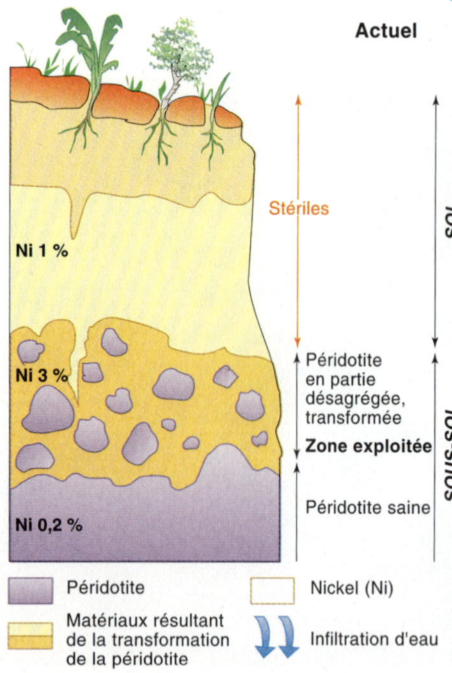

4 De la roche aux produits utilisables

OPÉRATION MÉCANIQUE : criblage

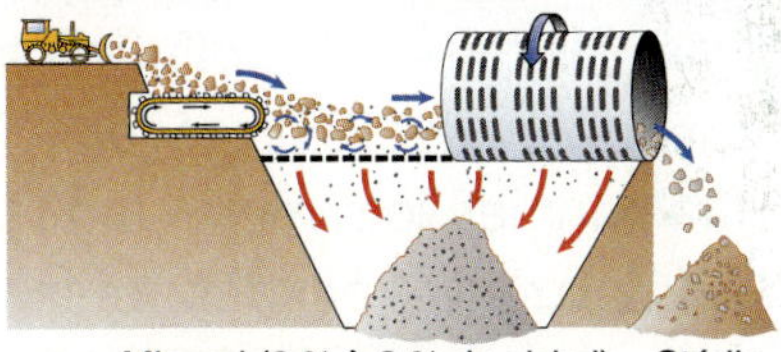

Minerai (2 % à 3 % de nickel) Stérile

OPÉRATION THERMIQUE

- À partir des roches prélevées dans les mines, l'opération de criblage permet de séparer le minerai du stérile (roche non utilisable).
- Le minerai (2 à 3 % de nickel) subit une série d'opérations dont une fusion qui sépare les métaux fondus (fer + nickel) des résidus non utilisables.
- Le ferro-nickel, sous forme de grenaille et de lingots, et le nickel pur sont les produits directement utilisés par les industriels.

Ferro-nickel 25 % de nickel

OPÉRATION CHIMIQUE	OPÉRATION CHIMIQUE ET ÉLECTRIQUE
Ferro-nickel (28 % de nickel)	Nickel pur (100 % de nickel)

Aciers inoxydables

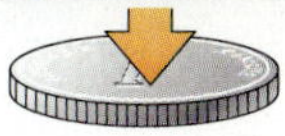

Pièces de monnaies, alliages divers

5 Les réserves connues de nickel dans le monde en 1995

Pays producteurs	Nickel contenu (milliers de tonnes)
Afrique du Sud	2 500
Australie	2 200
Canada	6 200
Cuba	18 000
Indonésie	3 200
Nouvelle Calédonie	4 500
Russie	6 600
Autres pays réunis	3 800
Total monde	47 000

Exploitation

1. Citez les propriétés pour lesquelles le nickel est utilisé (document 2).

2. Précisez l'organisation verticale du gisement (document 3). Est-elle en relation avec le mode de formation du minerai ? Favorise-t-elle l'exploitation de ce dernier ?

3. Expliquez ce qui distingue le minerai de nickel du métal pur (document 4).

4. En 1995, la production de nickel en Nouvelle-Calédonie a été de 130 000 tonnes. Si les productions restaient au niveau de 1995, calculez en combien d'années les réserves de Nouvelle-Calédonie seraient épuisées.

5. Justifiez le qualificatif de « non renouvelable » attribué à cette ressource.

Vocabulaire

Alliages : Produits métalliques composés généralement de plusieurs métaux.
Corrosion : Destruction lente d'une surface métallique par un effet chimique.
Minerai : Roche contenant des substances utilisées par l'Homme, en quantité suffisante pour permettre leur exploitation.

Bilan

► ***Il faut gérer au mieux les gisements de minerai de nickel. Largement utilisés par l'industrie, ils ne sont pas renouvelables à l'échelle humaine des temps.***

INFOS
Environnement

La protection de l'environnement

Les hommes utilisent de plus en plus d'eau. Les causes de pollution se multiplient. L'eau douce, pure, devient un produit rare, à protéger. Après de gros orages, l'eau ruisselle, entraînant les sols, menaçant les habitations. On évite des conséquences désastreuses par des aménagements agricoles et urbains bien réfléchis.

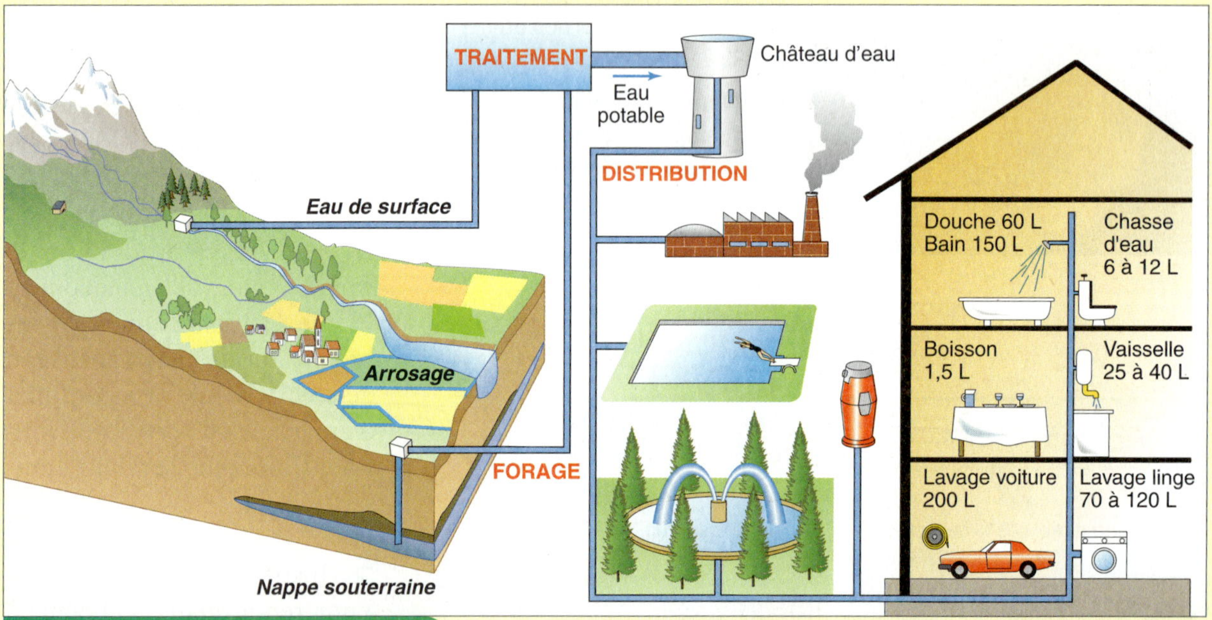

1. Consommer de l'eau

La consommation d'eau potable par habitant ne cesse d'augmenter. L'eau est une richesse qu'il faut obligatoirement protéger en limitant son usage.

b

a

2. Pollution des eaux

Les eaux de surface reçoivent très souvent les « eaux usées », provenant d'usages domestiques, industriels, ou agricoles. La plupart des substances utilisées en agriculture (lisier, engrais, produits de traitement contre les ravageurs des cultures), pénètrent par infiltration dans le sol et le sous-sol et contaminent les nappes phréatiques*.

a. Pollution des eaux de surface.

b. L'épandage de lisier est l'une des sources de la pollution des nappes phréatiques.

***Nappe phréatique** : Eau contenue dans le sol et le sous-sol.

3. Une catastrophe naturelle

Le 22 septembre 1992 à 15 h, l'Ouvèze, petite rivière paisible traversant Vaison-la-Romaine, se transforme en torrent de boue. De violents orages se sont abattus la veille sur la région.
Les eaux de ruissellement ont dévalé les pentes. Les cultures arbustives plantées dans le sens de la pente, pour faciliter le passage des engins agricoles, n'ont pas freiné les eaux. Le sol cultivé est entraîné et une vague boueuse, haute de 10 m, déferle dans la vallée à 21 km/h, dévastant tout, maisons et arbres, sur son passage.

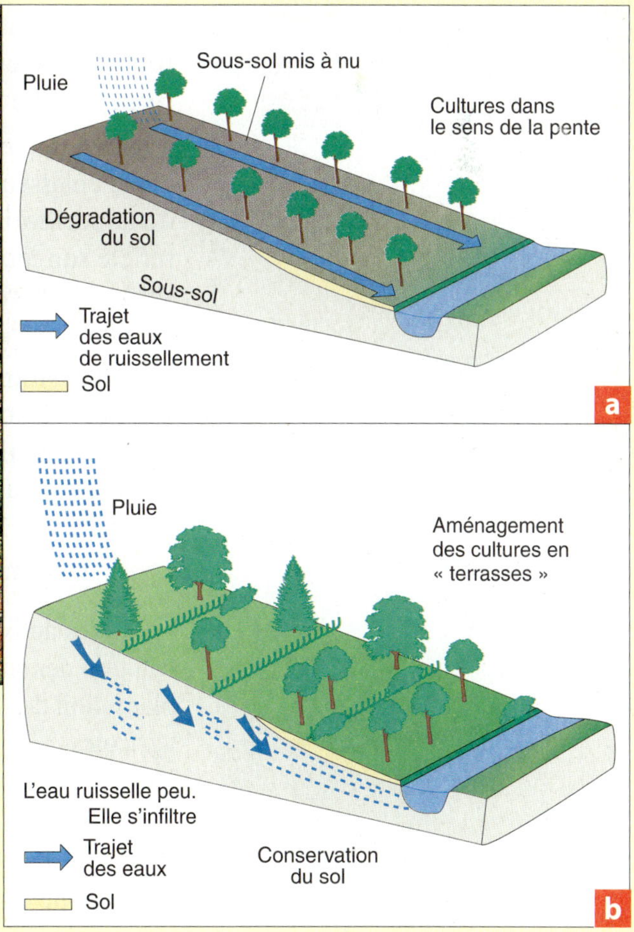

4. Lutter contre le ruissellement

Les terrains en pente doivent être aménagés pour freiner le ruissellement et favoriser l'infiltration des eaux (**a**). On coupe la pente par des terrasses, des murets, des rideaux d'arbres (**b**). Les labours se font perpendiculairement à la pente. L'implantation des lotissements doit être soigneusement choisie.

Ressources géologiques et environnement

1 Une exploitation de pouzzolanes

• Les pouzzolanes, matériaux exploités dans des régions volcaniques, trouvent actuellement de nombreuses applications dans la construction de bâtiments, de routes, de stades, dans l'épuration des eaux et dans certaines cultures.

• Ces matériaux extraits du sous-sol sont recherchés pour leur facilité d'extraction, le peu d'opérations exigées avant l'emploi, leur prix compétitif. Au nombre de leurs propriétés, on note la résistance à l'écrasement, la porosité, la légèreté, l'isolation thermique et phonique. ▶ ACTIVITÉ 1

2 Le nickel, ressource géologique non renouvelable

• Le nickel pur ou le plus souvent associé à d'autres métaux possède des qualités de dureté, de résistance à la corrosion qui en font un métal recherché dans l'industrie moderne (aciers, revêtements inoxydables…).

• Des opérations mécaniques, thermiques, chimiques et électriques permettent d'obtenir le métal pur à partir du minerai, roche à faible teneur en nickel (2 à 3 %).

• Dans les mines à ciel ouvert, le minerai exploité est surmonté d'une épaisseur de matériau très pauvre en nickel et repose sur de la péridotite saine. L'organisation verticale du gisement reflète son mode de formation. Dans les parties proches de la surface la péridotite s'est transformée, libérant du nickel qui s'est concentré dans des zones localisées du gisement.

• La formation d'un gisement de nickel nécessite des millions d'années. La consommation actuelle de nickel est élevée et la quantité de minerai disponible est limitée : une gestion rigoureuse du métal s'impose (récupération…). ▶ ACTIVITÉ 2

3 L'Homme est responsable de son environnement

• Par ses activités, l'Homme dégrade l'environnement : destruction des sites pour exploiter les ressources du sous-sol, implantation des habitations, transformation de paysage à des fins agricoles...
L'eau est polluée par des rejets domestiques et industriels. Aujourd'hui, les risques de pollution et de destruction sont connus, pris en compte.

•L'Homme essaie de les maîtriser. ▶ INFOS

CE QU'IL FAUT RETENIR

LES NOTIONS ESSENTIELLES

■ L'environnement géologique offre des ressources à l'Homme. Les matériaux qu'il extrait du sous-sol sont utilisés après transformation ou non.

■ L'exploitation des ressources se fait en fonction des caractéristiques des gisements, mais aussi de considérations économiques et technologiques.

■ Certaines ressources géologiques ne sont pas renouvelables à l'échelle humaine du temps. L'Homme doit gérer avec mesure ce patrimoine naturel.

■ Responsable de son environnement, il doit aussi freiner les effets négatifs de ses activités et mettre en œuvre des actions de prévention vis-à-vis d'une nature longtemps dégradée.

Les mots clés

Minerai : Roche contenant des substances utiles, en proportions suffisantes pour permettre leur exploitation.

Ressources géologiques : Produits du sous-sol (roches, minéraux, eau), exploitables par l'Homme.

Ressources non renouvelables : Ressources dont la formation se déroule sur des millions d'années.

LE SCHÉMA

Exploitation des ressources géologiques et protection de l'environnement

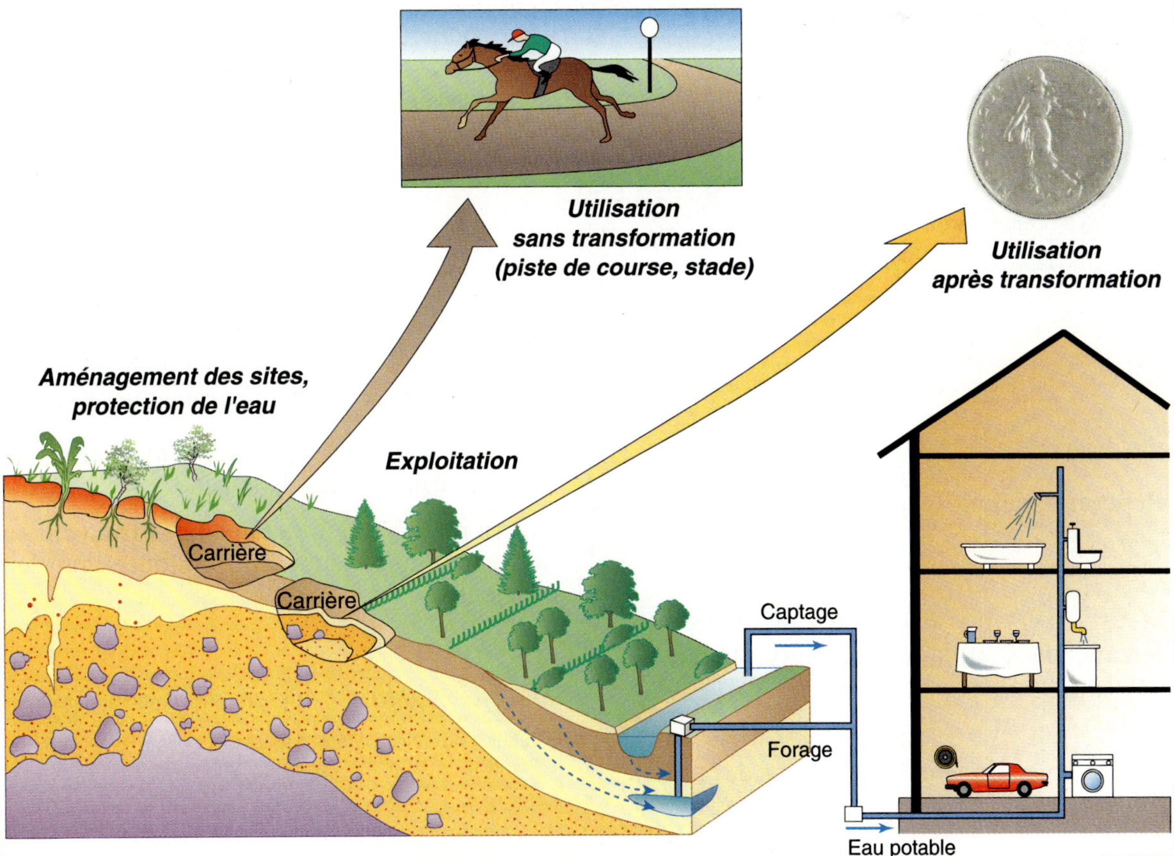

EXERCICE CORRIGÉ

L'aménagement des terrils

Terril aménagé en terrain de loisirs.

La dernière mine de charbon du Nord-Pas-de-Calais a fermé en décembre 1990. Pourtant, en surface, subsistent des traces de l'exploitation minière : les terrils, plateaux longs de 450 m ou cônes hauts de 130 m dus à l'entassement de roches stériles, sorties de la mine. Sur leur pente règne une douce chaleur due à la combustion lente des stériles au cœur du terril.

L'avenir des terrils est multiple. Les plus anciens, encore riches en petits morceaux de charbon, alimentent les centrales thermiques de la région. Les roches d'autres terrils sont utilisées comme remblais.

Des terrils sont aménagés en espaces verts. Sur leurs pentes pousse une végétation méditerranéenne et même tropicale. La faune y est très variée : lapins, rongeurs, nombreuses espèces d'oiseaux, tritons, lézards, crapauds.

Le terril de Nœux-les-mines a été transformé en base de loisirs avec pistes de ski artificielles.

QUESTIONS

1. Donnez la définition du mot « terril ».

Objectif ▶ Saisir des informations dans un texte

2. Expliquez la présence de plantes méditerranéennes sur les terrils.

Objectif ▶ Raisonner, mettre en relation

3. Classez les utilisations des terrils en deux colonnes, suivant le modèle ci-contre.

Objectif ▶ Communiquer : faire un tableau

Usages industriels	Usages touristiques et de loisirs

POUR RÉUSSIR L'EXERCICE

Vous devez :

- Repérer la définition du terril donnée dans le texte.

▶ QUESTION 1

- Mettre en relation la présence de plantes méditerranéennes et la température douce qui règne à la surface des terrils.

▶ QUESTION 2

- Classer correctement divers usages des terrils.

▶ QUESTION 3

RÉPONSES ATTENDUES

1. Un terril est un relief dû à l'entassement des roches stériles sorties de la mine.

2. Les plantes méditerranéennes trouvent sur les terrils une température douce qui leur convient.

3.

Usages industriels	Usages touristiques et de loisirs
Fabrication d'électricité Remblais	Espaces verts Base de loisirs Pistes de ski artificielles

EXERCICES

TESTS RAPIDES

1 Donner une définition

Donnez la définition des mots suivants :
• pouzzolanes • béton • gisement • ressources

2 Associer un mot à sa définition

En utilisant les lettres d'une part et les chiffres d'autre part, associez chaque mot à sa définition.

a. Minerai **b.** Nickel **c.** Eau

1. Ressource à préserver car elle peut être polluée par des nitrates, des pesticides…

2. Métal employé dans de nombreux alliages.

3. Matériau du sous-sol dont on extrait des substances utiles.

3 Chasser l'intrus

Dans chaque suite de mots, relevez celui qui n'a aucun rapport avec les autres :

a. • Minerai • Métal • Pouzzolanes • Alliage

b. • Engrais • Culture en terrasses • Nitrates • Pollution

c. • Pouzzolanes • Pesticides • Béton • Exploitation

VÉRIFIER SES CONNAISSANCES

4 Associer un mot à sa définition

Recopiez cet exercice et faites les associations convenables.

Pollution de l'eau •
Érosion du sol par ruissellement •

• Planter des végétaux en terrasses
• Construire des murets perpendiculaires à la pente
• Construire des stations d'épuration
• Mieux répartir les engrais polluants

5 Trouver le mot caché

Recopiez la grille ci-dessous, puis placez les mots correspondant aux définitions proposées.
Vous découvrirez alors le mot caché dont vous donnerez des exemples.

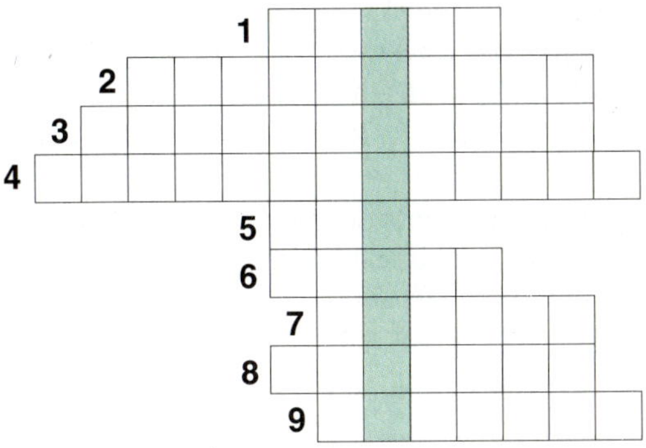

1. Eau souterraine contenue dans une roche.
2. Roche volcanique utilisée comme matériau de construction.
3. Activité s'occupant de la culture et de l'élevage.
4. Écoulement des eaux de pluie sur les pentes.
5. Liquide indispensable à la vie.
6. Mélange de ciment, de sable et de graviers.
7. Métal utilisé pour faire des pièces de monnaie.
8. Produits volcaniques.
9. Produits ajoutés au sol pour améliorer sa fertilité.

APPLIQUER DES CONNAISSANCES ET DES SAVOIR-FAIRE

6 S'informer à partir d'un texte et raisonner

Il y a environ 300 millions d'années, dans la région d'Alès, une végétation luxuriante poussait au bord d'un lac. Des cours d'eau y transportaient des débris végétaux s'accumulant sur le fond. Ces végétaux étaient recouverts de sédiments détritiques charriés par des rivières en crue.

En raison de l'enfoncement du lac, en profondeur et à l'abri de l'air, les débris végétaux se sont transformés en charbon pendant des millions d'années.

Les réserves mondiales estimées de charbon exploitable sont de 1 000 milliards de tonnes environ. En 1996, 4,45 milliards de tonnes de charbon ont été extraites du sous-sol.

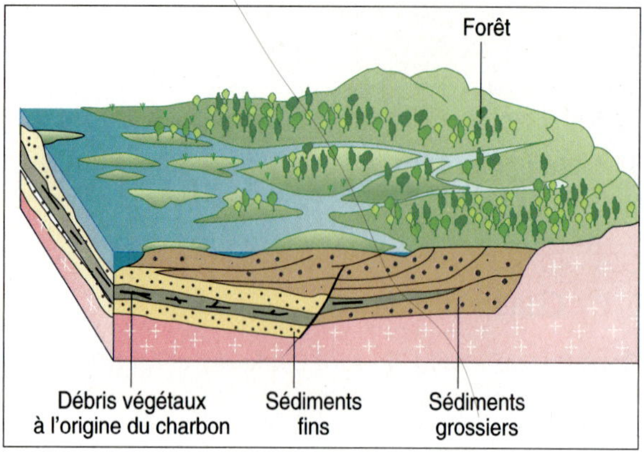

1. Indiquez les conditions nécessaires à la formation du charbon.

2. Calculez le nombre d'années pendant lesquelles la demande en charbon pourrait être satisfaite, en supposant que la consommation reste la même qu'en 1996.

3. Comparez votre résultat au temps de formation du charbon. Énoncez le problème ainsi mis en évidence et proposez des solutions.

7 S'informer à partir d'un texte et d'un graphique

La dégradation de la qualité des eaux de boisson est souvent liée à l'accumulation de nitrates. Ils proviennent pour deux tiers de l'agriculture : engrais azotés, déjections animales (lisier) et pour le reste, des rejets d'origines industrielle et domestique. Les nitrates peuvent se transformer dans l'organisme des nourrissons en produits toxiques à l'origine de troubles graves.
Un décret de 1989 fixe à 50 mg/L la concentration maximale de nitrates admissible dans les eaux destinées à la consommation humaine.

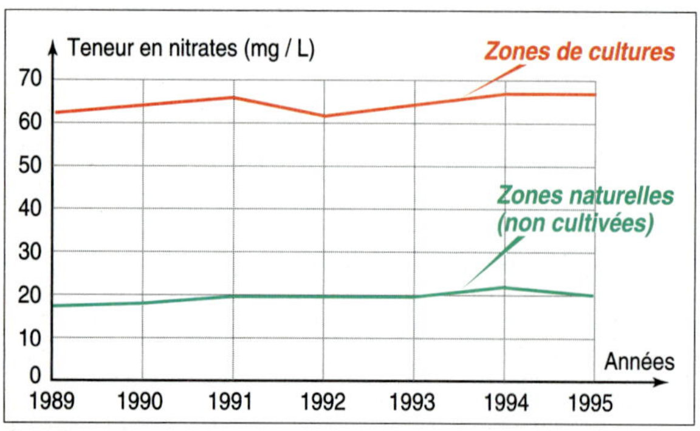

Évolution de la concentration des nitrates dans les eaux douces du Finistère.

1. Relevez, dans le texte, les origines des nitrates présents dans l'eau.

2. Relevez dans le texte la raison pour laquelle les nitrates peuvent polluer les eaux de boisson.

3. À partir du graphique, nommez les zones dont la teneur des eaux en nitrates dépasse la concentration autorisée.

4. Proposez des solutions pour limiter la quantité de nitrates présente dans les eaux de boisson.

8 Raisonner : calculer, comparer

À la fin de l'année 1995, les réserves mondiales de pétrole brut étaient estimées à environ 130 milliards de tonnes. En 1990, la consommation mondiale a été de 3 milliards de tonnes.

1. Calculez en combien d'années les réserves actuelles seront épuisées, en admettant que la consommation soit chaque année la même qu'en 1990.

2. Comparez votre résultat au temps de formation du pétrole (plusieurs millions d'années).

3. Énoncez le problème mis en évidence et proposez des solutions.

9 S'informer à partir d'un texte

Le 3 octobre 1988, à la suite de très fortes pluies, deux torrents d'eau et de boue venus des hauteurs voisines ont submergé la ville de Nîmes. Les inondations ont fait 11 morts et 45 000 sinistrés.
Les informations suivantes apportent quelques éléments pour expliquer cette catastrophe.
La ville est dominée par un plateau calcaire très fissuré, entaillé par le lit de torrents à sec, les « cadereaux », qui fonctionnent uniquement lors de grosses averses. Six de ces cadereaux traversent la ville. Ils prennent naissance à quelques kilomètres au nord de Nîmes, dans des dépressions argileuses. L'eau y ruisselle facilement. Ces torrents ont été fortement modifiés par l'urbanisation : parfois, ils ne sont plus qu'un étroit fossé au bord de la route ; très souvent, le lit a complètement disparu et a été remplacé par une rue.

1. Relevez les éléments qui ont favorisé la catastrophe en les classant en deux catégories : ceux qui dépendent de la géographie des lieux ; ceux qui dépendent des aménagements humains.

2. Proposez des solutions qui permettraient d'éviter de telles catastrophes.

DEUXIÈME PARTIE

La Terre change en surface

L'ÉVOLUTION DES PAYSAGES : EFFETS DE L'ACTIVITÉ INTERNE DU GLOBE

CHAPITRES

CHAPITRE

5 Séismes et paysages

1 Le 26 septembre 1997, à 11 h 43, une importante secousse sismique endommage la cathédrale d'Assise (Italie). Elle est suivie de nombreuses autres secousses ou « répliques ».

2 En Californie, de fréquents séismes provoquent des modifications du paysage. Ici, une rivière a vu son cours décalé par une faille provoquée par des séismes successifs.

3 Au Centre sismologique euro-méditerranéen, à Strasbourg, des sismographes enregistrent les ondes provoquées par les séismes. Ceux-ci peuvent s'être produits en des points du globe terrestre très éloignés du Centre.

Les séismes ou tremblements de terre sont de brusques ébranlements du sol.
Parfois très destructeurs, ils peuvent modifier les paysages. Ils sont une des manifestations de l'activité du globe terrestre.

Les questions qui se posent

- Comment se manifestent les séismes à la surface du globe terrestre ?
  ▶ ACTIVITÉS 1 ET 2
- À quoi sont dus les séismes ?
  ▶ ACTIVITÉ 3
- Quelle est la répartition des zones sismiques à la surface du globe terrestre ?
  ▶ ACTIVITÉ 4
- Peut-on prévoir les séismes et limiter leurs effets ?
  ▶ INFOS

INFOS
Planète Terre

La surface de la Terre et ses reliefs

Les moyens modernes d'exploration du globe terrestre ont permis d'établir la carte des reliefs de toute la surface de la Terre, telle qu'on la verrait s'il n'y avait pas d'eau dans les mers et les océans.

↑ 1. La Terre, planète bleue

Vus de l'espace, les continents apparaissent en marron, les océans en bleu et les nuages en blanc. La Terre est plus océanique que continentale !

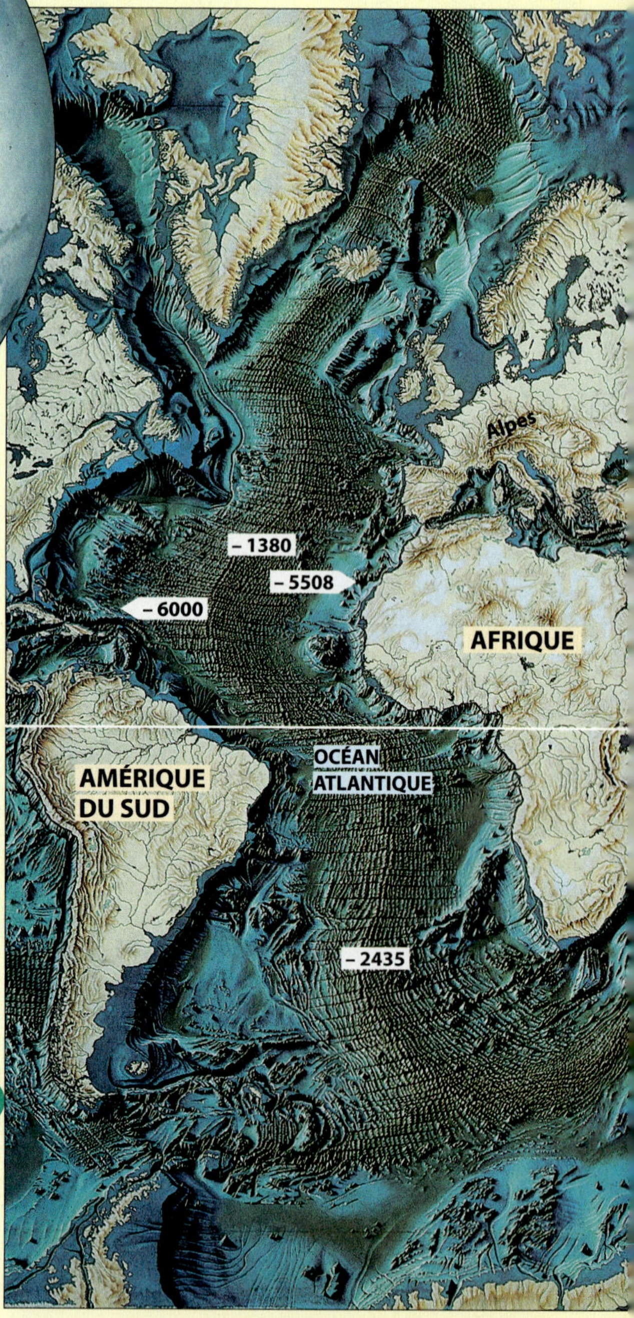

2. Carte des reliefs de la surface du globe →

Continents émergés

Fonds océaniques et continents immergés

Dorsales, fosses océaniques et chaînes de montagnes

Les dorsales océaniques sont des reliefs des fonds océaniques qui peuvent atteindre, par rapport au fond, plus de 2 000 m de haut. Leur longueur totale est de 60 000 km. Elles sont le siège d'une intense activité géologique. *Exemples* : la dorsale atlantique, la dorsale pacifique, etc.

Les fosses océaniques sont des zones profondes (de –4 500 m à –11 000 m) et étroites (100 à 200 km de large), bordant soit un continent, soit un ensemble d'îles en plein milieu d'un océan. Elles sont également le siège d'une importante activité géologique. Leur longueur totale est de 37 000 km. *Exemples* : fosse du Japon, fosse des Mariannes, fosse de Kermadec.

Les chaînes de montagnes sont des reliefs continentaux plus ou moins escarpés, dont l'altitude dépasse souvent 4 000 m. *Exemples* : Himalaya, Alpes, cordillère des Andes.

activité

1 Les effets d'un séisme

Les séismes les plus violents engendrent des destructions importantes. L'observation des dégâts provoqués par un séisme permet d'en définir l'intensité*. Celle-ci n'est pas la même dans les différentes régions d'une zone affectée par le séisme.

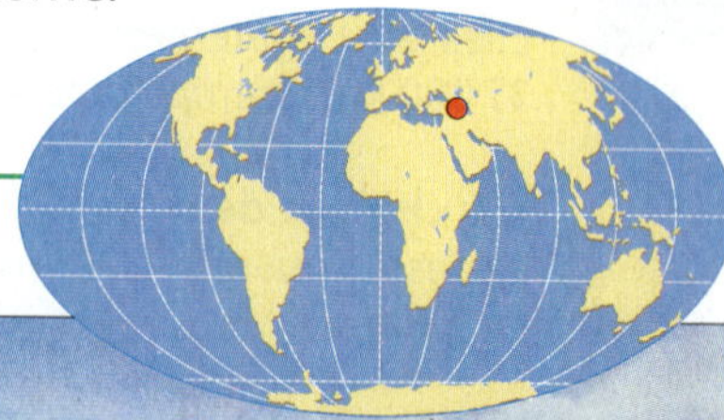

1 Le séisme d'Arménie, en 1988

a Destructions importantes dans la ville de Spitak, décembre 1988.

b Localisation de Spitak.

Le 7 décembre 1988, un violent séisme a eu lieu en Arménie. La zone la plus touchée, ou épicentre*, a été la ville de Spitak, qui fut presque complètement détruite (**a**).

Le séisme de Spitak s'est manifesté par une première secousse de quelques secondes provoquant peu de dégâts. Puis, 4 minutes plus tard, une seconde secousse, moins violente, ou « réplique », détruisit les bâtiments déjà ébranlés, qui s'effondrèrent sur les habitants essayant de sortir des immeubles. Il y eut environ 25 000 victimes. La ville de Leninakan, à quelques dizaines de kilomètres de Spitak, fut détruite à 60 %. D'autres villes, plus éloignées, subirent des dégâts moins importants.

2 La mesure des effets et de l'énergie des séismes

● **L'échelle MSK** indique l'intensité des destructions et des effets ressentis par l'Homme. Les lettres M, S et K, sont les initiales des noms des trois sismologues, Medvedev, Sponheuer et Karnik, qui ont proposé cette échelle en 1967.

● **Les isoséistes** sont des lignes joignant les points de même intensité, qui ont subi les mêmes dégâts. Les valeurs chiffrées sont celles de l'échelle MSK.

● **L'échelle de Richter,** du nom de son « inventeur », indique la magnitude* qui mesure l'énergie libérée par le séisme. À Spitak, la première secousse fut de magnitude 7 et la réplique de magnitude 5,8.

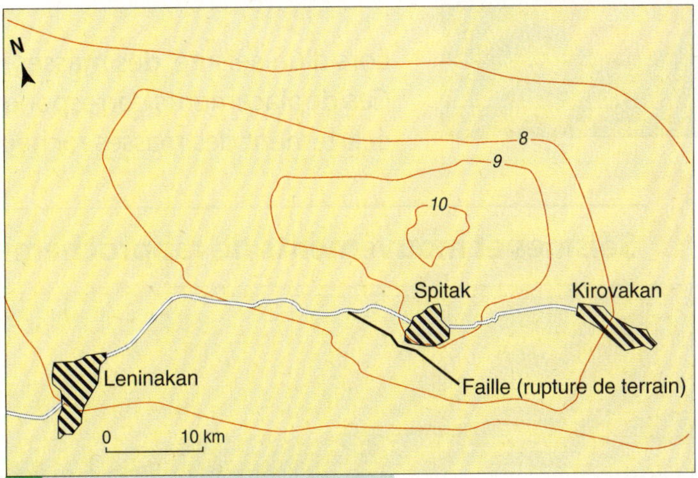

a Carte des isoséistes d'Arménie.

Degrés	Effets observés
1 à 4	Négligeables (quelques vibrations)
5-6	Quelques fissures dans les bâtiments
7-8	Dommages importants aux constructions, crevasses dans le sol
9-10	Dégâts considérables, rupture de canalisations, glissements de terrain, vagues sur les plans d'eau
11-12	Destruction presque totale et modification du paysage

b L'échelle MSK.

Magnitude	Énergie dégagée en joules* (J)	Équivalent en bombes d'Hiroshima
5	$E_1 = 2 \cdot 10^{12}$	1/33
6	$E = 33\ E_1$	1
7	$E = 1\,000\ E_1$	33
8	$E = 33\,000\ E_1$	1 000
9	$E = 1\,000\,000\ E_1$	33 000

c L'échelle de Richter comparée à des équivalents « bombe atomique d'Hiroshima ».

Exploitation

1. Quels sont les effets d'un séisme (document **1**) ?

2. a. À partir du document **2 a**, localisez l'épicentre* du séisme et indiquez les dégâts subis par les villes de Leninakan et Kirovakan.
b. Déterminez l'intensité* du séisme à Spitak.

3. À partir de l'ensemble des données présentées, précisez les caractéristiques principales d'un séisme.

Vocabulaire

Épicentre : Lieu, en surface du globe terrestre, où l'intensité du séisme est la plus importante.
Intensité : Grandeur qui permet d'évaluer les effets d'un séisme à la surface du globe terrestre.
Joule : Unité d'énergie.
Magnitude : Grandeur qui permet de mesurer l'énergie libérée par un séisme.

Bilan

▶ ***Les séismes sont des ébranlements brefs du sol qui peuvent entraîner des dégâts.***

▶ ***L'échelle MSK mesure leur intensité, maximale à l'épicentre.***

▶ ***L'échelle de Richter mesure l'énergie libérée par un séisme.***

activité

2 Les mouvements associés aux séismes

Lors d'un séisme, des masses rocheuses subissent des mouvements. Ces déplacements correspondent soit à un rapprochement, soit à un écartement des masses rocheuses.

1 Séismes et mouvements de rapprochement

a Le paysage de Spitak après le séisme.

● Initialement au même niveau, les deux zones A et B ont été décalées verticalement et se sont rapprochées lors du séisme de Spitak. La cassure qui les sépare (C) est une faille*.

● On peut reproduire expérimentalement la formation de failles semblables à celles observées en Arménie. Pour cela, on utilise un bac rempli de couches de sable coloré.

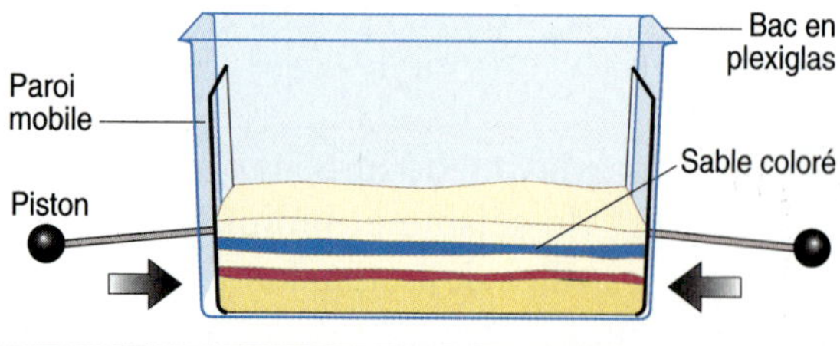

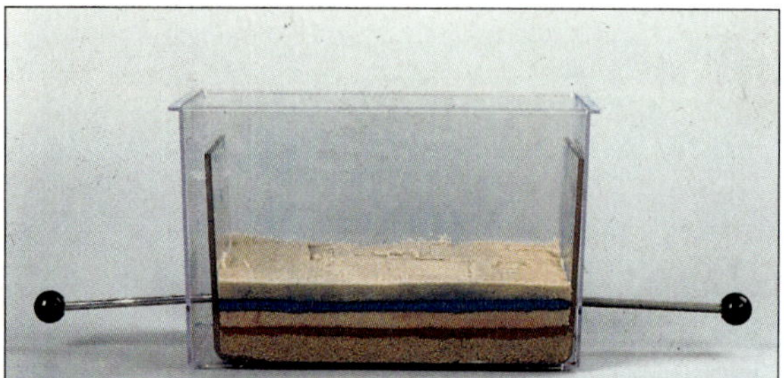

b Dispositif expérimental avant l'application de forces de compression*.

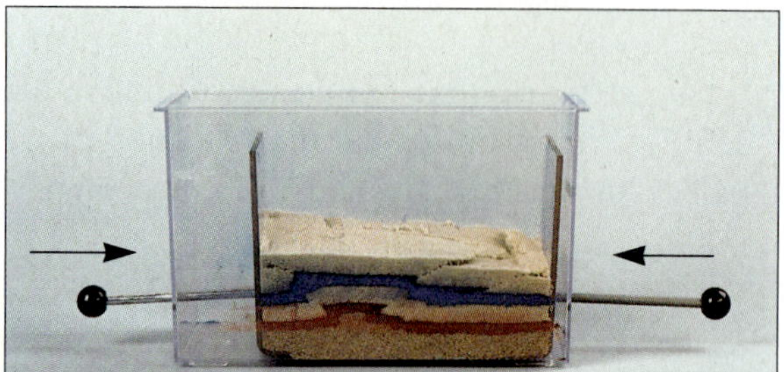

c Dispositif expérimental après l'application de forces de compression : des failles se sont formées.

2 Séismes et mouvements d'écartement

- Les séismes peuvent également être associés à des écartements de terrains : d'autres types de failles sont alors visibles.
- Un dispositif expérimental semblable à celui utilisé précédemment permet de connaître les conditions de la formation de ces failles.

a Faille associé à un séisme.

b Dispositif avant l'application de forces d'extension*.

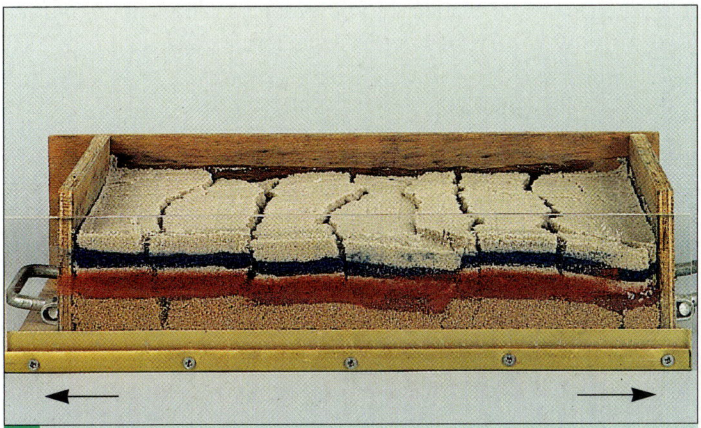

c Dispositif après l'application de forces d'extension : plusieurs failles se sont formées.

Exploitation

1. En utilisant les résultats des manipulations (documents 1 et 2), indiquez dans quelles conditions se forment les deux types de failles.

2. Pour chaque type de faille, décrivez la disposition des strates avant et après déformation.

3. Schématisez les failles dues à un mouvement de rapprochement à l'aide de tickets de transport ou de bandes de papier colorées disposés de la façon suivante :

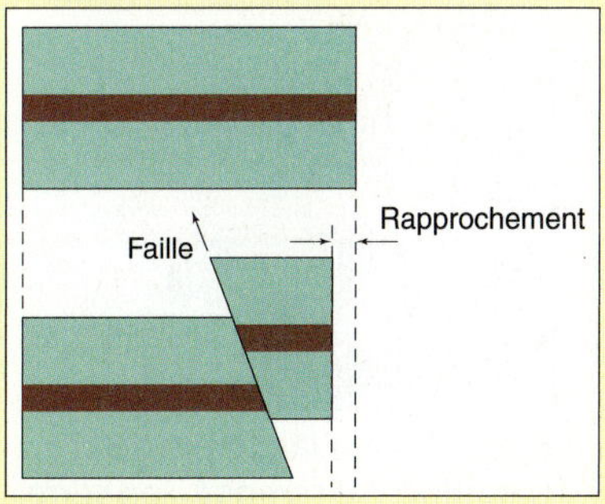

4. Réalisez un travail semblable pour les failles dues à un mouvement d'écartement.

Vocabulaire

Faille : Rupture de masses rocheuses avec décalage des blocs situés de part et d'autre de la rupture.
Force de compression : Force qui tend à diminuer les distances entre deux masses rocheuses.
Force d'extension : Force qui tend à augmenter les distances entre deux masses rocheuses.

Bilan

▶ ***Les failles produites lors des séismes ont pour origine des mouvements brusques, conséquences du rapprochement ou de l'écartement de masses rocheuses.***

activité

3 Origine des séismes et des ondes sismiques

Les séismes ont pour origine des ruptures de roches, en profondeur. Ces ruptures entraînent la formation d'ébranlements qui se propagent sous forme d'ondes sismiques*, à l'origine des dégâts observés.

1 Simulation expérimentale de séismes

Une plaque de paraffine soumise à des forces de compression, se rompt brutalement après serrage. Des mécanismes semblables sont responsables de la rupture de masses rocheuses, en profondeur.

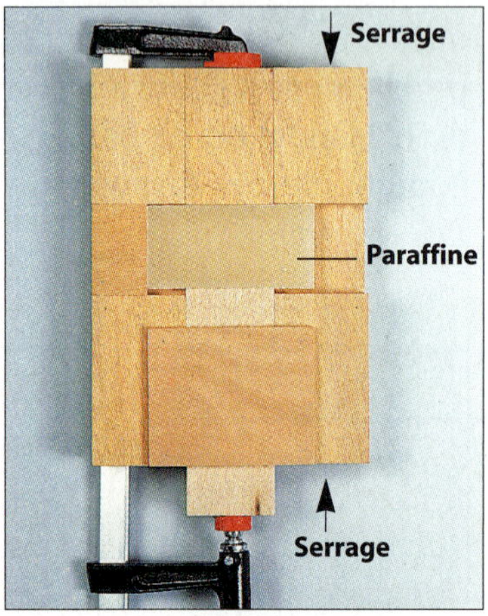

État initial de la plaque de paraffine. Au temps t_0, on serre.

Au temps t_1, une rupture s'amorce en un lieu appelé foyer* (F).

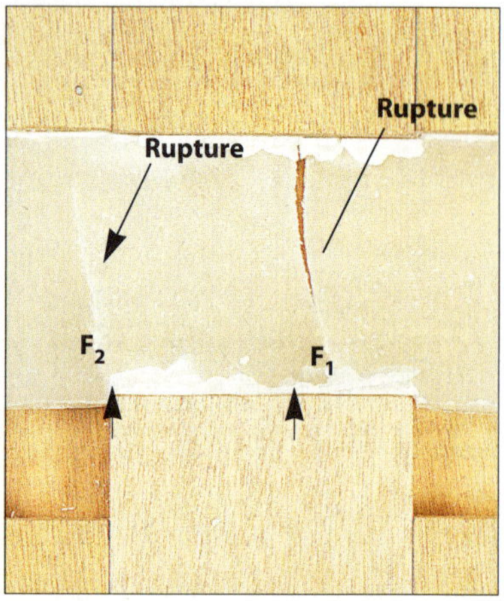

À partir du foyer*, la cassure se propage alors que les forces de compression n'augmentent plus.

a Rupture d'une plaque rigide : mise en évidence expérimentale.

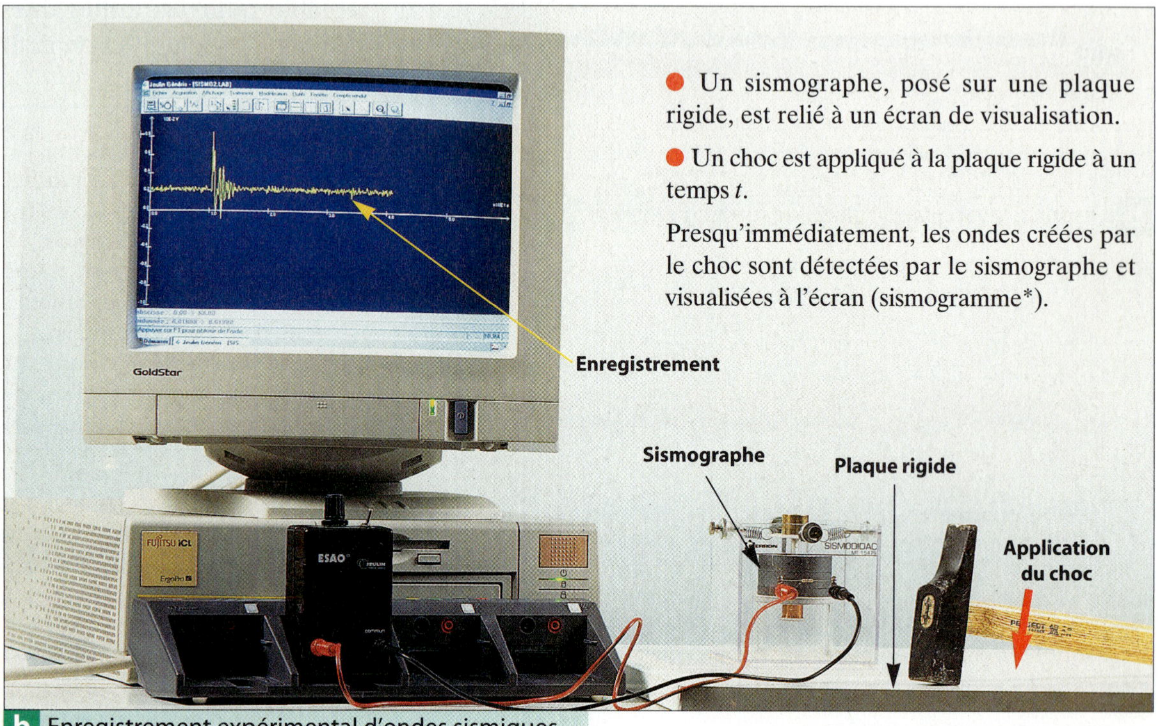

- Un sismographe, posé sur une plaque rigide, est relié à un écran de visualisation.
- Un choc est appliqué à la plaque rigide à un temps *t*.

Presqu'immédiatement, les ondes créées par le choc sont détectées par le sismographe et visualisées à l'écran (sismogramme*).

b Enregistrement expérimental d'ondes sismiques.

2 Les ondes sismiques et leur enregistrement

● Lors du séisme de Los Angeles (janvier 1994), les stations d'observation de Tokyo, d'Atlanta et de Papeete, situées à des distances différentes de l'épicentre, ont enregistré les ondes émises à partir du foyer (sismogrammes).

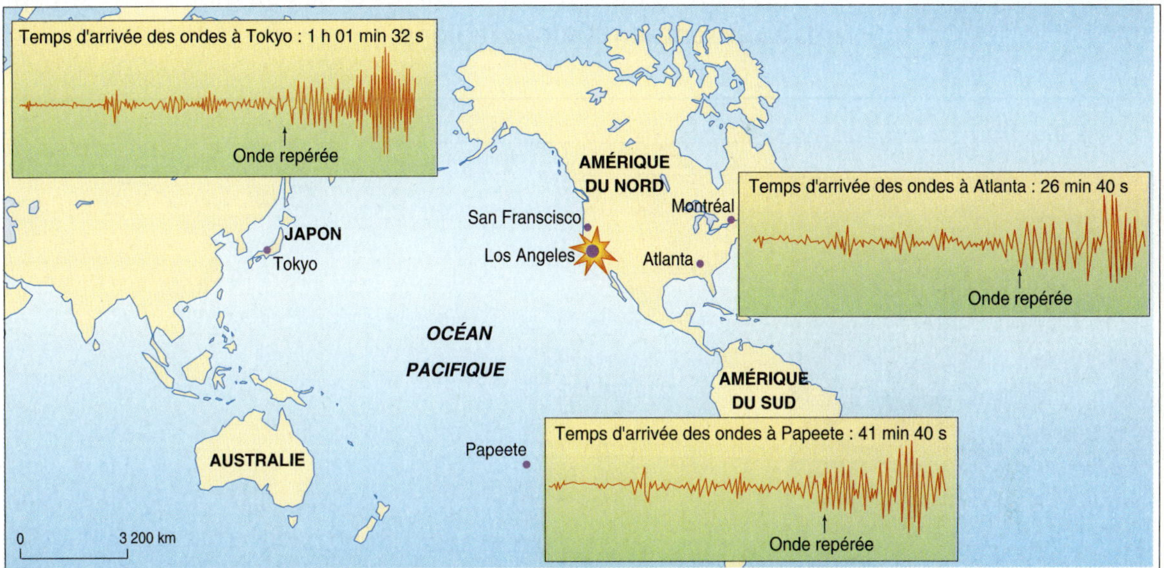

a Séisme de Los Angeles : localisation et sismogrammes en différentes stations.

● À partir du foyer, les ondes sismiques* se déplacent en toutes directions. Arrivées en surface, elles ébranlent le sol et des destructions sont possibles. Elles sont maximales à l'épicentre et de moins en moins marquées à mesure qu'on s'en écarte. L'intensité des ondes et leurs effets diminuent progressivement lorsqu'on s'éloigne du foyer.

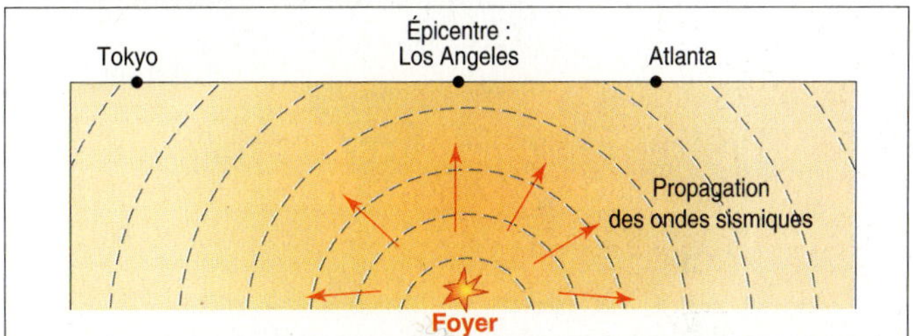

b La propagation des ondes sismiques à partir du foyer.

Exploitation

1. Indiquez dans quelles conditions a eu lieu la rupture de la plaque de paraffine (document **1** a).

2. Le document **2** montre que les ondes sismiques se déplacent.
Calculez à quelle vitesse (en km/h) les ondes sont parvenues à Tokyo, Atlanta et Papeete.
(vitesse = distance : temps).

3. En supposant que la vitesse des ondes soit constante, comparez le temps qu'elles ont mis pour parvenir à Montréal et à San Francisco.

Vocabulaire

Foyer : Lieu où commence la rupture à l'origine d'un séisme.

Ondes sismiques : Vibrations provoquées par la rupture au foyer.

Sismogramme : Enregistrement des ondes émises par un séisme.

Bilan

► ***La rupture soudaine de roches en profondeur, au foyer, est due à des forces augmentant progressivement.***

► ***La rupture donne naissance à des ondes sismiques qui se propagent et qui peuvent être enregistrées sous forme de sismogrammes.***

activité 4

Répartition mondiale des zones sismiques

Le planisphère de localisation des séismes récents montre que les séismes sont nombreux en certaines zones du globe terrestre, plus rares ou absents en d'autres régions.

1

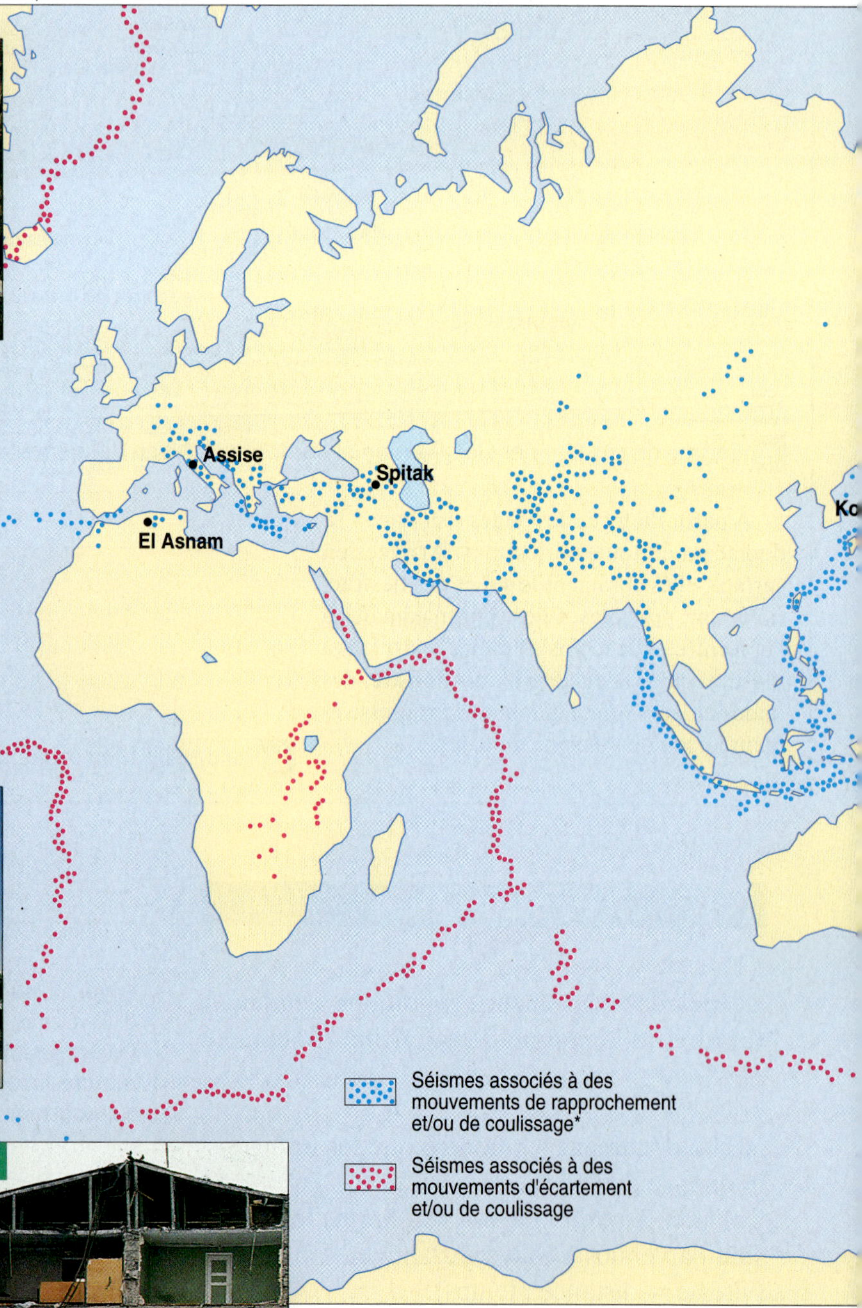

2

3

1. Assise, 26 septembre 1997
Épicentre : Assise, Italie
Intensité MSK : 8 et 9
Magnitude : 5,9
10 victimes

2. El Asnam, 10 octobre 1980.
Épicentre : El Asnam, Algérie
Intensité MSK : 9
Magnitude : 7,2
3 500 victimes

3. Spitak, 17 décembre 1988
Épicentre : Spitak, Arménie
Intensité MSK : 9
Magnitude : 7
65 000 victimes

4. Kobé, 17 janvier 1995
Épicentre : Kobé, Japon
Intensité MSK : 10
Magnitude : 7,2
2 000 victimes

5. Mexico, 19 septembre 1985
Épicentre : Mexico
Intensité MSK : 10
Magnitude : 8,1
10 000 victimes

6. Loma Pietra, 17 octobre 1989
Épicentre : Loma Prieta, Californie
Intensité MSK : 9
Magnitude : 7,1
62 morts,
3 500 blessés

6

5

4

***Coulissage** : Mouvement de glissement de deux blocs l'un par rapport à l'autre.

Exploitation

1. Comparez la répartition des séismes (document ci-contre) à celle des reliefs de la surface de la Terre (pages 76-77).

2. Recherchez les zones de la France métropolitaine et des départements et territoires d'outre-mer (Antilles, Réunion, Guyane, Polynésie, Nouvelle-Calédonie) ayant subi des tremblements de terre et susceptibles d'en subir de nouveaux.

Bilan

► ***Les séismes sont fréquents dans certaines zones du globe, alors que d'autres zones ne sont pas, ou rarement, soumises à ce risque.***

► ***Les séismes se produisent surtout le long des dorsales océaniques, des chaînes de montagnes et au voisinage des fosses océaniques.***

INFOS
Risque sismique

Prévision et prévention des risques sismiques

Les méthodes de prévision permettent d'indiquer, avant qu'ils ne surviennent, les régions des futurs séismes. Les méthodes de prévention visent à réduire les effets destructeurs des séismes en protégeant les personnes et leurs biens.

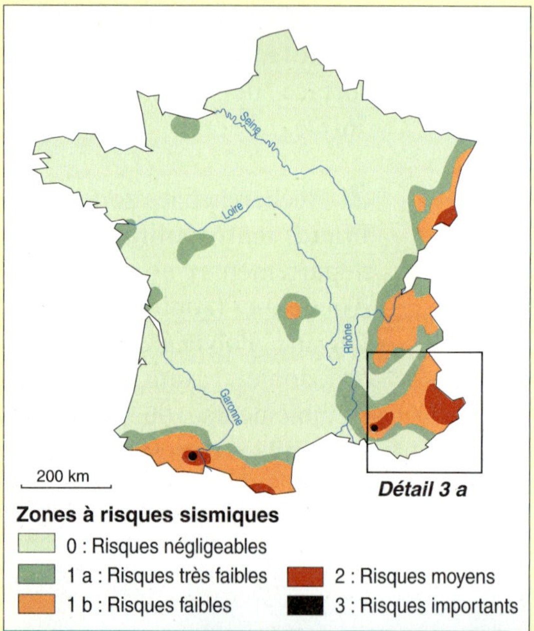

1. Risques sismiques en France métropolitaine

La France métropolitaine n'est pas à l'abri du risque sismique. Certains séismes y ont provoqué des victimes et des dégâts importants dans un passé récent (Arette, le 13 août 1967, magnitude 5,7).

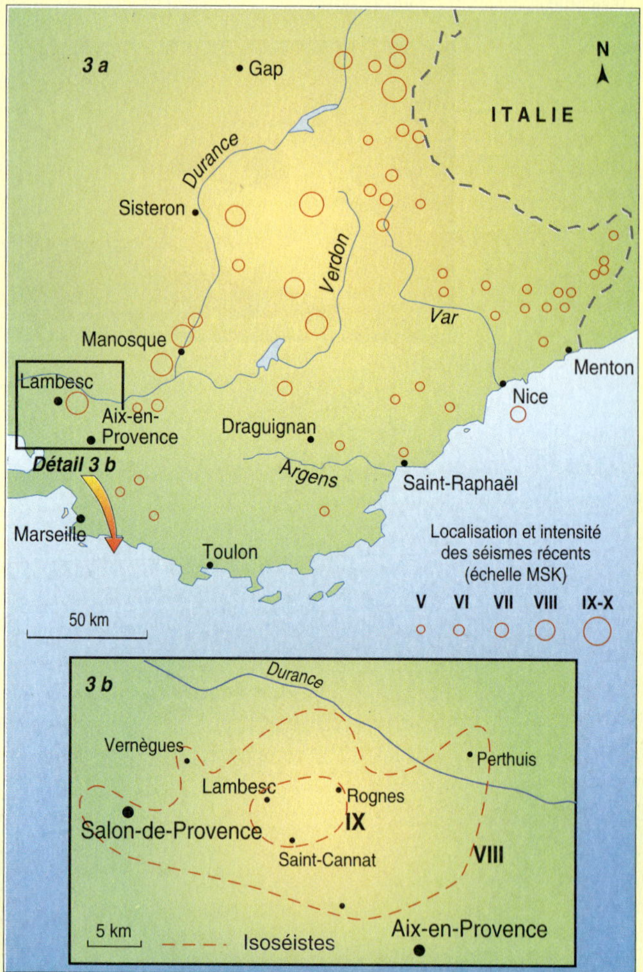

3. La sismicité dans le sud-est de la France

Le sud-est de la France est une zone où le risque sismique existe. Un séisme important a affecté la Provence, le 11 juin1909, dans la région de Lambesc.

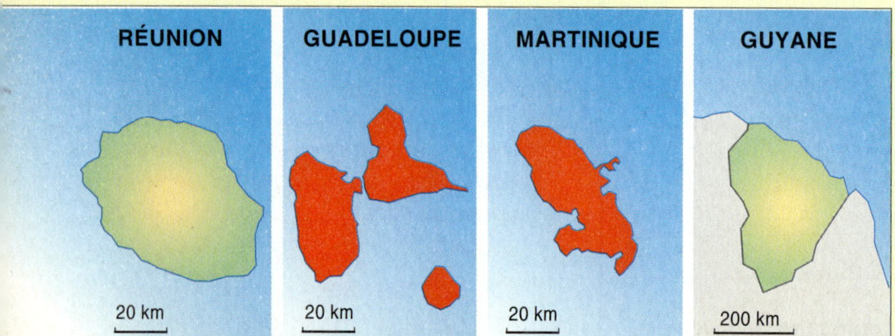

2. Risques sismiques dans les DOM

La Martinique et la Guadeloupe sont particulièrement exposées à ce risque.

Actuellement, les zones où des séismes importants peuvent survenir sont connues, sur toute la surface du globe. Il n'est pas encore possible de prévoir ni la date ni le lieu exacts des séismes, malgré l'importance des recherches effectuées au Japon, en Californie… Ce sont donc les méthodes préventives qui sont mises en œuvre pour réduire les conséquences des séismes.

4. La prévision des séismes

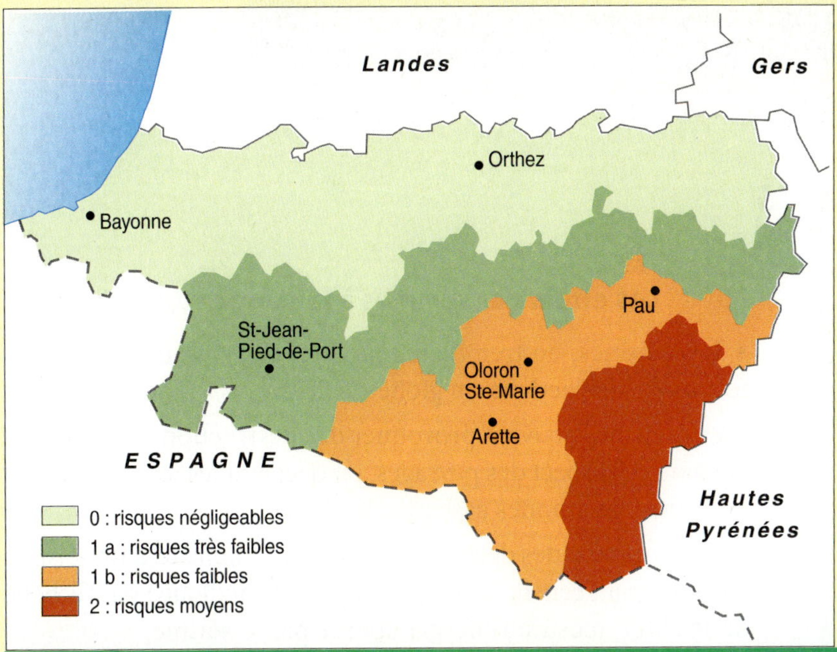

Dans les zones à risques, les P.E.R. visent à protéger les personnes et leurs biens. Chaque commune est classée dans une zone dont le risque est evalué de 0 à 3. En zone 0, aucune contrainte de construction parasismique n'est imposée.
En zone 1a, 1b et 2, les immeubles doivent être construits selon des normes parasismiques (fondations reposant sur un sol résistant, espaces de quelques centimètres entre les différents immeubles d'un même ensemble, immeuble voisin si possible de même hauteur, armatures métalliques entre les cloisons horizontales et verticales…).

↑ 5. Les Plans d'Exposition aux Risques naturels prévisibles (P.E.R)

↑ 6. Des constructions parasismiques

Les méthodes de construction parasismique permettent d'éviter ou de limiter les écroulements d'immeubles, qui sont la cause principale de mortalité lors des séismes. Un immeuble au Japon a été construit sur des amortisseurs réduisant les secousses en cas de séismes.

↑ 7. L'éducation des populations

L'éducation des populations dans les zones à risque sismique permet de réduire considérablement le nombre des victimes lorsque survient un séisme. Des consignes de ce type sont affichées dans chaque salle de classe des collèges des Antilles.

Séismes et paysages

1 Les effets des séismes à la surface de la Terre

• Les séismes, ou tremblements de terre, sont une des manifestations de l'activité du globe terrestre.

• Les séismes peuvent provoquer des destructions importantes et changer l'aspect des paysages, en décalant les terrains de part et d'autre de grandes cassures, les failles.

• L'importance des destructions définit l'intensité d'un séisme, mesurée par l'échelle MSK. La magnitude, indiquée par l'échelle de Richter, mesure l'énergie libérée par le séisme. ▶ ACTIVITÉ 1

2 Mouvements associés aux séismes et ondes sismiques

• Les séismes sont dus à des mouvements de rapprochement ou d'écartement des masses rocheuses.

• Soumises à des tensions continues et importantes, les roches finissent par céder : un séisme a pour origine une rupture de roches en profondeur, au foyer. Cette rupture engendre des ondes sismiques qui, lorsqu'elles atteignent la surface, provoquent des destructions. La zone la plus touchée est l'épicentre.

• Les sismogrammes sont des enregistrements des ondes sismiques. Ils montrent que ces ondes se déplacent à une vitesse de quelques km/s. Ils permettent de localiser l'épicentre, le foyer, et d'estimer l'énergie libérée au foyer. ▶ ACTIVITÉS 2 ET 3

3 La répartition des séismes à la surface du globe

• Les séismes dus à des mouvements d'écartement sont localisés principalement sur les dorsales océaniques.

• Les séismes associés à des mouvements de rapprochement sont fréquents le long des fosses océaniques et dans les zones de chaînes de montagnes. Les autres zones du globe terrestre sont moins exposées au risque sismique. ▶ ACTIVITÉ 4

4 Prévision et prévention des risques sismiques

La France métropolitaine, et surtout les Antilles, sont soumises au risque sismique. Des Plans d'Exposition aux Risques naturels majeurs imposent des règles de construction parasismiques dans les zones affectées par des séismes. L'information des populations réduit les risques dans les zones à forte sismicité.

▶ INFOS

CE QU'IL FAUT RETENIR

LES NOTIONS ESSENTIELLES

- Un séisme est un ébranlement du sol, pouvant provoquer des destructions et des modifications du paysage. Il a pour origine une rupture de roches qui débute au foyer.
- À partir du foyer, des ondes sismiques se propagent dans toutes les directions ; lorsqu'elles atteignent la surface, la terre « tremble ». L'épicentre est la zone où les secousses et les destructions sont le plus importantes.
- Les dorsales océaniques, les régions voisines des fosses océaniques et des chaînes de montagnes sont des zones à forte sismicité.
- Prévoir la date et le lieu précis d'un séisme est impossible dans l'état actuel des connaissances. Pour limiter les risques, on établit des P.E.R., on construit selon des règles parasismiques et on informe les populations.

Les mots clés

Épicentre : Lieu, en surface, où les destructions dues à un séisme sont les plus importantes.

Foyer : Lieu, en profondeur, où débute une rupture de roches à l'origine des ondes sismiques et des séismes.

Ondes sismiques : Vibrations provoquées par la rupture au foyer et responsables de l'ébranlement du sol en surface.

Séisme : Tremblement de terre.

Sismogramme : Enregistrement des ondes sismiques.

LE SCHÉMA

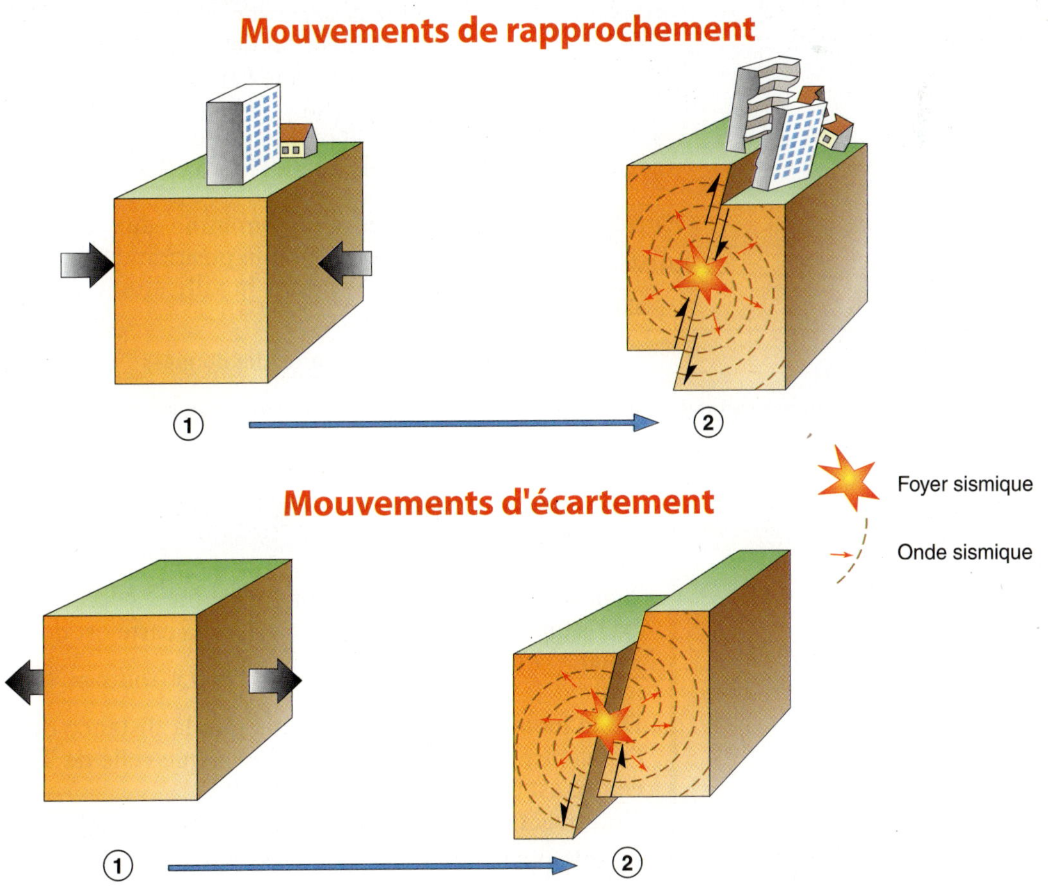

EXERCICE CORRIGÉ

Détermination de l'épicentre d'un séisme

Au foyer d'un séisme, plusieurs catégories d'ondes prennent naissance. Dans les stations sismologiques, les ondes les plus rapides sont enregistrées les premières ; d'autres plus lentes sont enregistrées un peu plus tard. Les différences entre les temps d'arrivée de ces deux types d'ondes ont permis de calculer la distance des stations à l'épicentre (tableau ci-dessous).

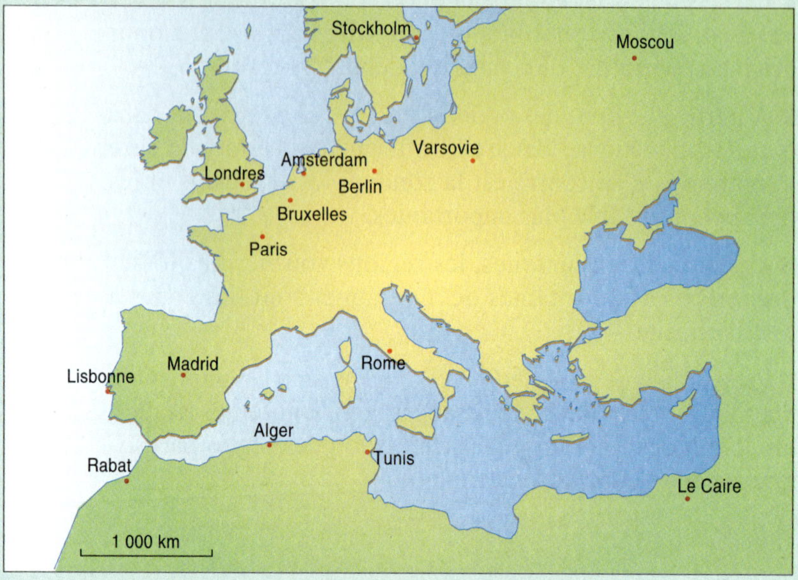

Écart de temps entre l'arrivée des deux sortes d'ondes	Distance à l'épicentre (en km)
1 min 15 s	1 000
2 min 40 s	1 500
3 min 04 s	2 150
3 min 07 s	2 250 (Tunis)
3 min 22 s	2 900 (Moscou)
3 min 30 s	3 000
4 min 08 s	3 400 (Paris)

QUESTION

Calquez la carte sur laquelle vous allez déterminer la position de l'épicentre de ce séisme. Pour cela, placez la pointe du compas sur chacune des villes et tracez un arc de cercle ayant pour rayon la distance entre cette ville et l'épicentre à l'échelle de la carte.

L'intersection commune aux trois arcs de cercle détermine la position de l'épicentre du séisme. Nommez la ville située à l'épicentre du séisme.

Objectif ▶ Exploiter des données

POUR RÉUSSIR L'EXERCICE

Vous devez :

- Appliquer la règle de proportionnalité et savoir utiliser un compas correctement.

RÉPONSES ATTENDUES

2 cm sur la carte représentent 1 000 km.

La distance de Paris à l'épicentre sur la carte est donc :

$\frac{3\,400}{x} = \frac{1\,000}{2}$, donc $3\,400 \times 2 = 1\,000\,x$, soit $x =$ 6,8 cm

De la même manière, on calcule que la distance de Moscou à l'épicentre est de 5,8 cm sur la carte, que celle de Tunis à l'épicentre est de 4,5 cm sur la carte.

L'intersection commune aux trois arcs de cercle est située au niveau de la ville du Caire en Égypte.

EXERCICES

TESTS RAPIDES

1 Donner une définition

Proposez une définition des mots suivants :
• Séisme • Isoséiste • Épicentre • Foyer • Faille

2 Chasser l'intrus

Dans chaque suite de mots (ou d'expressions), relevez celui qui n'a aucun rapport avec les autres :

1. • ondes sismiques • érosion • foyer • épicentre
2. • pourtour du Pacifique • arc des Antilles • Scandinavie • dorsales océaniques
3. • faille • forces s'exerçant sur les roches • rupture • dépôt sédimentaire

3 Associer un mot à sa définition

En utilisant les lettres d'une part et les chiffres d'autre part, associez chaque mot ou groupe de mots à sa définition.

a. faille
b. forces d'extension
c. sismogramme
d. ondes sismiques

1. Enregistrement des ondes émises par un séisme.
2. Rupture de roches avec décalage des couches.
3. Vibrations.
4. Forces qui écartent deux masses rocheuses.

VÉRIFIER SES CONNAISSANCES

4 Trouver le mot caché

Recopiez la grille ci-dessous, puis placez les mots correspondant aux définitions proposées. Vous découvrirez alors le mot caché dont vous donnerez des exemples.

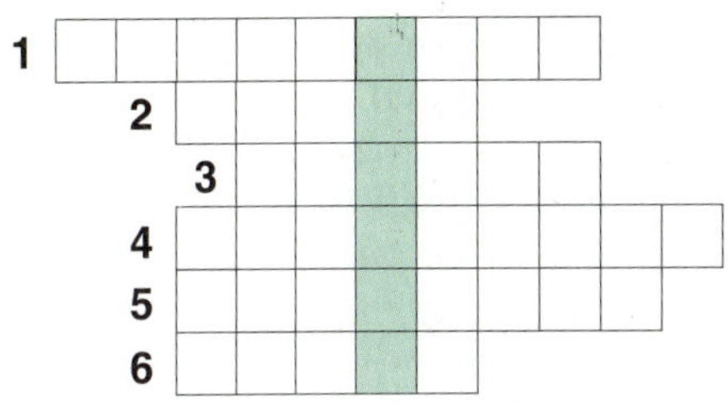

1. L'échelle MSK permet d'en connaître la valeur.
2. Vibrations qui se propagent dans l'espace.
3. Rupture de roches.
4. Lignes délimitant des zones de même intensité.
5. Relatif aux tremblements de terre.
6. Lieu d'origine d'un séisme.

5 Retrouver une chronologie

À l'aide des chiffres, classez ces événements relatifs aux séismes dans l'ordre chronologique.

1. dégâts en surface
2. rupture soudaine de la matière rocheuse
3. forces lentes et continuelles s'exerçant sur les roches
4. naissance et propagation des ondes sismiques

6 Compléter un schéma

Recopiez les numéros figurant sur le schéma et indiquez la légende qui convient.

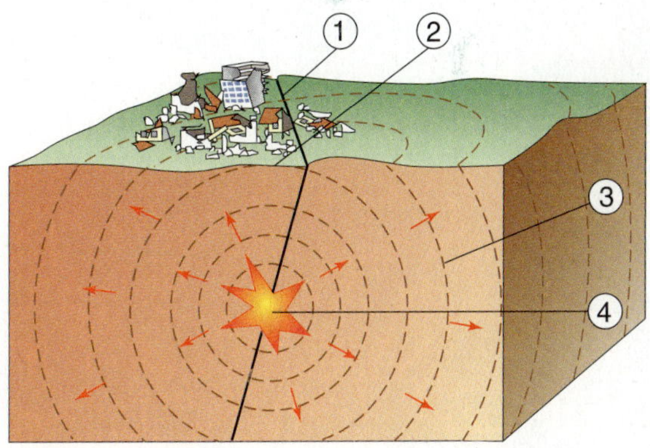

7 Choisir les propositions exactes

Désignez par les chiffres les propositions exactes. Corrigez les propositions inexactes.

1. Le foyer d'un séisme est situé à la surface du globe.
2. Les ondes sismiques naissent à partir de la rupture des roches en profondeur.
3. Une échelle d'intensité, échelle MSK par exemple, est établie à partir de l'observation des dégâts.
4. Les sismogrammes sont des appareils permettant d'enregistrer les ondes sismiques.
5. Des forces s'exerçant sur les roches en profondeur provoquent leur rupture.

APPLIQUER DES CONNAISSANCES ET DES SAVOIR-FAIRE

8 S'informer et raisonner

Le tremblement de terre qui a secoué à l'aube la région du Kansai (Japon) le 17 janvier 1995, a particulièrement éprouvé le port de Kobé. Le séisme, d'une magnitude de 7,2 sur l'échelle de Richter, a fait plus de 2 000 morts et 12 000 blessés. Il a provoqué des effondrements de maisons et d'immeubles. Un pont et un toboggan sur une route nationale se sont rompus. Des voies de chemin de fer ont été tordues. Les lignes téléphoniques, l'électricité et le réseau de gaz urbain ont été coupés. Le séisme qui a duré 47 secondes a été suivi de seize secousses de moindre intensité. Le foyer du séisme se trouve très près des côtes et assez proche de la surface du sol (10 à 15 km), ce qui explique la gravité de la secousse.

L'autoroute de Kobé effondrée

1. Retrouvez, à l'aide du texte, les caractéristiques d'un séisme.

2. Relevez dans le texte les conséquences du séisme en surface.

3. À l'aide des informations du texte, déterminez le degré d'intensité, sur l'échelle MSK, du séisme de Kobé. Justifiez votre réponse (document 2b, p. 17).

9 S'informer à partir d'une carte

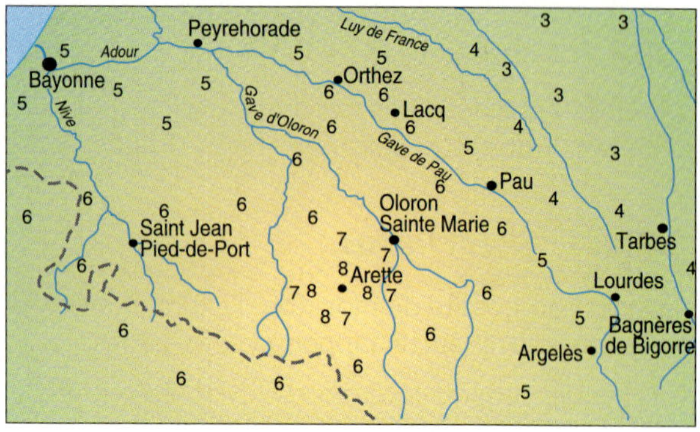

Tremblement de terre à Arette (Pyrénées).

1. Définissez les isoséistes.

2. Citez deux villes de la région où le séisme a atteint le degré d'intensité 6.
Justifiez votre réponse.

3. Calquez la carte et tracez les isoséistes. Coloriez en rouge la zone de l'épicentre. Citez la ville où les dégâts ont été les plus importants. Justifiez votre réponse.

10 S'informer à partir d'un texte

L'origine des tremblements de terre est une rupture produite dans un ensemble rocheux... À une sollicitation lente, continue, la matière rocheuse répond par des cassures. Les tremblements de terre ne sont pas dus à une brusque fièvre de l'intérieur du globe, mais à la brusque capitulation de la matière rocheuse cédant soudainement à la volonté tenace, lente, mais continue des forces enfouies dans les « entrailles » de la Terre. Cette capitulation brutale laisse des traces physiques palpables : c'est la structure géologique que l'on appelle faille.

D'après Claude Allègre, Les Fureurs de la Terre.

1. Trouvez deux mots cités dans le texte synonymes de rupture.

2. Recopiez le tableau ci-dessous et classez les expressions du texte :
– relatives à des phénomènes lents à l'origine du séisme ;
– relatives à des phénomènes brusques concernant le séisme lui-même.

Expressions relatives aux phénomènes lents	Expressions relatives aux phénomènes brusques

11 Raisonner : mettre en relation un texte et un croquis

Les risques sismiques sont amplifiés quand l'implantation des habitations est mal choisie (voir croquis). L'épicentre d'un séisme survenu en Arménie en 1988 se situe près de la ville de Spitak qui a été complètement détruite. La région est montagneuse et située à proximité de failles. La ville, fortement peuplée et implantée sur des alluvions déposées au fond d'une vallée, n'est pas construite selon des normes parasismiques. Le foyer se situe à une dizaine de kilomètres de profondeur.

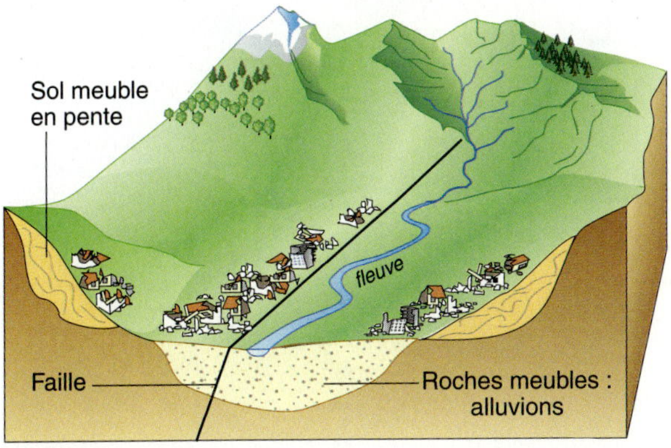

Malgré une magnitude relativement modeste, 7 sur l'échelle de Richter (intensité 9 sur l'échelle MSK), ce séisme a été particulièrement meurtrier à Spitak (25 000 morts).

Recherchez-en les raisons à l'aide du croquis et du texte.

12 Raisonner : mettre en relation des croquis et des textes

Au Japon, les immeubles sont construits selon des normes parasismiques.

En utilisant les lettres et les chiffres, associez chaque croquis au texte correspondant.

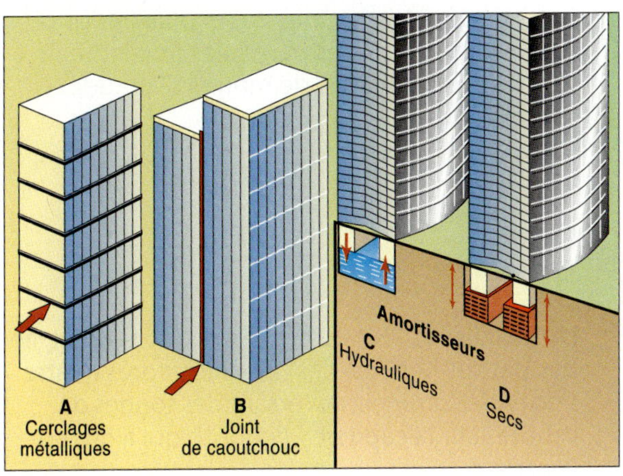

13 S'informer et raisonner

Depuis quinze ans, j'étudie les failles actives, ces failles qui par leurs saccades engendrent les tremblements de terre… Dans la nuit du 14 juillet 1996, Annecy a été frappée par une secousse de magnitude assez faible (5,2).

Pourtant, en raison de son foyer superficiel, les dégâts sont considérables. La maison construite en 1927 par mon grand-père a perdu ses cheminées qui en s'écroulant ont troué le toit. Les murs sont lézardés, les poutres et les charpentes ont joué… Aux portes d'Annecy, la faille du Vuache vient de glisser brutalement, 10 cm de glissement sur un segment de 3 km de long…

Il n'existe qu'une seule manière d'évaluer le risque sismique. Il faut d'abord repérer les failles actives pour déterminer leur mode de fonctionnement. Le meilleur moyen consiste à analyser les coupures qu'elles provoquent en surface ou dans le sol.

D'après un article de P. Taponnier, géologue français, La Recherche, *n° 290, septembre 1996.*

Tremblement de terre à Annecy.

1. Relevez la magnitude de ce séisme du 14 juillet 1996 à Annecy, puis déterminez l'intensité de ce séisme sur l'échelle MSK d'après la description faite par l'auteur.

2. Nommez les structures géologiques à l'origine des séismes, puis indiquez avec précision l'origine du séisme d'Annecy.

3. Comment peut-on évaluer le risque sismique ?

CHAPITRE

6 Volcanisme et paysages

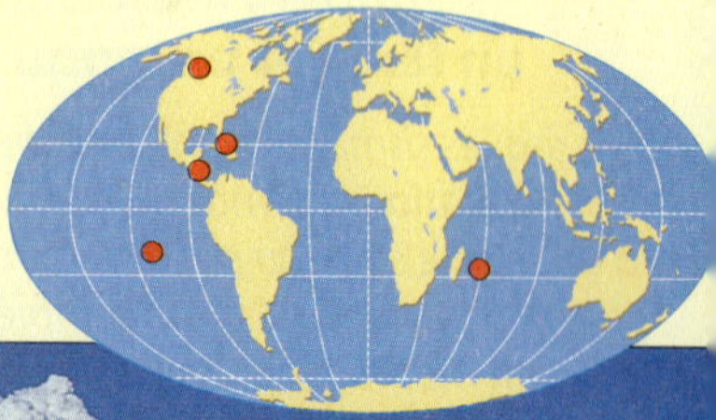

1 Un volcan se présente souvent sous la forme d'un cône, ouvert à son sommet par un cratère, comme le volcan Paricutin (Mexique) surgi au milieu d'un champ en 1943.

2 En 1980, l'éruption du Mont Saint-Helens, volcan du nord-ouest des États-Unis, est marquée par de violentes explosions qui projettent de fines particules (= cendres) à plusieurs milliers de mètres d'altitude.

3 Le 18 juillet 1995, la Soufrière de Montserrat, île des petites Antilles, s'est réveillée après quatre siècles de sommeil, déversant des tonnes de cendres sur la capitale Plymouth qui a dû être évacuée.

4 Les éruptions du Piton de la Fournaise, volcan de l'île de la Réunion, sont fréquentes et caractérisées par l'émission de laves fluides qui constituent des coulées.

5 Au fond des océans, par – 2500 m, on trouve des roches volcaniques en forme d'oreillers ou de coussins (= pillow-lavas) résultant d'une activité volcanique sous-marine.

Les volcans actifs sont répartis de façon inégale à la surface du globe. On en trouve sur les continents, les îles océaniques et le fond des océans.
Leur activité se manifeste par des émissions de lave et de gaz et par la projection de matériaux solides et fragmentés.
Elle est parfois à l'origine de catastrophes pouvant faire des milliers de morts, comme à Saint-Pierre de la Martinique détruite par l'éruption de la Montagne Pelée en 1902, ou dans l'île de Luçon, aux Philippines, où 500 000 personnes furent évacuées lors de l'éruption du Pinatubo en 1991.

Les questions qui se posent

- Comment se déroule une éruption volcanique ? ► ACTIVITÉS 1 ET 2
- Peut-on prévenir les risques volcaniques ? ► INFOS
- Comment se forment les roches résultant de l'activité volcanique et comment reconnaître l'origine volcanique d'une roche ? ► ACTIVITÉ 3 ET INFOS
- Quelle est la répartition des volcans à la surface du globe ? ► ACTIVITÉ 4
- Comment reconnaître l'existence d'une activité volcanique ancienne ? ► ACTIVITÉ 5 ET INFOS

1 L'activité effusive d'un volcan

Le Piton de la Fournaise occupe le tiers sud-est de l'île de la Réunion. Culminant à 2 631 m, il est le siège, depuis environ 400 000 ans, d'éruptions volcaniques fréquentes, à caractère effusif *, qui amènent en surface une quantité importante de magma*.

Les éruptions récentes du Piton de la Fournaise

a Des fontaines de lave* jaillissent d'une fissure, des coulées* de lave fluide*, à haute température (1 100 à 1 200 °C), descendent vers l'océan. De petites explosions projettent, autour de la fissure, des fragments qui s'accumulent et forment des cônes*.

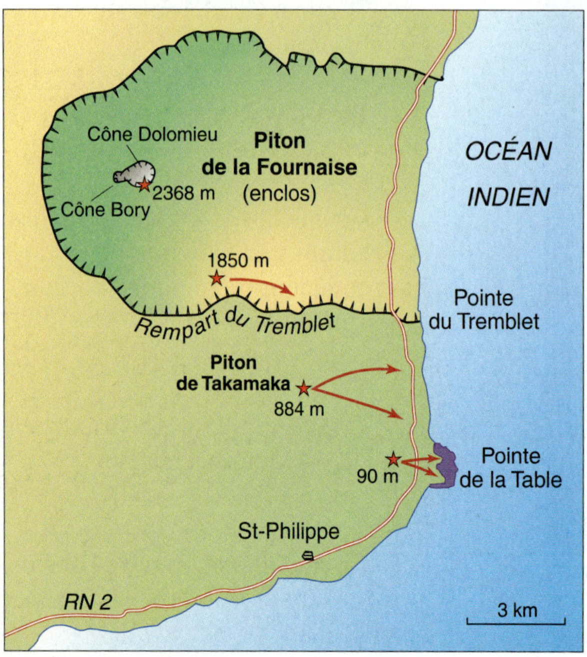

« Le 20 mars 1986, … une fissure de 700 m de long s'ouvre, vers 5 heures, en dehors de l'Enclos, à 1 000 m d'altitude, juste au-dessus du Piton Takamaka... De multiples fontaines de lave jaillissent tout au long de la fissure, accompagnées d'explosions aux panaches noirs de cendres. La coulée se divise immédiatement en deux bras qui passent au nord et au sud du Piton Takamaka. Ils avancent à une vitesse de 100 à 300 m/h... Le bras sud, qui emprunte la ravine Takamaka, coupe la route nationale N2 sur 40 m, le 20 mars à 15 heures, et s'immobilise à 200 m de la mer... La branche nord, qui descend dans la ravine Citrons Galets, traverse la route sur 150 m, le même jour à 17 heures... Elle atteint l'océan à 21 heures. Les effusions restent soutenues le 21 et le 22 mars.»*

Au cœur de la Fournaise, P. Benard et M. Krafft.

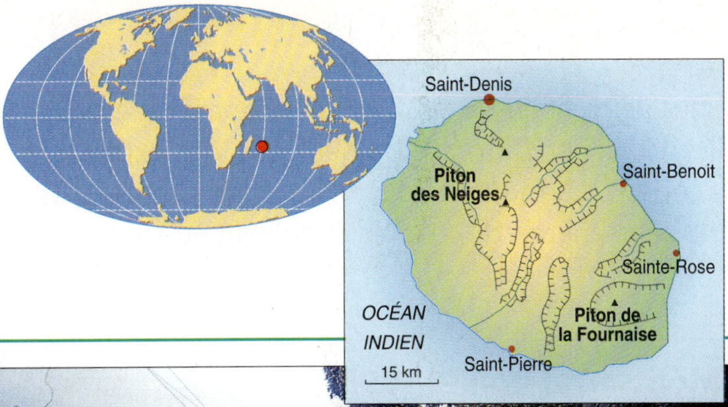

b Le 20 mars à 15 heures, le bras sud de la coulée de Takamaka coupe la route nationale N2.

c Le 20 mars à 21 heures, le bras nord de la coulée de Takamaka atteint l'océan Indien.

Exploitation

1. Indiquez la nature des produits rejetés par le Piton de la Fournaise lors de l'éruption de mars 1986.

2. Indiquez le point de sortie de la lave et dites comment elle parvient en surface.

3. Dégagez les caractéristiques d'une activité volcanique effusive.

Vocabulaire

Cendres : Fines particules résultant de la pulvérisation de matériaux volcaniques.
Cône : Petit édifice constitué par l'accumulation de matériaux.
Coulée volcanique : Lave qui coule en surface du globe.
Effusif : Qui se répand en s'écoulant.
Fluide : Qui peut s'écouler facilement.
Lave : Magma arrivé en surface, qui perd une partie de ses gaz et coule plus ou moins en suivant le relief.
Magma : Matériel liquide et chaud, issu de la fusion d'une roche en profondeur.

Bilan

▶ ***L'activité volcanique se manifeste par l'émission, en surface du globe, de produits solides, liquides ou gazeux à haute température.***

▶ ***L'activité effusive d'un volcan se manifeste par des projections peu violentes de gaz et de matériaux solides, constituant un cône, et par l'épanchement d'une lave fluide qui forme des coulées.***

▶ ***Ces produits proviennent d'un magma formé en profondeur et remontant en surface par des fissures.***

activité

2 L'activité explosive d'un volcan

Après quatre siècles de sommeil, la Soufrière de Montserrat entre en éruption en juillet 1995. Pendant plus de deux ans, des explosions violentes se succèdent. La moitié sud de l'île et sa capitale sont recouvertes de plusieurs mètres de cendres et doivent être évacuées.

1 L'éruption de la Soufrière de Montserrat (juillet 1995)

- Montserrat, petite île située à 50 km au nord de la Guadeloupe (**a** et **b**), appartient à l'archipel des petites Antilles.
- Après quelques jours de secousses sismiques plus ou moins rapprochées, l'éruption de la Soufrière débute le 18 juillet 1995. Elle est marquée par de violentes explosions (**c**) qui projettent des panaches de gaz, de cendres et de blocs rocheux à plusieurs milliers de mètres d'altitude (15 km).

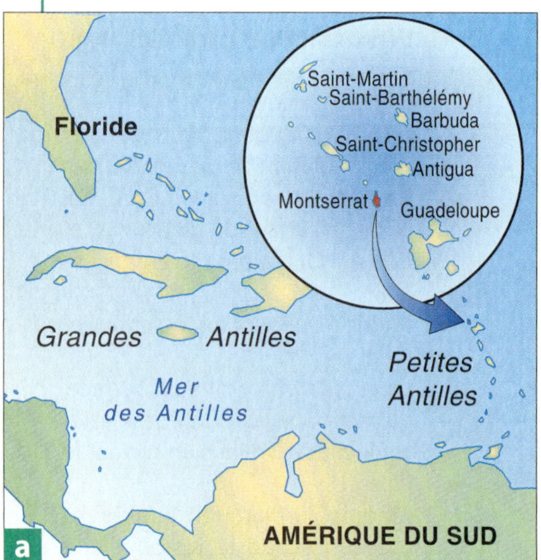

a

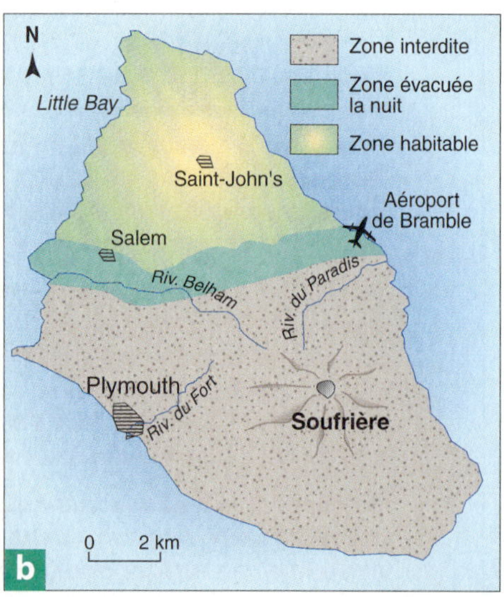

b

c Émission du panache de cendres.

2 Conséquences de l'explosion

- Des nuées ardentes (**a**), mélanges à haute température, de gaz, de cendres et de blocs parfois énormes (certains peuvent atteindre plusieurs tonnes), dévalent à grande vitesse les pentes de la Soufrière, détruisant tout sur leur passage et recouvrant la région d'une poudre grise.
- Située au pied du volcan, Plymouth, capitale de 4 000 habitants, a été évacuée (**b**). Deux jours après l'explosion, elle est devenue une ville fantôme ensevelie sous les cendres.
- Dans l'ancien cratère* du volcan, une lave visqueuse* se met en place, constituant un dôme* duquel s'échappent des fumerolles* (**c**).

a

b

c

Exploitation

1. Indiquez la nature des produits rejetés par la Soufrière de Montserrat, lors de son éruption de 1995-1997.

2. Dégagez les caractéristiques d'une activité volcanique explosive.

3. Comparez, sous forme d'un tableau, l'activité volcanique du Piton de la Fournaise et celle de la Soufrière de Montserrat.

Vocabulaire

Cratère : Dépression due aux explosions successives qui marquent une activité volcanique.
Dôme : Émission de lave visqueuse bouchant le cratère.
Fumerolle : Dégagement gazeux accompagnant une activité volcanique.
Visqueuse : Se dit d'une lave qui s'écoule très difficilement.

Bilan

▶ ***L'activité explosive d'un volcan se caractérise par :***
– de violentes explosions projetant à haute altitude des produits gazeux et solides ;
– des nuées ardentes dévastatrices ;
– l'émission d'une lave visqueuse constituant un dôme.

INFOS

Risques naturels

Les risques volcaniques

→ 1. La Montagne Pelée et la ville de Saint-Pierre en 1902

Le réveil de « La Pelée », en mai 1902, a détruit Saint-Pierre, capitale économique de l'île de la Martinique.

En raison de l'importance des produits rejetés, de la violence de certaines éruptions et des implantations humaines à proximité, les volcans sont parfois à l'origine de catastrophes écologiques ou humaines :

- Herculanum, Pompéi et Stabies (Italie), anéanties par l'éruption du Vésuve en 79 ;

- Saint-Pierre (Martinique) détruite par les nuées ardentes de la Montagne Pelée (28 000 morts le 8 mai 1902) ;

- Heimaey (Islande) ensevelie sous les laves et les cendres de l'Eldfell (janvier à juin 1973) ; l'éruption, prévue, n'a fait aucune victime parmi la population qui a été évacuée ;

- régions dévastées dans l'ouest des États-Unis par l'éruption du Mont Saint-Helens le 18 mai 1980, et au Mexique par l'éruption d'El Chichon, le 28 mars 1982 ;

- Armero, ville de Colombie, recouverte par une coulée de boue provoquée par l'éruption du Nevado del Ruiz qui fait 25 000 morts le 13 novembre 1985 ;

- aux îles Philippines, toute une région ensevelie sous les cendres a dû être évacuée à la suite de l'éruption du Pinatubo en 1991 ;

- 40 personnes, parmi lesquelles les volcanologues français Maurice et Katia Krafft sont mortes, victimes d'une nuée ardente, lors de l'éruption du Mont Unzen (Japon) le 2 juin 1991.

↑ 2. Les volcans, sources de destruction

L'étude des formations volcaniques permet de reconstituer l'histoire de l'activité éruptive d'un volcan et de prévoir son comportement. À partir de là, on établit des scénarios d'éruptions, on dresse une carte des risques volcaniques et on prévoit un plan d'évacuation des populations (Plan ORSEC-Volcan).

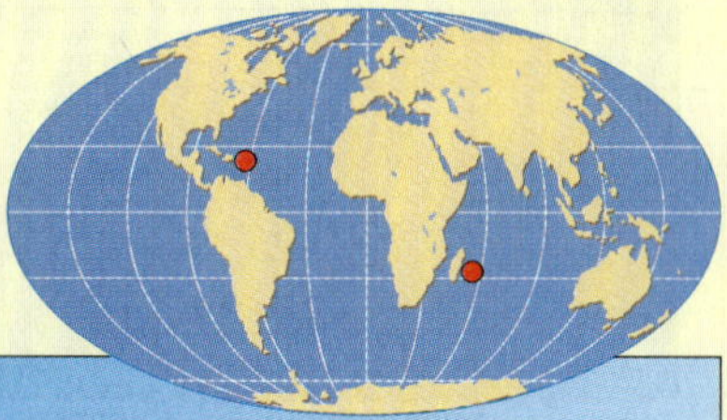

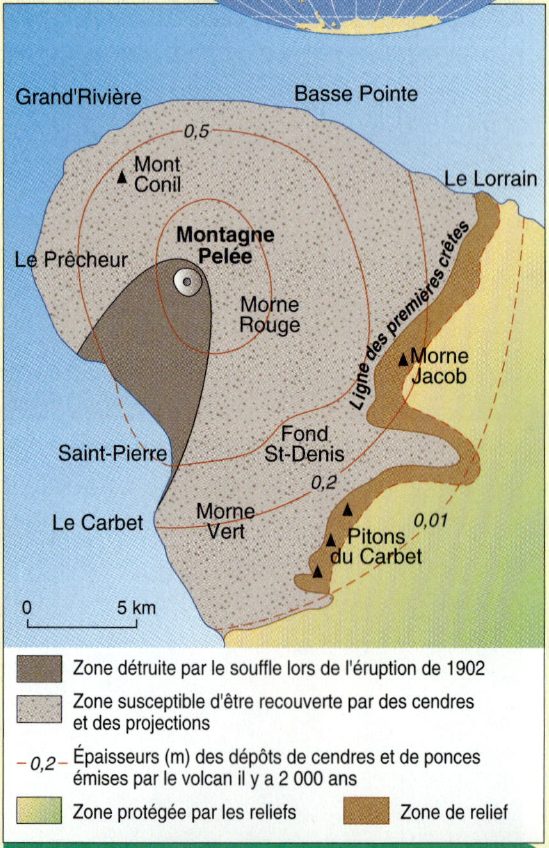

↑ 3. L'évaluation des risques : carte des risques établie pour la Montagne Pelée (Martinique)

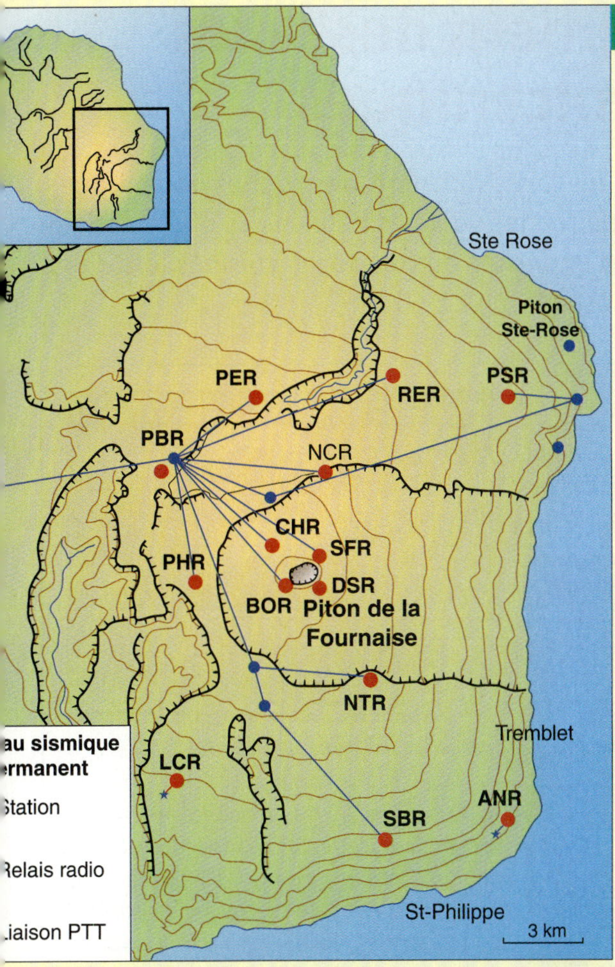

← 4. La surveillance volcanique

La surveillance volcanique nécessite l'installation d'observatoires volcaniques sur les flancs ou à proximité du volcan : observatoires du Morne des Cadets pour la Montagne Pelée, du 27° pour le Piton de la Fournaise.
Elle utilise diverses méthodes qui permettent d'enregistrer et d'analyser :
- les séismes d'origine volcanique, grâce à un réseau de sismomètres reliés à une station centrale par téléphone ou relais radio (document 5) ;
- les mouvements du sol, dans le sens vertical par des chemins de nivellement, et dans le sens horizontal par des mesures, à l'aide de géodimètres à laser et de réflecteurs installés sur le volcan ;
- les variations de l'inclinaison du sol avec des inclinomètres, celle du champ magnétique avec des magnétomètres et celles de la composition chimique des fumerolles et des eaux chaudes (document 6).

L'évolution des données enregistrées peut conduire les scientifiques à envisager la probabilité d'un danger d'éruption et à alerter les autorités civiles. Celles-ci pourront prévenir les populations menacées puis, le cas échéant, procéder à leur évacuation en mettant en œuvre le plan ORSEC-Volcan.

↑ 5. Une surveillance continue

Dans l'observatoire du Piton de la Fournaise, l'enregistrement de l'activité sismique se fait en continu.

↑ 6. Des analyses régulières

De la lave et des gaz sont prélevés au Piton de la Fournaise pour être ensuite analysés.

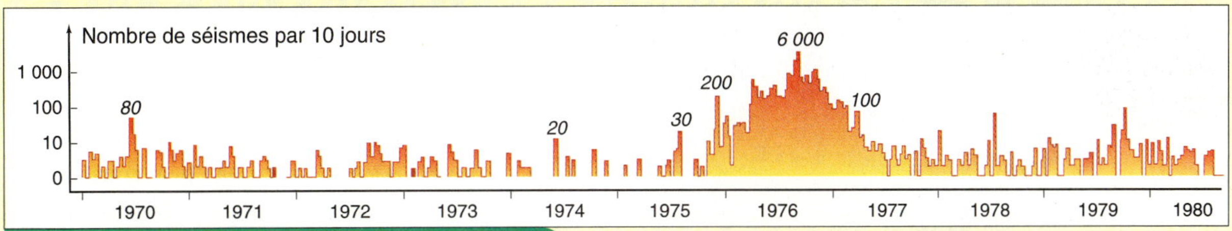

↑ 7. Des indices d'une éruption proche

Le nombre et la fréquence des séismes d'origine volcanique ont augmenté de façon importante dans les jours qui ont précédé l'éruption de la Soufrière de Guadeloupe en 1976.

activité

3 Refroidissement des laves et roches volcaniques

Après refroidissement, les laves donnent des roches volcaniques. Il s'agit de basaltes ou de roches voisines dans le cas d'une activité volcanique effusive, et d'andésites ou de roches voisines lors d'une activité volcanique explosive.

1 Les roches d'un volcan effusif

● La lave émise lors d'une éruption volcanique effusive devient, après refroidissement en surface, une roche de couleur plus ou moins sombre, comme ce basalte (**a**).

a Basalte.

b Lame mince de basalte.

● Observée au microscope, une lame mince de basalte (**b**) montre des phénocristaux* de pyroxènes (P) noyés dans une pâte constituée de très petits cristaux de feldspaths plagioclases (FP) en forme de baguette et d'un verre* (V). Le basalte présente une structure hémicristalline*.

2 Les roches d'un volcan explosif

● La lave constituant le dôme lors d'une éruption volcanique explosive devient après refroidissement, par exemple, une andésite (**a**).

a Andésite.

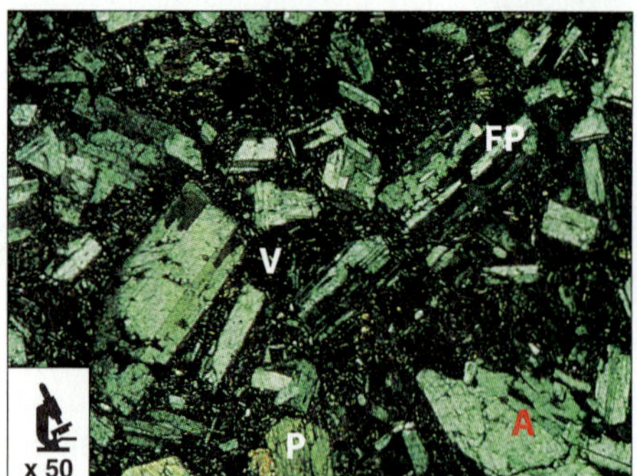

b Lame mince d'andésite.

● Observée au microscope, une lame mince d'andésite (**b**) montre des phénocristaux* de pyroxènes (P) et d'amphiboles (A) noyés dans une pâte constituée de très petits cristaux de feldspaths plagioclases (FP) et d'un verre* (V).
L'andésite présente une structure hémicristalline.

3 D'autres roches magmatiques*

a Gabbro.

● Sous un volcan, le magma qui n'atteint pas la surface donne naissance, en se refroidissant, à d'autres roches, comme le gabbro (**a**).

b Lame mince de gabbro.

● Observée au microscope, une lame mince de gabbro (**b**) apparaît uniquement constituée de phénocristaux* de pyroxènes (P) et de feldspaths plagioclases (FP). Cette roche présente une structure holocristalline* (ou grenue).

4 Roches magmatiques et cristallisation

Du soufre fondu par la chaleur est refroidi : des cristaux se forment. L'apparition et la taille des cristaux dépendent de la vitesse de refroidissement du matériel fondu.

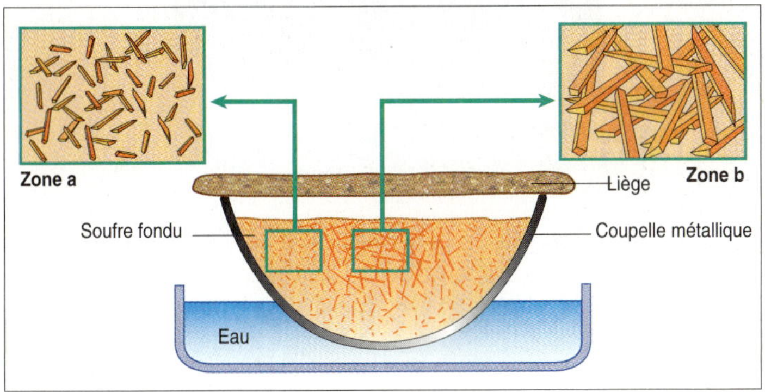

Exploitation

1. Comparez la structure et les types de minéraux du basalte (document 1) et de l'andésite (document 2).

2. Comparez le gabbro (document 3) et le basalte (document 1). Comment expliquez-vous la différence observée ?

3. Le verre et les très petits cristaux se forment par refroidissement très rapide : indiquez les conditions et l'ordre dans lesquels se forment les divers constituants d'un basalte et d'une andésite.

Vocabulaire

Hémicristalline : Qualifie une roche formée en partie de cristaux et en partie de matière non cristallisée (verre).
Holocristalline : Qualifie une roche entièrement constituée de cristaux.
Phénocristal : Cristal visible à l'œil nu.
Roche magmatique : Roche formée à partir d'un magma.
Structure : Disposition des minéraux d'une roche, les uns par rapport aux autres.
Verre : Matière solide non cristallisée.

Bilan

▶ ***Le magma est à l'origine de roches à structure hémicristalline lorsqu'il se refroidit rapidement en surface, à structure holocristalline lorsqu'il se refroidit lentement en profondeur.***

▶ ***En se refroidissant, les laves fluides donnent généralement des roches sombres, comme le basalte, alors que les laves visqueuses donnent des roches plus ou moins sombres, comme l'andésite.***

Anatomie d'un volcan

L'activité volcanique se manifeste par l'émission de laves et de gaz, et par des explosions projetant des matériaux liquides et solides, fragmentés. Elle est à l'origine de la construction d'appareils volcaniques.

↑ 1. Surface de coulée

↑ 2. Roche partiellement cristallisée au cours de la remontée

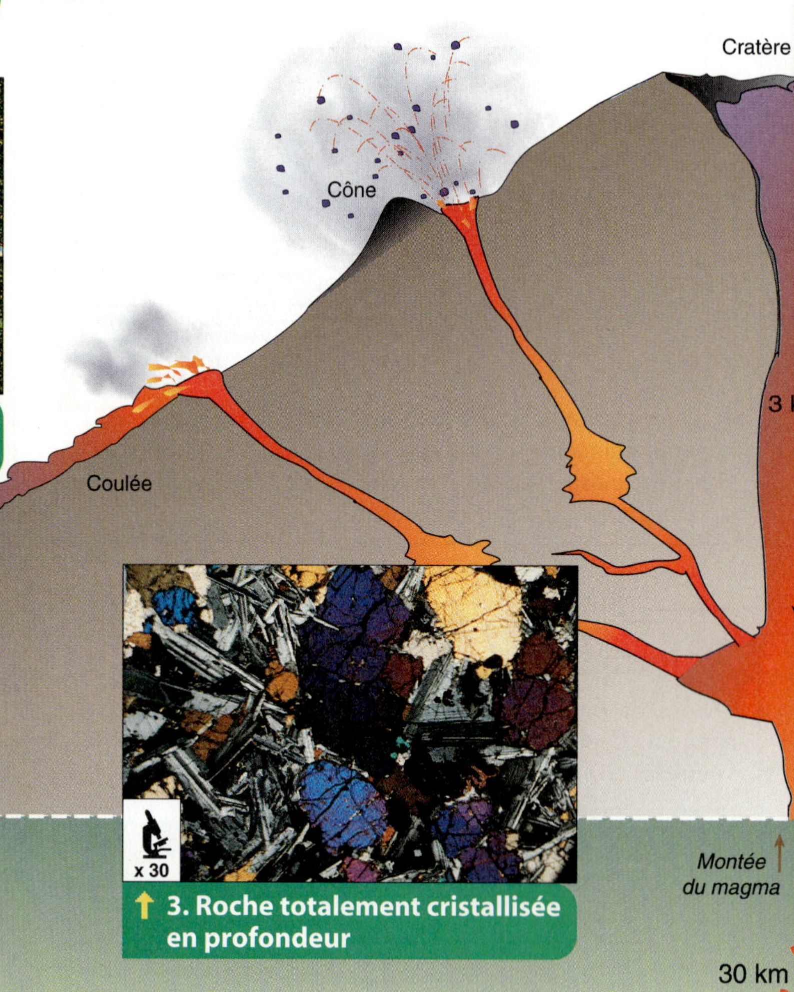

↑ 3. Roche totalement cristallisée en profondeur

L'activité volcanique effusive conduit à la formation d'un cône volcanique présentant un cratère autour duquel sont accumulés des couches successives de laves et des produits solides projetés (bombes, lapillis...).

↑ **4. Roche partiellement cristallisée au cours de la remontée**

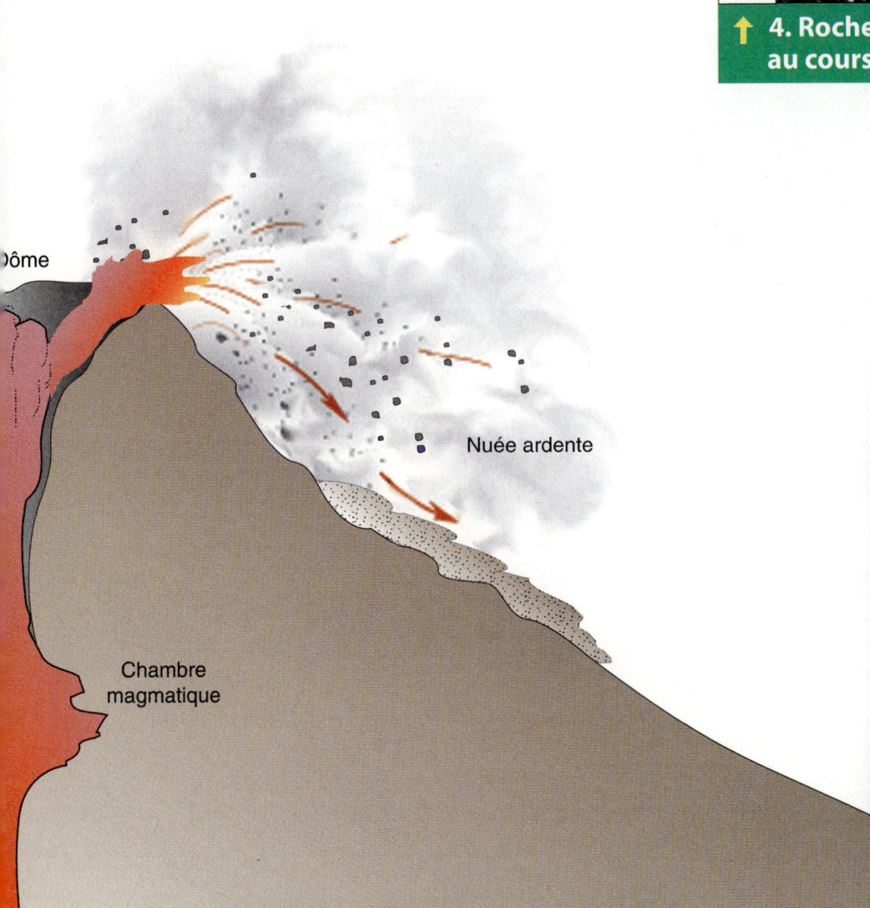

↑ **5. Dépôt de nuée ardente**

↑ **6. Roche totalement cristallisée en profondeur**

L'activité volcanique explosive conduit à la formation d'un appareil volcanique, présentant un cratère obstrué par un dôme de laves, autour duquel sont accumulés des produits de projections (blocs, cendres...).

4 La répartition des volcans actifs à la surface du globe

L'activité volcanique récente est limitée, sur les continents et dans les océans, à des régions bien localisées.
Comment se répartissent, à l'échelle du globe terrestre, les deux types d'activités éruptives décrits précédemment ?

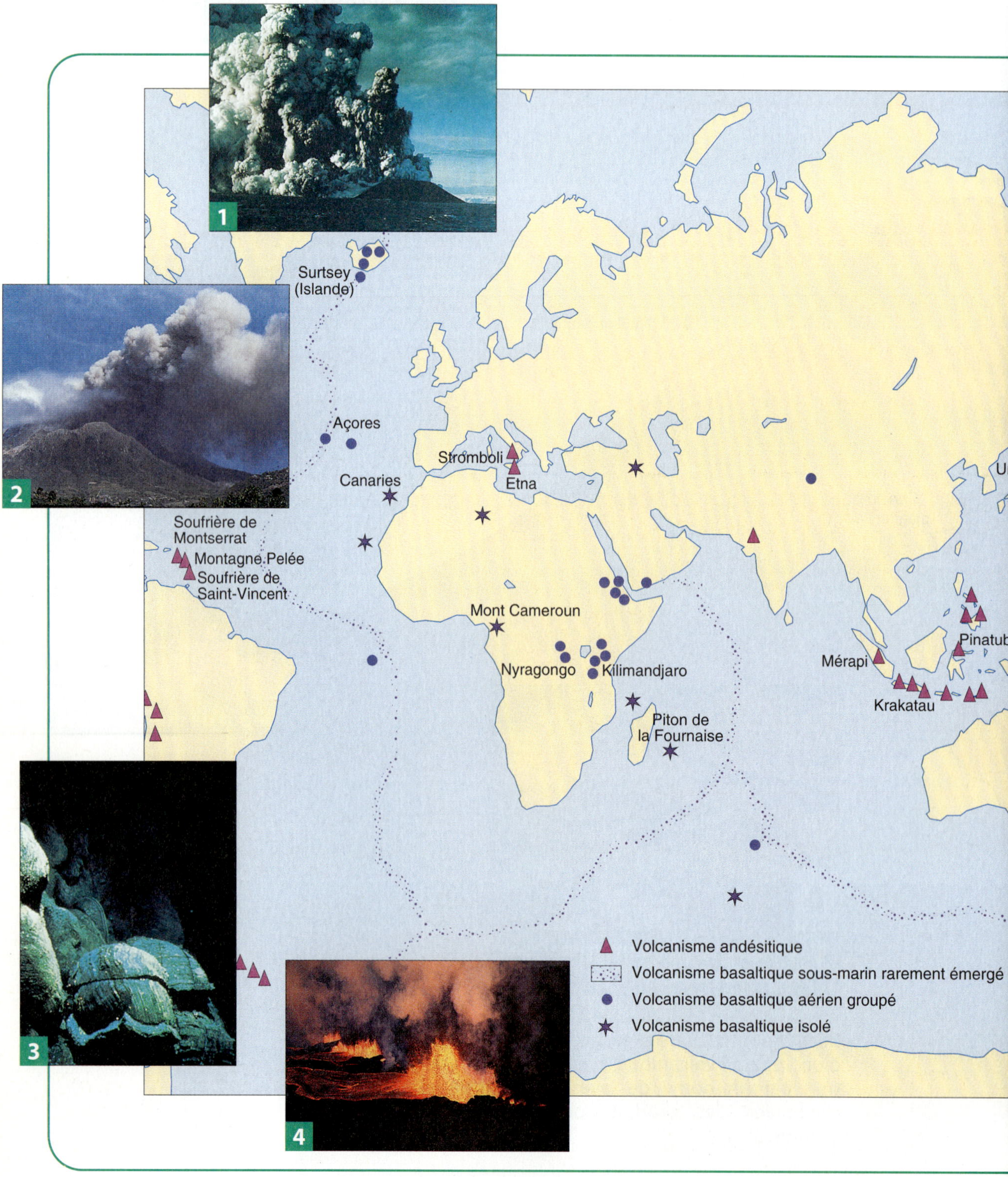

1. Surtsey, volcan islandais
2. La Soufrière de Montserrat (Antilles)
3. Pillow-lavas aux abords d'une dorsale océanique
4. Le Piton de la Fournaise (Réunion)
5. Le volcan Pinatubo (Philippines)
6. Le volcan Pacaya (Guatemala)
7. Le Mauna Loa (Hawaii)
8. Le Mont Saint-Helens (États-Unis)

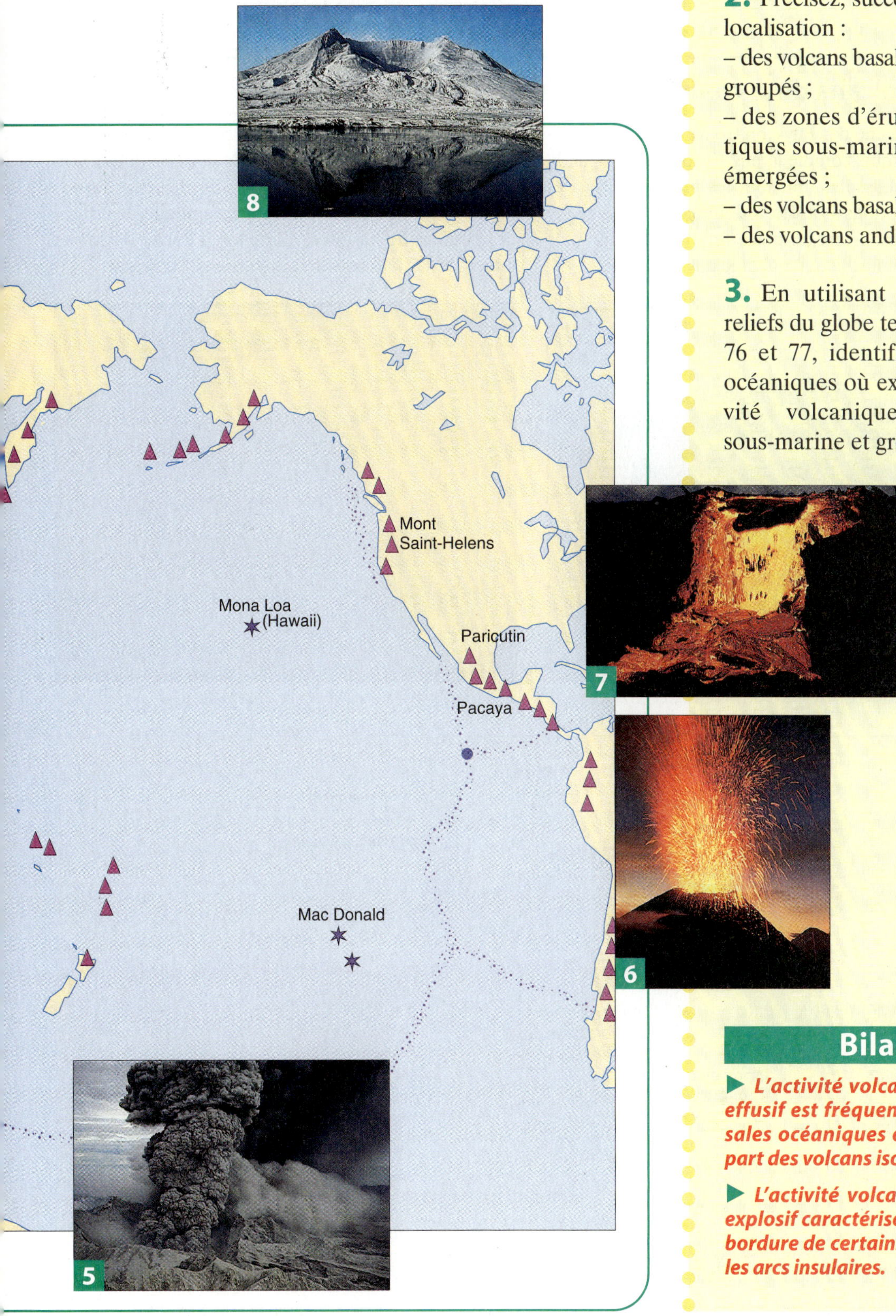

Exploitation

1. Localisez, à l'aide du planisphère, les régions présentant une activité volcanique récente.

2. Précisez, successivement, la localisation :
– des volcans basaltiques aériens groupés ;
– des zones d'éruptions basaltiques sous-marines rarement émergées ;
– des volcans basaltiques isolés ;
– des volcans andésitiques.

3. En utilisant la carte des reliefs du globe terrestre, pages 76 et 77, identifiez les zones océaniques où existe une activité volcanique basaltique sous-marine et groupée.

Bilan

▶ ***L'activité volcanique de type effusif est fréquente sur les dorsales océaniques et pour la plupart des volcans isolés.***

▶ ***L'activité volcanique de type explosif caractérise davantage la bordure de certains continents et les arcs insulaires.***

activité

5 Des volcans anciens

Le volcanisme est une manifestation permanente de l'activité interne du globe terrestre.
Comment identifier, sur le terrain, son existence dans le passé et en préciser la nature ?

1 Les volcans de la chaîne des Puys (Auvergne)

● Dans la chaîne des Puys, on trouve des cônes à cratère bien marqué, comme le puy Pariou, les puys de la Vache et de Lassolas, qui sont les plus nombreux et dont les éruptions ont été à dominante effusive, et quelques dômes, mis en place lors d'éruptions plus explosives, comme le Sarcoui et le puy de Dôme.

● Les puys de la Vache et de Lassolas, aujourd'hui éteints, font partie d'un groupe de quatre édifices volcaniques alignés sur une fissure de direction nord-ouest – sud-est. De leurs cratères égueulés* partent des coulées de basaltes, d'une longueur de 15 km et larges de 1,2 km, constituant la cheire* d'Aydat.

a Puy Pariou et puy de Dôme (vue aérienne).

b Puys de la Vache et de Lassolas.

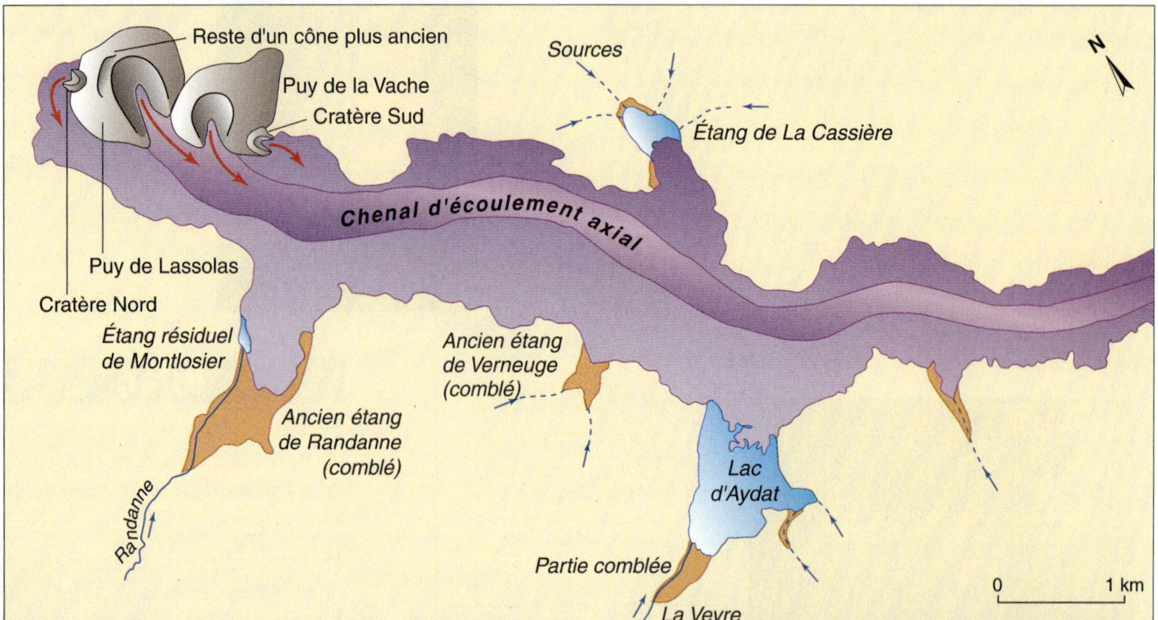

c Ensemble éruptif des puys de la Vache et de Lassolas et du puy de la cheire d'Aydat (carte simplifiée).

2 Coulées et roches en place sur le terrain

● Dans le massif du Mont-Dore, les volcans n'ont ni cône, ni dôme, ni cratère… Il n'en reste, généralement, que les cheminées constituées de roches volcaniques, comme ici les roches Tuilière et Sanadoire.

a Les roches Tuilière et Sanadoire.

b Vue d'ensemble du Collet vert.

● Dans le massif du Chenaillet (Alpes), près de Briançon, la falaise du Collet vert est entièrement constituée de laves en coussins qui se sont épanchées, il y a environ – 200 Ma, au fond d'un océan aujourd'hui disparu.

c Détail des laves en coussins.

Exploitation

1. Identifiez les éléments du paysage (documents 1 et 2) qui permettent d'attester l'existence d'une activité volcanique.

2. Justifiez, pour chacun de ces exemples, le caractère ancien des activités volcaniques auxquelles ils ont été associés.

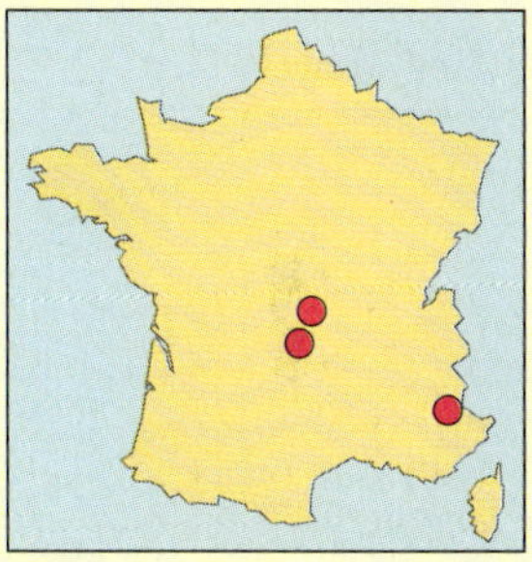

Vocabulaire

Cheire ou cheyre : Coulée de lave dont la surface accidentée de rides et de crêtes longitudinales est encombrée de blocs.

Cratère égueulé : Cratère en forme de fer à cheval, ouvert d'un côté du cône volcanique par l'émission continue de coulées de lave.

Bilan

► ***L'existence d'édifices volcaniques anciens ou de roches volcaniques atteste une activité volcanique dans le passé.***

INFOS

Volcanisme et paysages

La chaîne des Puys

La chaîne des Puys s'élève à l'ouest de Clermont-Ferrand et comporte 115 appareils volcaniques, atteignant 100 à 200 m de hauteur, répartis selon une bande nord-sud (40 km de long, 7 km de large), depuis le Gour de Tazenat au nord jusqu'au puy de Monténard au sud.

← 1. Carte simplifiée de la chaîne des Puys

La grande majorité des volcans qui constituent la chaîne des Puys sont des cônes pourvus de cratères simples, réguliers (puy des Goules, 200 m de diamètre et 40 m de profondeur) ou égueulés (puys de la Vache et de Lassolas), et de cratères emboîtés, concentriques (puy de Côme) ou excentriques (puy Pariou).

En dehors de nombreux produits de projection (cendres*, lapillis**, blocs et bombes*** volcaniques), ces volcans ont aussi émis des coulées qui, à l'ouest s'étalent sur le plateau (Cheire du puy de Côme), et à l'est, descendent vers la Limagne en s'encaissant dans les vallées (coulées du puy Pariou, du Petit puy de Dôme, du puy de Mey et des puys de la Vache et de Lassolas).

À côté de ces cônes, se trouvent des dômes formés d'une roche appelée trachyte, résultant du refroidissement d'une lave visqueuse qui s'est accumulée sur place (puy de Dôme, puy de l'Aumône, puy de Clierzou, Sarcoui et puy Chopine). Ces dômes sont parfois entourés de dépôts de nuées ardentes.

***Cendres** : Projections volcaniques très fines (diamètre inférieur au millimètre).

****Lapillis** : Projections volcaniques d'un diamètre compris entre 1 mm et 5 cm.

*****Bombes volcaniques et blocs** : Projections volcaniques d'une taille supérieure à 5 cm.

2. Photographie aérienne de la chaîne des Puys

Volcanisme et paysages

1 Les éruptions et les risques volcaniques

• L'activité volcanique effusive se caractérise par l'émission de laves fluides, formant des coulées, et par des projections de fragments de lave qui s'accumulent pour constituer un cône.

• L'activité volcanique explosive se caractérise par de violentes explosions qui projettent en altitude des panaches de cendres, et sont à l'origine de nuées ardentes. Au fond du cratère, la lave visqueuse constitue un dôme.

• Les volcans constituent un risque grave que l'on peut prévenir en dressant une carte des risques, en établissant un plan d'évacuation, et en mettant en place des réseaux de surveillance.

▶ ACTIVITÉS 1, 2 ET INFOS

2 Les roches volcaniques

• En refroidissant, les laves se transforment en roches volcaniques, formées d'une pâte, constituée de très petits cristaux en forme de baguettes, et d'un verre, englobant parfois de gros cristaux.

• Le mode de refroidissement est à l'origine de la cristallisation partielle des roches volcaniques. En profondeur, le refroidissement est lent, de gros cristaux se forment. En arrivant en surface, le magma se refroidit plus rapidement, des cristaux plus petits et du verre se forment. ▶ ACTIVITÉ 3

3 La répartition mondiale du volcanisme actif

Les volcans actifs sont répartis de façon irrégulière à la surface du globe terrestre. L'axe des dorsales océaniques est le siège d'émissions de basaltes ; au milieu des océans (La Réunion, Hawaï) ou des continents, des volcans isolés de type effusif rejettent des laves de type basaltique ; en bordure de certains continents (Japon, côte Ouest américaine) et au niveau d'arcs insulaires (Antilles), un volcanisme à dominante explosive est associé à l'émission de laves de type andésitique. ▶ ACTIVITÉ 4

4 Le volcanisme ancien

Dans le Massif central, des cônes volcaniques associés à des coulées ou des dômes de laves sont les témoins d'activités volcaniques effusive et explosive anciennes. Des affleurements de laves en coussins (Alpes) témoignent d'épanchements sous-marins dans des océans aujourd'hui disparus. ▶ ACTIVITÉS 5 ET 6

CE QU'IL FAUT RETENIR

LES NOTIONS ESSENTIELLES

- L'activité volcanique se manifeste par l'émission, en surface du globe, de produits solides, liquides et gazeux à haute température, provenant d'un magma formé en profondeur et remontant en surface par des fissures.
- L'activité volcanique peut être effusive ou explosive.
- Les dorsales océaniques et la plupart des volcans isolés ont une activité volcanique principalement effusive. La bordure de certains continents et les arcs insulaires ont une activité principalement explosive.
- L'existence de roches et d'édifices volcaniques anciens atteste d'une activité volcanique dans le passé.
- L'établissement d'une carte des risques et la mise en place d'un réseau de surveillance sur les volcans sont à la base de la prévention des risques volcaniques.

Les mots clés

Lave : Magma arrivé en surface, qui perd une partie de ses gaz et coule en suivant le relief.

Magma : Matériel liquide et chaud, issu de la fusion d'un volume restreint de roche en profondeur, remontant à la surface du globe et qui, s'il l'atteint, est à l'origine d'éruptions volcaniques.

Volcan : Point d'émission d'un magma à la surface du globe terrestre.

LE SCHÉMA

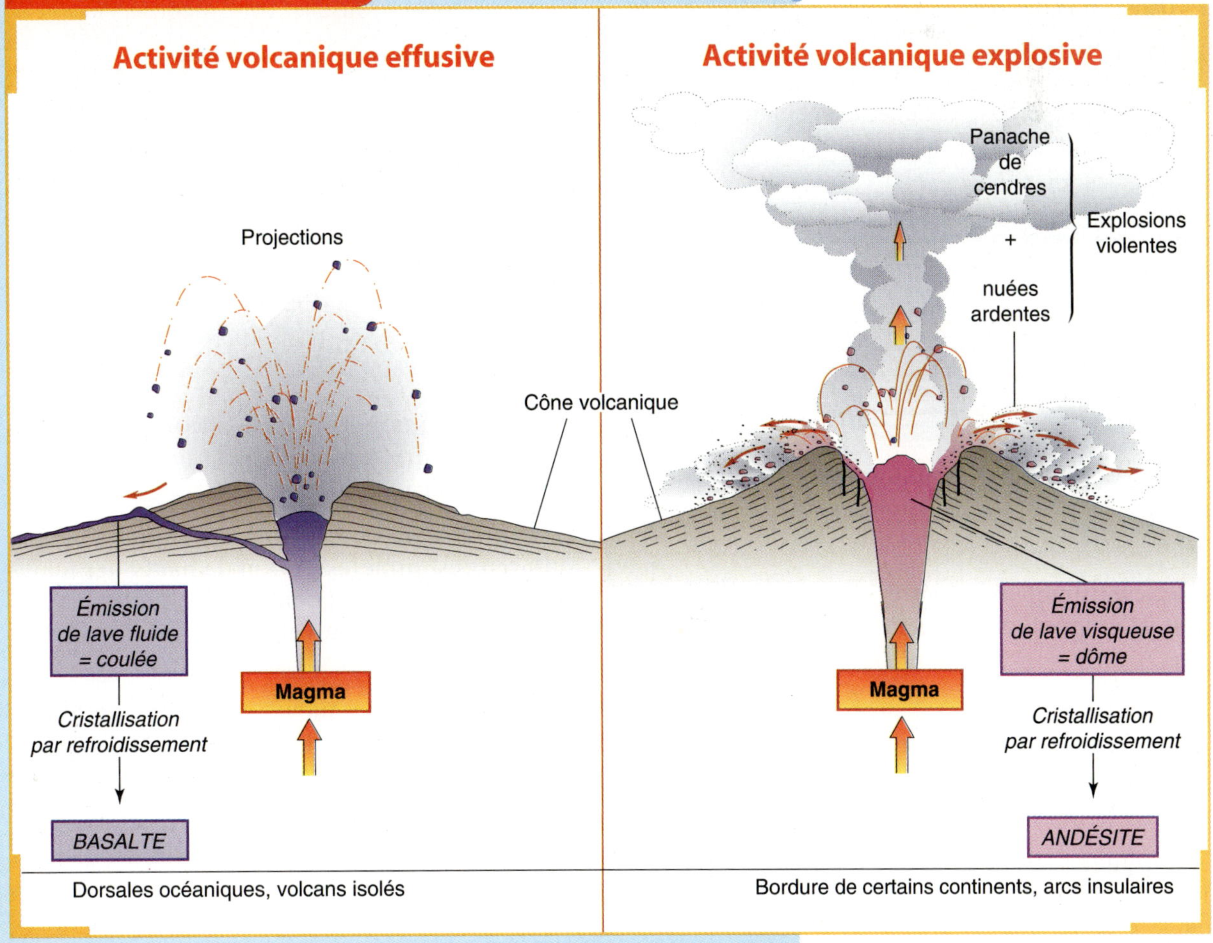

EXERCICE CORRIGÉ

L'Éruption du Pinatubo (Philippines)

Après l'éruption du Pinatubo, des cendres recouvrent la région.

Le Pinatubo était en sommeil depuis 600 ans. Au début de l'année 1991, des émissions de gaz, accompagnées d'un dépôt de soufre, sont observées à son sommet. Le 2 avril, une explosion projette dans les airs les premières cendres qui recouvrent 1 km² de forêt ; un village de 2 000 habitants est évacué. Le sol se met à trembler, les flancs du volcan gonflent. Dans la nuit du 14 au 15 juin, l'explosion volcanique la plus violente du siècle projette un panache de cendres, de vapeur d'eau, de gaz sulfureux à 31 km de haut. Des nuées ardentes dévalent les pentes du volcan à plus de 500 km/h. Une partie du cratère obturé par un dôme est arrachée ; le volume de matière rejeté est considérable : un tapis de cendres de 20 cm d'épaisseur recouvre la région sur un rayon de 40 km.

QUESTIONS

1. Relevez dans le texte les signes de la reprise de l'activité du volcan, précédant l'explosion survenue dans la nuit du 14 au 15 juin 1991.

Objectif ▶ **S'informer**

2. Relevez dans le texte les événements qui ont accompagné l'éruption du Pinatubo.

Objectif ▶ **S'informer**

3. Le magma, à l'origine de cette éruption, était-il fluide ou visqueux ? Justifiez votre réponse.

Objectif ▶ **Appliquer des connaissances**

4. Précisez à quel type d'éruption volcanique se rattache l'activité du Pinatubo. Justifiez votre réponse.

Objectif ▶ **Appliquer des connaissances**

POUR RÉUSSIR L'EXERCICE

Vous devez :

- Relever seulement les informations concernant ce qui s'est passé avant l'explosion du 14 juin.
  ▶ QUESTION 1
- Relever uniquement les expressions se rapportant à l'éruption proprement dite.
  ▶ QUESTION 2
- Établir une relation entre l'existence d'un dôme, la violence des explosions et la consistance du magma.
  ▶ QUESTION 3
- Appliquer les connaissances acquises dans la leçon concernant le volcanisme explosif.
  ▶ QUESTION 4

RÉPONSES ATTENDUES

1. Des émissions de gaz, accompagnées de dépôt de soufre, sont observées au sommet ; les flancs du volcan gonflent.

2. Un panache de cendres, de vapeur, de gaz sulfureux est projeté à 31 km de haut ; des nuées ardentes dévalent les pentes. Une partie du cratère est arrachée. Le volume de matière rejeté est considérable.

3. Le magma est visqueux : un dôme obture une partie du cratère et il y a des explosions violentes.

4. L'éruption du Pinatubo est de type explosif : explosions violentes, panache de cendres, nuées ardentes, dôme obturant le cratère sont les caractères de ce type de volcanisme.

EXERCICES

TESTS RAPIDES

1 Questions à réponse rapide

Donnez les caractères essentiels de l'éruption :
- d'un volcan de type effusif ;
- d'un volcan de type explosif.

2 Associer un mot à sa définition

En utilisant les chiffres d'une part et les lettres d'autre part, associez chaque mot à sa définition.

1. Phénocristal
2. Verre
3. Magma
4. Minéral

a. Matière minérale en fusion.
b. Cristal visible à l'œil nu.
c. Matière solide non cristallisée.
d. Solide de composition homogène doté de caractéristiques permettant de le reconnaître et de le nommer.

3 Retrouver une chronologie

Chaque proposition ci-dessous concerne les étapes de la formation d'une roche volcanique. En utilisant les chiffres, reclassez ces étapes dans un ordre chronologique.

1. Formation d'un verre.
2. Formation de phénocristaux.
3. Formation de petits cristaux.

4 Chasser l'intrus

Dans chaque suite de mots, relevez celui qui n'a aucun rapport avec les autres.

1. • lave fluide • nuée ardente • dôme • cendres
2. • coulée de lave • lave visqueuse • lave fluide • cône de projections
3. • volcanisme de type effusif • basalte • andésite • dorsale océanique

VÉRIFIER SES CONNAISSANCES

5 Découvrir le mot caché

Recopiez la grille ci-dessous et placez les mots correspondant aux définitions proposées. Vous découvrirez alors le mot caché dont vous donnerez la définition.

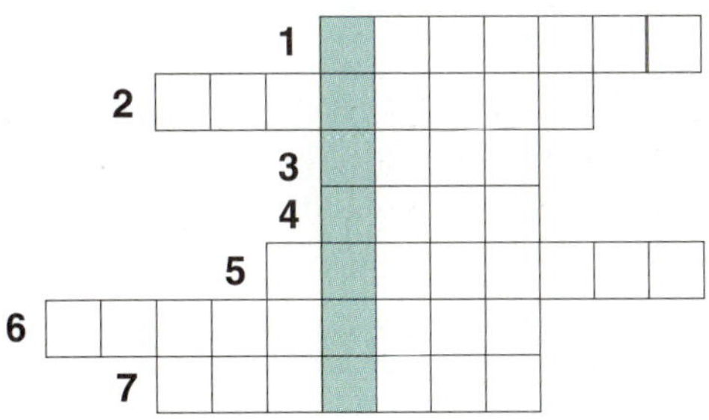

1. Orifice d'émission d'un volcan.
2. Roche volcanique plus ou moins sombre.
3. Mélange de gaz, de cendres, de blocs de lave à haute température.
4. Production d'un volcan de type explosif formant un bouchon dans le cratère.
5. Activité volcanique plus ou moins violente.
6. Qualifie une lave qui ne coule pas.
7. Étroite fracture empruntée par le magma lors de son ascension.

6 Compléter un schéma

Calquez ces schémas de deux appareils volcaniques, puis complétez les légendes et le titre.

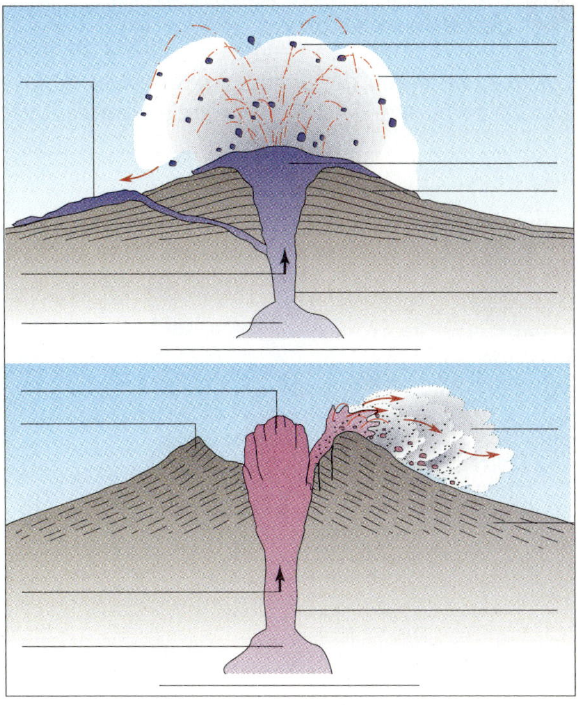

APPLIQUER DES CONNAISSANCES ET DES SAVOIR-FAIRE

7 Saisir des informations à partir d'une lame mince. Raisonner

Lame mince de trachyte (observée en lumière polarisée x 30).

1. Reproduisez sur un calque une partie de la lame mince.

2. Indiquez la légende.

3. Nommez la structure de cette roche. Justifiez votre réponse.

4. Justifiez l'affirmation : le trachyte est une roche volcanique.

8 Raisonner : mettre en relation des informations

Lorsque, au niveau des dorsales, des coulées de lave basaltique portées à 1 200 °C entrent en contact avec l'eau de mer, elles se refroidissent instantanément en surface. Une couche de verre de faible épaisseur se forme, empêchant momentanément la lave fluide de s'écouler. Puis la couche vitreuse se fend sous la poussée de la lave qui forme une nouvelle coulée : ce phénomène peut se reproduire plusieurs fois de suite.

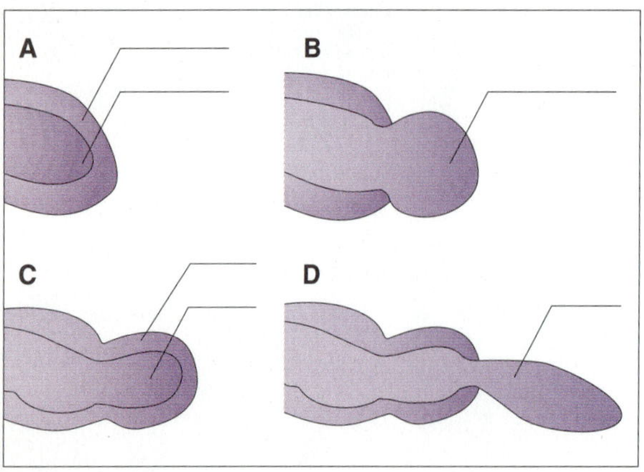

1. Recopiez les quatre schémas de la formation des coulées de lave au contact de l'eau de mer. Complétez la légende à l'aide du texte (une même légende peut être utilisée plusieurs fois).

2. Au niveau de chaque coulée, placez des flèches indiquant la progression de la lave.

9 S'informer à partir de schémas Communiquer

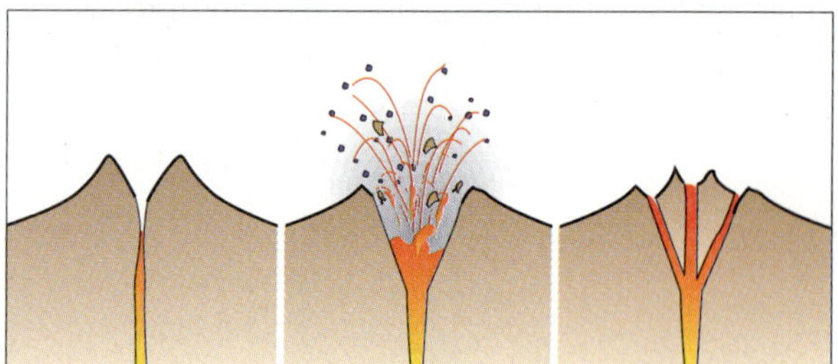

Le puy de Côme (volcan de la chaîne des Puys) présente deux cônes emboîtés concentriques.

À l'aide des schémas, rédigez un court texte retraçant l'activité de ce volcan.

TROISIÈME PARTIE

La « machine Terre »

CHAPITRES

CHAPITRE

7 Structure et propriétés de la partie externe de la Terre

1 La mer Rouge et le golfe d'Aden, observés ici à partir d'un satellite, séparent l'Arabie de l'Afrique. La complémentarité des côtes africaines et arabiques, presque parfaite, suggère la fracture d'un continent unique. Les fonds du golfe d'Aden sont datés de moins de 20 millions d'années.

2

Les formes des côtes est de l'Amérique du Sud et ouest de l'Afrique sont complémentaires. Certaines formations géologiques (vieilles chaînes de montagnes) semblent s'y prolonger.
Ces deux continents proviennent de la fracturation d'un continent unique et se sont écartés.

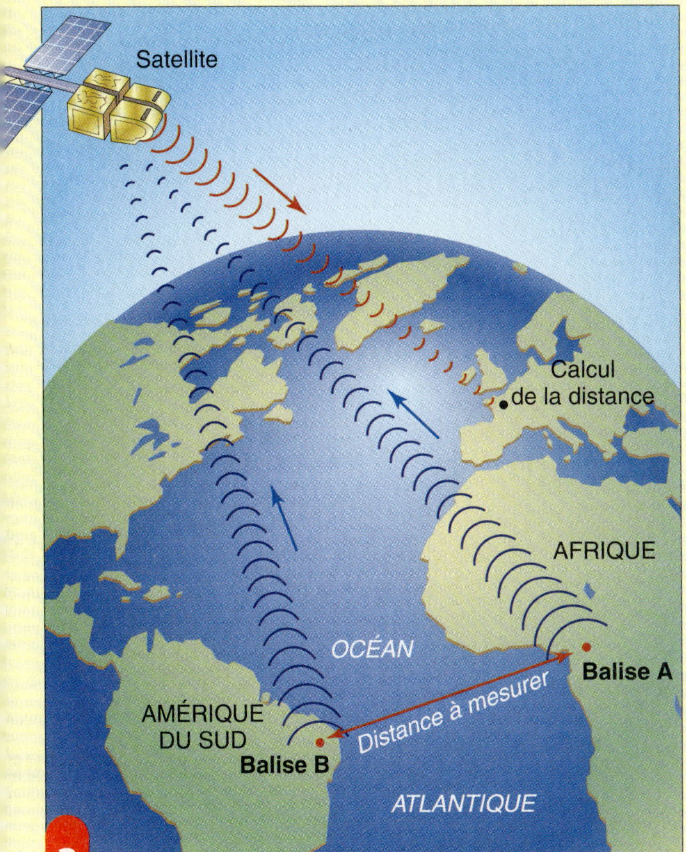

3

Des balises, fixées au sol et placées en différents endroits du globe, échangent en permanence des signaux avec des satellites, dont les positions sont parfaitement connues et peuvent être considérées comme fixes. La position des balises varie avec les années : c'est la preuve d'un mouvement des continents les uns par rapport aux autres.

Les séismes et le volcanisme montrent l'existence d'une activité interne de la Terre.
Les mouvements constatés lors de séismes, la complémentarité des formes de certains continents, et les mesures faites grâce à des satellites suggèrent que toute la partie externe de la Terre est animée de mouvements.

Les questions qui se posent

- Quelle est la structure de la surface de la Terre et quels sont les mouvements qui l'animent ?
  ▶ **ACTIVITÉS 1 ET 2**
- Quelle est, en profondeur, la structure de la Terre ? Quelle est sa nature ?
  ▶ **ACTIVITÉS 3 ET 4**
- Comment les mouvements observés à la la surface de la Terre prennent-ils naissance ?
  ▶ **ACTIVITÉS 5 ET 6**

activité 1

La surface de la Terre et ses mouvements

La répartition mondiale de l'activité géologique observée à la surface de la Terre permet d'établir la structure de sa partie externe et de préciser les mouvements qui l'affectent.

1 Les différentes plaques et leurs mouvements

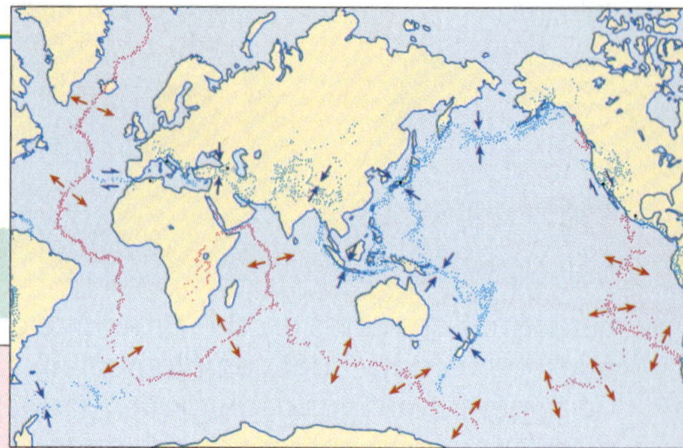

a Répartition mondiale des séismes et des mouvements associés.

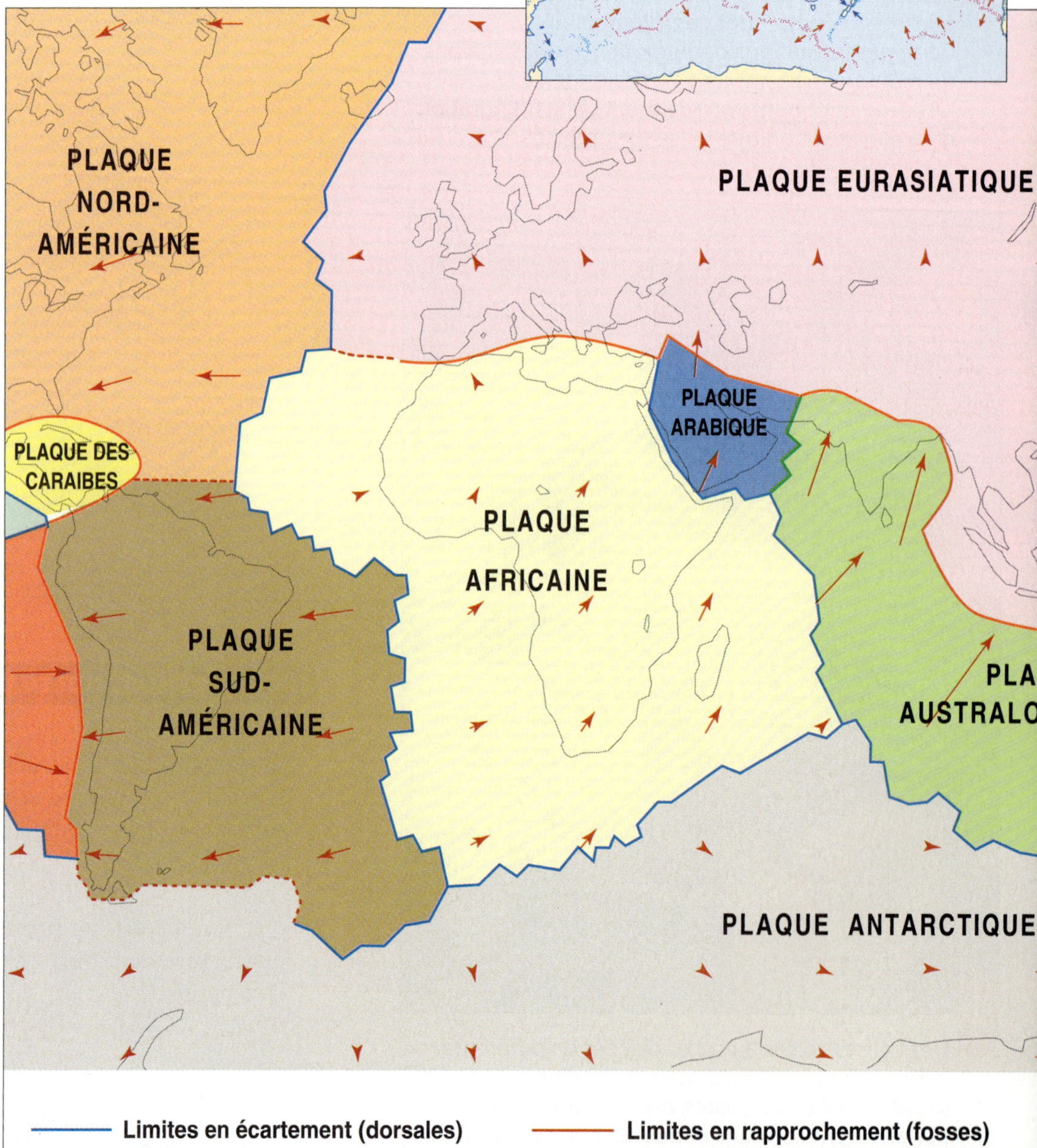

b Un puzzle de plaques* en mouvement (direction et sens de leurs mouvements par rapport à la surf

● Sur un planisphère, la répartition mondiale des séismes et celle du volcanisme, superposables, conduisent à repérer de vastes surfaces géologiquement peu ou pas actives, appelées « plaques* », limitées par des frontières* géologiquement très actives : dorsales, fosses, chaînes de montagnes.

● Aux frontières, on détermine, grâce aux séismes, les mouvements d'une plaque par rapport à une autre (**a**). Avec les mesures par satellite, le mouvement de chaque plaque en surface du globe est déterminé (**b**). Ces mouvements « globaux » expliquent les mouvements repérés aux frontières en « écartement » et aux frontières en « rapprochement ».

● Il existe 12 plaques. Certaines sont entièrement océaniques (plaque Pacifique), d'autres sont à la fois océaniques et continentales (plaque Eurasiatique).

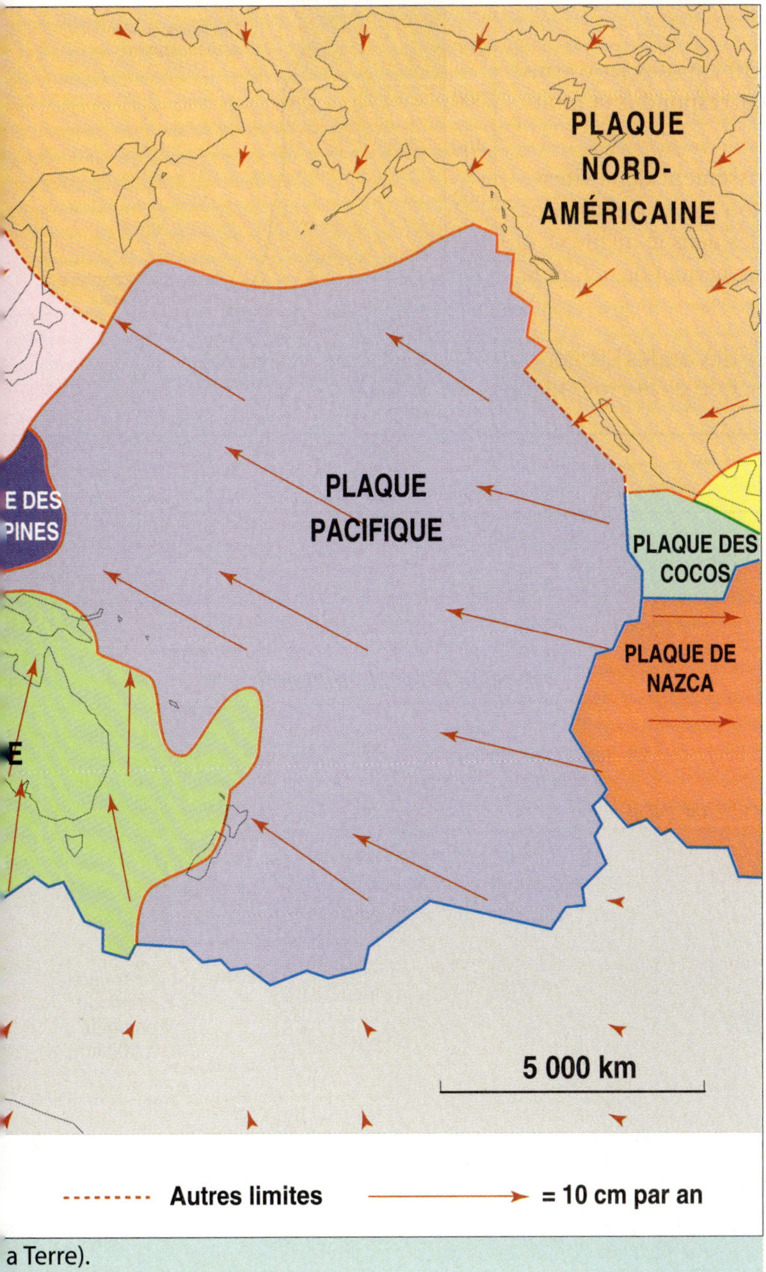

a Terre).

Exploitation

1. Comparez les répartitions, à la surface du globe, des reliefs (p. 76-77), des séismes (p. 84-85), et du volcanisme (p. 106-107).

2. Rappelez ce qu'on appelle « plaque » et « frontière de plaques ».

3. a. Les plaques sud-américaine et africaine s'écartent au niveau de la dorsale « atlantique sud » (document **a**).
Montrez comment les mouvements de ces plaques (document **b**) peuvent expliquer cet écartement.
b. Les plaques africaine et indo-australienne s'écartent au niveau de la dorsale « ouest-indienne ».
Montrez comment les mouvements de ces plaques (document **b**) peuvent expliquer cet écartement.

Vocabulaire

Frontière de plaques : Zone étroite et très active limitant une plaque : dorsale, fosse…
Plaque : Vaste surface du globe, géologiquement peu ou pas active, limitée par des zones très actives.

Bilan

► ***La surface du globe est divisée en 12 plaques, limitées par des zones étroites et très actives : les frontières de plaques.***

► ***Les plaques sont mobiles. Elles s'écartent au niveau des dorsales et se rapprochent au niveau des fosses et des chaînes de montagnes.***

La structure verticale des plaques

L'étude de la propagation des ondes sismiques dans le globe terrestre permet de déterminer la structure verticale des plaques, qui forment la partie externe du globe.

1 Des ondes sismiques pour connaître le globe

- La vitesse de propagation des ondes sismiques à l'intérieur du globe n'est pas constante.
Une variation brutale de cette vitesse (**a**) indique une limite entre deux couches de nature différente.
- L'augmentation brutale, située entre 5 et 10 km sous les océans et entre 30 et 40 km sous les continents, correspond à la limite croûte*-manteau*.
- Dans une même couche, un léger ralentissement de la vitesse des ondes sismiques indique une diminution de la rigidité des terrains traversés. Le ralentissement des ondes dans le manteau, à une profondeur variant entre – 5 et – 100 km, permet de définir la limite lithosphère*-asthénosphère*.

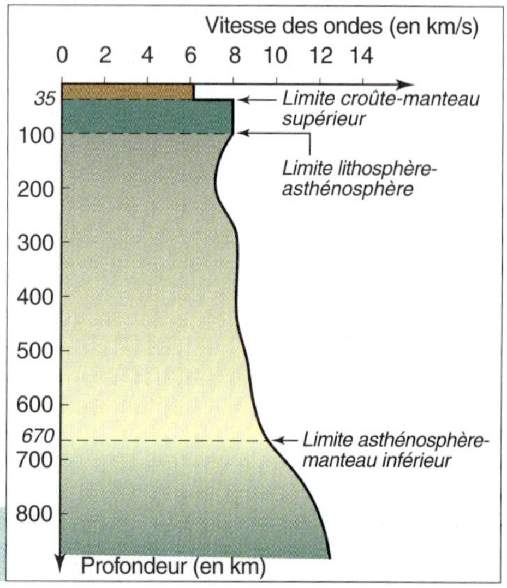

a Vitesse des ondes sismiques en fonction de la profondeur.

2 Des plaques lithosphériques

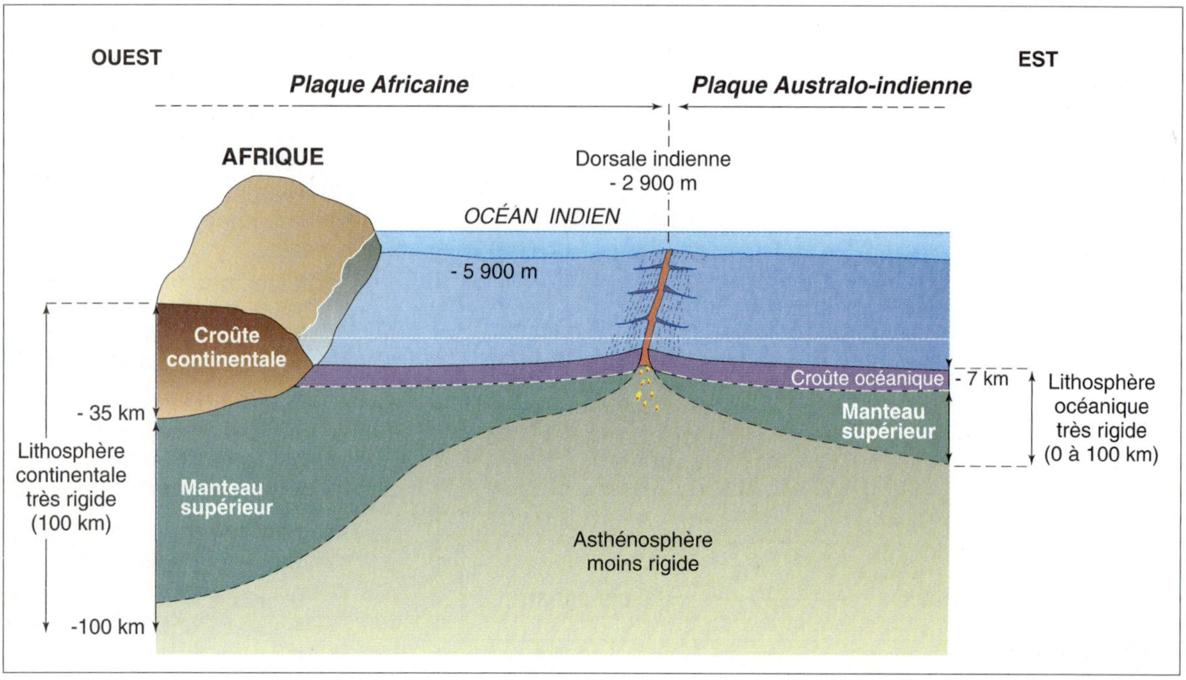

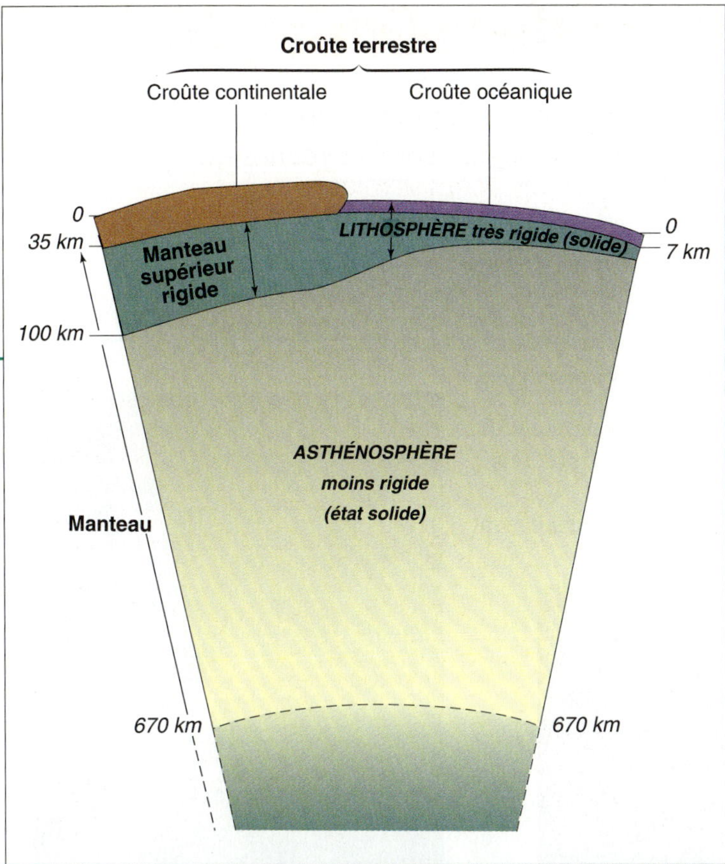

b « Tranche de Terre ». Cette représentation simplifiée permet de préciser, sur une profondeur d'environ 700 km, l'organisation du globe terrestre en plusieurs couches superposées.

- La nature de la lithosphère varie selon qu'on se situe au niveau des continents ou au niveau des océans.
La lithosphère océanique, d'épaisseur variable (5 à 100 km), est formée de la croûte océanique et de la partie supérieure du manteau.
La lithosphère continentale (100 km) est constituée de la croûte continentale et de la partie supérieure du manteau.
- L'asthénosphère commence sous la lithosphère et se termine vers – 670 km de profondeur.
- Une plaque est constituée de lithosphère et repose sur l'asthénosphère.

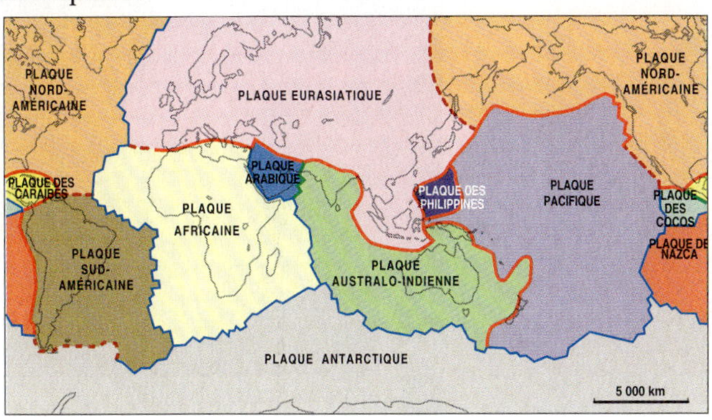

Exploitation

1. L'augmentation brutale de la vitesse des ondes sismiques sous les océans et les continents (document **1** **a**) permet de distinguer deux couches différentes. Lesquelles ?

2. Quel est le nom de l'enveloppe rigide constituée par la croûte terrestre et le manteau supérieur (document **1**) ?

3. Quel est le nom de la partie du manteau moins rigide et caractérisée par un ralentissement des ondes sismiques (document **1**) ?

4. Définissez l'expression « plaque lithosphérique ».

Vocabulaire

Asthénosphère : Partie du manteau située sous la lithosphère et un peu moins rigide qu'elle.
Croûte terrestre : Enveloppe la plus externe de la Terre. On distingue une croûte continentale et une croûte océanique.
Lithosphère : Ensemble très rigide, constitué de la croûte terrestre et du manteau supérieur.
Manteau : Couche entièrement solide qui s'étend de la base de la croûte terrestre jusqu'à – 2 900 km de profondeur.

Bilan

▶ ***L'augmentation brutale de la vitesse des ondes sismiques dans le globe terrestre permet de distinguer croûte et manteau.***

▶ ***La croûte et le manteau supérieur constituent un ensemble rigide, la lithosphère, reposant sur l'asthénosphère moins rigide.***

▶ ***Chaque plaque est une portion de lithosphère.***

activité 3

Les roches de la lithosphère

Les plaques lithosphériques sont formées d'un ensemble croûte-manteau supérieur très rigide. Quelles sont les roches qui composent la lithosphère ?

1 Le granite, roche de la croûte continentale

Le granite est une roche caractéristique de la croûte continentale. Entièrement formé de cristaux, il est composé de trois minéraux : quartz (Q), feldspath (F) et micas (M).
D'autres roches, comme le gneiss et le micaschiste, sont également très répandues dans la croûte continentale.

a Granite observé à l'œil nu.

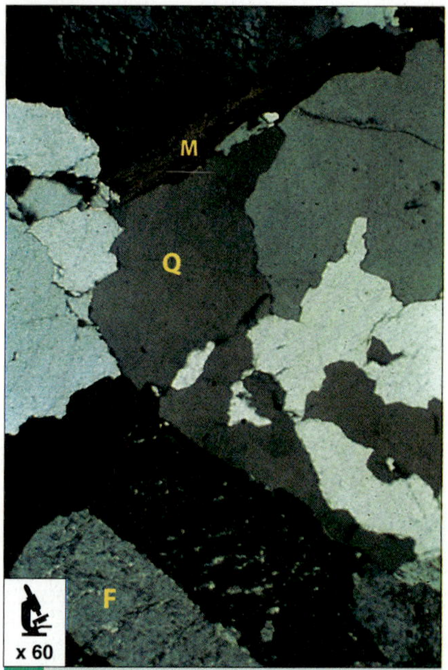

b Lame mince de granite.

2 Le basalte, roche de la croûte océanique

Le basalte constitue, avec le gabbro, l'essentiel de la croûte océanique. Roche volcanique, le basalte est composé de cristaux englobés dans un verre. Les minéraux principaux sont les pyroxènes (Py) et les plagioclases (Pl).

a Basalte observé à l'œil nu.

b Lame mince de basalte.

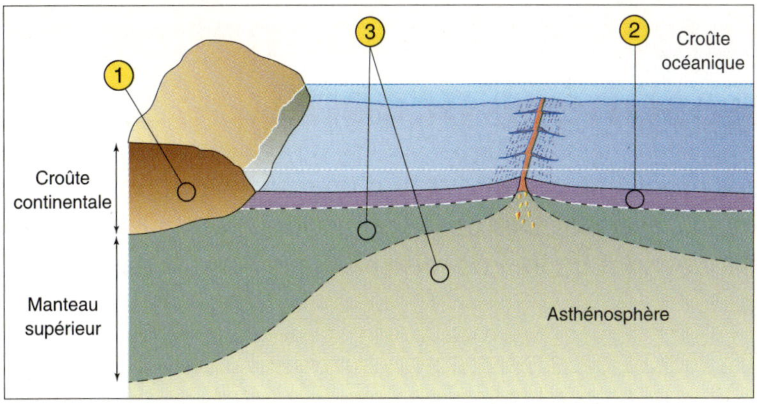

3 La péridotite, roche du manteau

À l'inverse des roches de la croûte terrestre, la roche du manteau est rarement accessible en surface. Des fonds océaniques sans croûte, des fragments inclus dans certains basaltes et des affleurements dans certaines chaînes de montagnes ont permis de l'étudier et de connaître la composition de la base de lithosphère. Le manteau (4/5 du volume de la Terre) est composé d'une seule roche : la péridotite*. Roche entièrement formée de cristaux, elle est principalement composée d'olivines*(Ol) et d'un peu de pyroxènes.

a Péridotite observée à l'œil nu.

b Lame mince de péridotite.

Exploitation

1. Nommez-la ou les roches qui constituent :
a. la croûte continentale ;
b. la croûte océanique ;
c. le manteau.

2. Citez dans l'ordre (surface vers profondeur) les roches qui constituent :
a. la lithosphère continentale ;
b. la lithosphère océanique.

3. Quelle est la roche constituant l'asthénosphère ?

Vocabulaire

Olivine : Minéral de couleur vert olive, principal constituant de la péridotite.
Péridotite : Roche de couleur verte, entièrement cristallisée, composée principalement d'olivines, et constituant le manteau.

Bilan

► ***La lithosphère continentale est constituée en grande partie de granite, superposé à la péridotite du manteau.***

► ***La lithosphère océanique est constituée en grande partie de basalte, superposé à la péridotite du manteau.***

► ***L'asthénosphère est constituée de péridotite, moins rigide que celle du manteau.***

activité

4 Les dorsales et la formation de la lithosphère océanique

Des mesures montrent qu'au niveau d'une dorsale deux plaques lithosphériques s'écartent. Des observations indiquent que ces frontières de plaques sont un lieu de mise en place de nouveaux fonds océaniques.

1 Dorsales océaniques et écartement des plaques

a Fissures au niveau d'une dorsale, au sein de basaltes.

b Fissures « à l'air libre » en Islande.

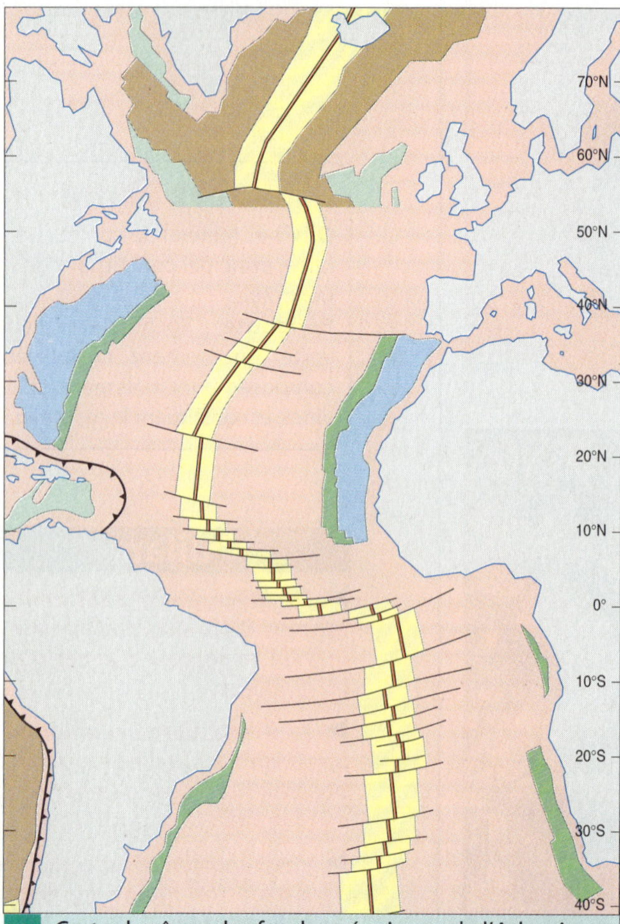

c Carte des âges des fonds océaniques de l'Atlantique.

- Des plongées en soucoupe sous-marine, à proximité des dorsales, ont révélé l'existence de fissures qui affectent de volumineuses masses de basaltes (**a**). Elles indiquent un écartement des terrains. De telles fissures sont également visibles en Islande, île située sur la dorsale atlantique (**b**). Périodiquement, de la lave provenant de la fusion du manteau, normalement solide en profondeur, s'en échappe. Après refroidissement, elle se consolide en basalte.
- Des techniques de datation des roches ont permis de déterminer l'âge du basalte des fonds océaniques et d'en établir la carte (**c**). La répartition régulière des basaltes en fonction de leur âge, de part et d'autre de la dorsale, montre que le basalte émis par la dorsale s'en écarte progressivement.

2 Vitesse d'écartement des plaques

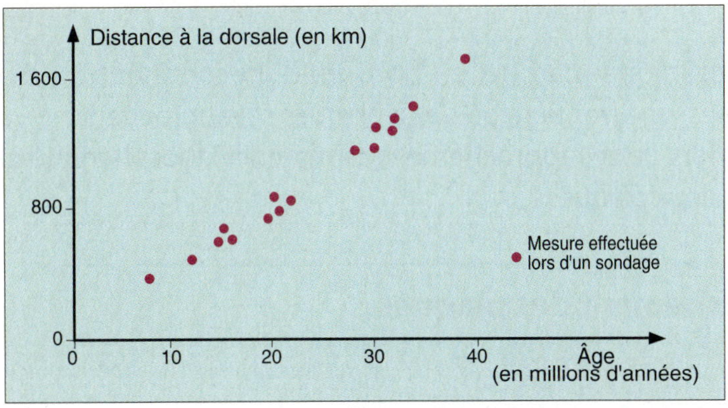

- La connaissance de l'âge de différents basaltes de la croûte océanique de l'océan pacifique, et de leur distance par rapport à la dorsale, a permis d'établir le graphique ci-dessus.
- Sachant que la vitesse est une distance divisée par le temps, on peut calculer la vitesse d'écartement des basaltes des fonds océaniques par rapport à la dorsale.

3 Mise en place de nouveaux fonds océaniques

- À l'axe d'une dorsale, les mouvements d'écartement de la lithosphère océanique provoquent l'apparition de fissures, qui se remplissent plus ou moins rapidement de basalte. De la croûte océanique se forme. Puis de nouvelles fissures apparaissent...
- Le basalte de la lithosphère océanique se met ainsi en place à raison de quelques centimètres par an. Cette vitesse est différente suivant les dorsales, rapide pour la dorsale pacifique et lente pour la dorsale atlantique.

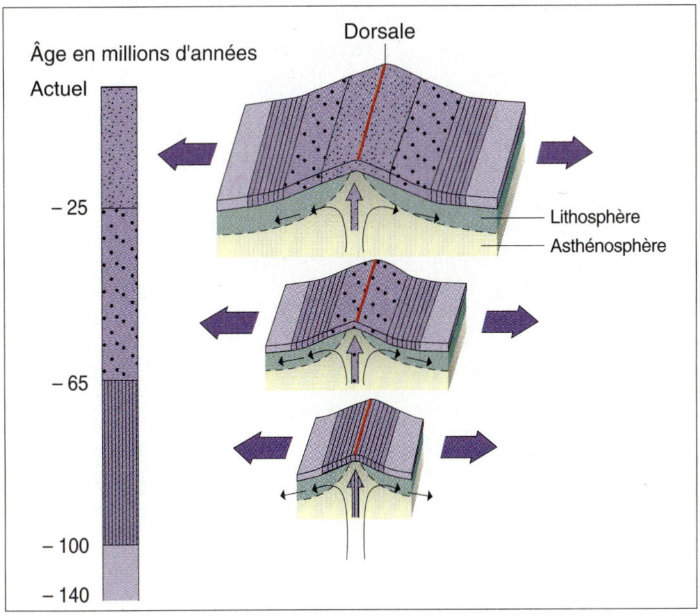

Exploitation

1. Qu'observez-vous au niveau de la dorsale océanique et en Islande (document 1 **a** et **b**) ? Quels types de mouvements sont ainsi mis en évidence ?

2. Comment évolue l'âge des fonds océaniques de part et d'autre de la dorsale (document 1 **c**) ?

3. En utilisant les données du document 2 :
a. indiquez à quelle distance de la dorsale pacifique se trouve un basalte de 20 millions d'années ;
b. calculez la vitesse d'écartement, en cm/an, de ce basalte par rapport à la dorsale.

4. « *L'évolution de l'âge des basaltes des fonds océaniques à partir de la dorsale s'explique par leur formation au niveau de la dorsale* ».
Expliquez cette affirmation en utilisant les informations du document 3.

Bilan

► ***À raison de quelques centimètres par an, les matériaux des plaques océaniques se forment et s'écartent à l'axe des dorsales.***

activité

5 La disparition de la lithosphère océanique

Une fosse océanique marque, en bordure d'un continent ou d'un ensemble d'îles, une frontière où deux plaques se rapprochent.
Que devient, lors de ce rapprochement, le matériel lithosphérique qui constitue ces deux plaques ?

1 Fosse océanique et rapprochement des plaques

● Une fosse océanique est une région fortement sismique.
Les foyers situés à moyenne ou forte profondeurs indiquent toujours, à leur niveau, des mouvements de rapprochement entre masses rocheuses solides (**a**).

● La répartition des foyers selon un plan incliné caractéristique (**b**) révèle l'enfoncement, ou « subduction* », d'une lithosphère océanique rigide et cassante, dans l'asthénosphère sous-jacente, moins rigide.
La subduction a pour résultat la disparition de lithosphère océanique.

● Le document **c** montre l'enfoncement de la plaque Pacifique, dans l'asthénosphère, sous la plaque Eurasiatique.
Il s'accompagne de séismes, qui peuvent être très violents, et d'un volcanisme de type andésitique fortement explosif.

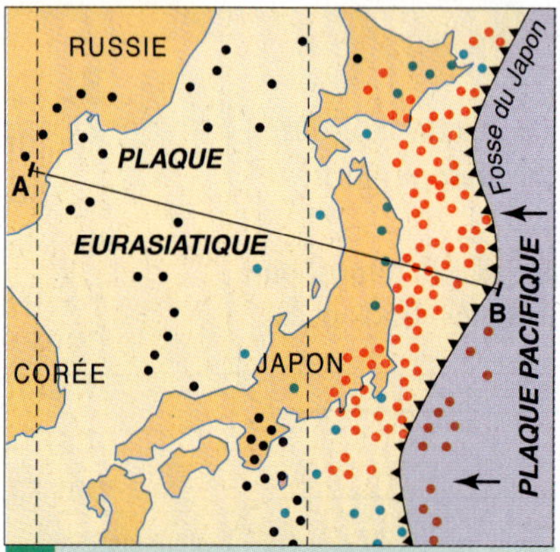

a Localisation des épicentres des séismes affectant les régions voisines de la fosse du Japon.

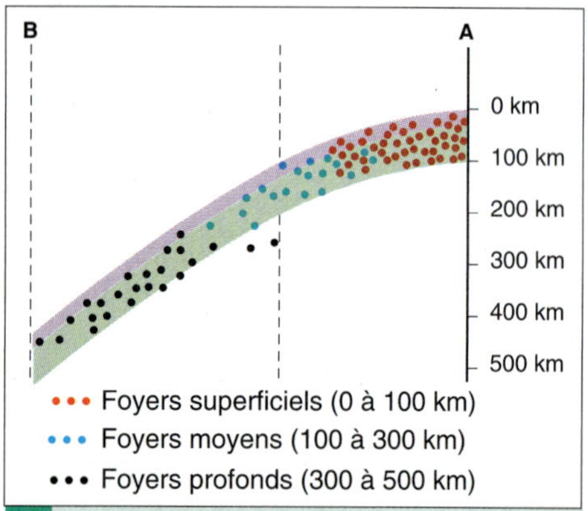

b Profondeur des foyers sismiques observés entre les repères A et B.

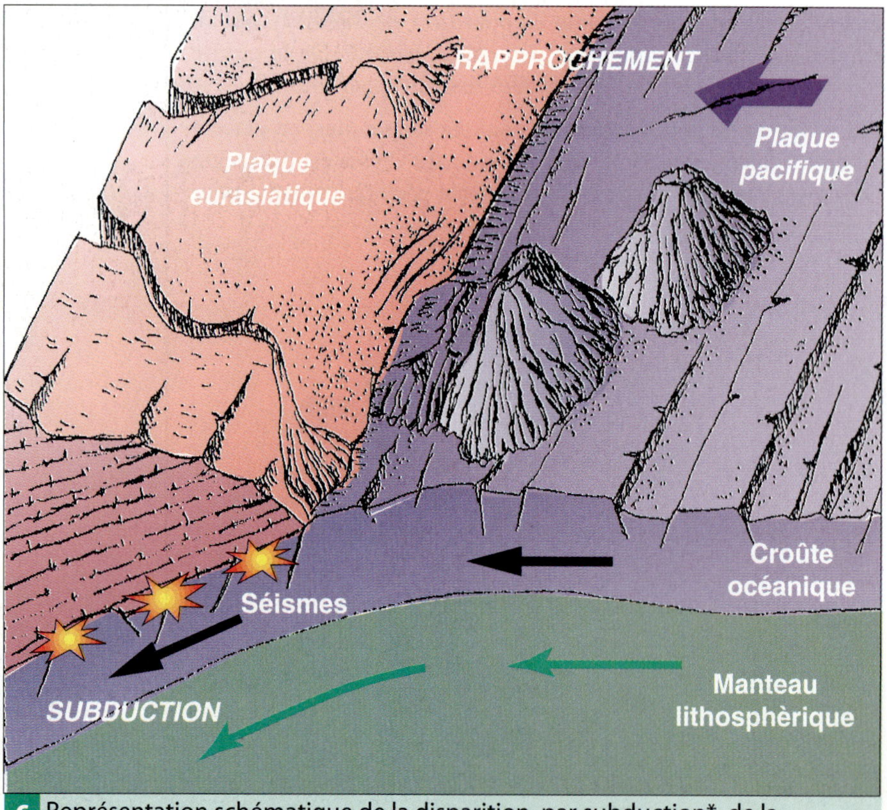

c Représentation schématique de la disparition, par subduction*, de la lithosphère océanique dans l'asthénosphère, sous le Japon.

2 Disparition de la lithosphère océanique

La lithosphère océanique disparaît au niveau d'une zone de subduction, après une phase de déplacement. La plus vieille lithosphère océanique connue dans le Pacifique, à l'est du Japon, a un âge voisin de 180 millions d'années. Les lithosphères continentales les plus vieilles sont datées de - 4 milliards d'années. Les fonds océaniques « meurent jeunes ».

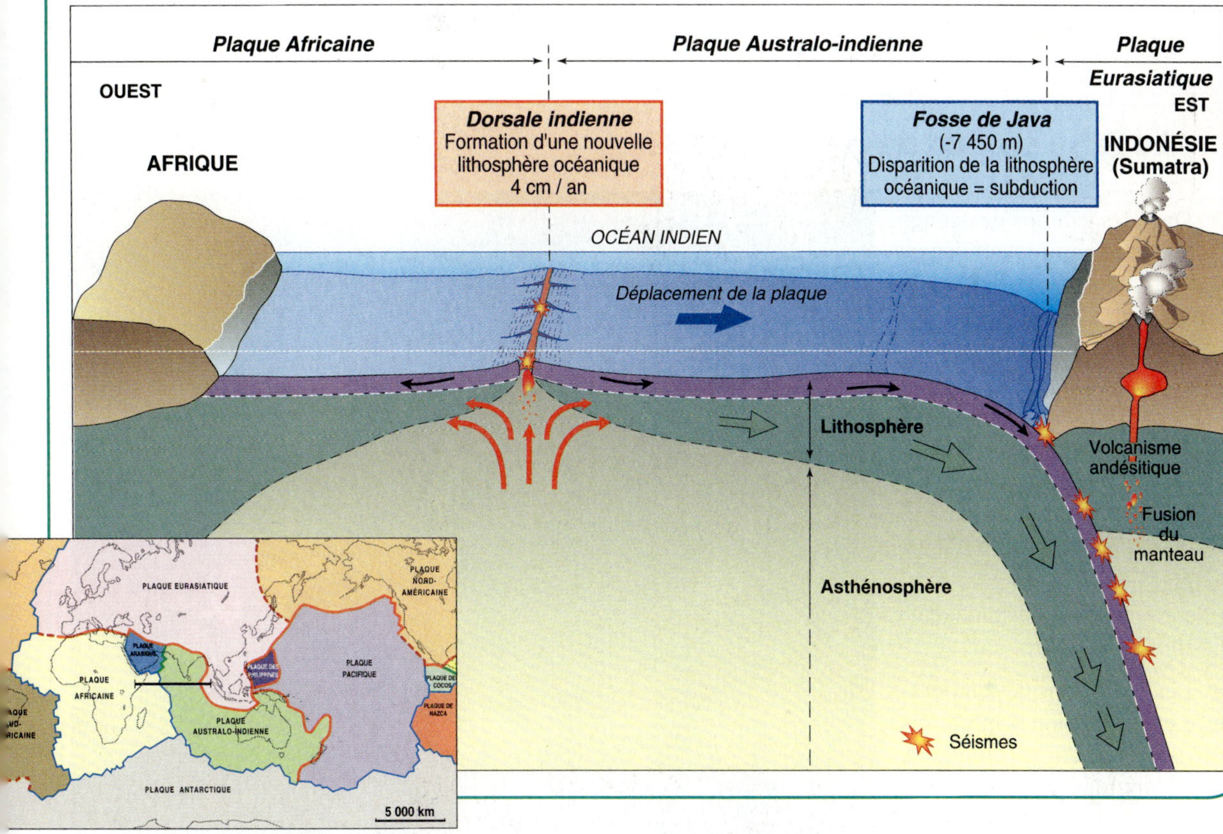

Exploitation

1. Localisez la fosse du Japon sur le planisphère (pages 76-77) et indiquez les plaques limitées par cette frontière.
Précisez le type de mouvement (rapprochement ou écartement) qui la caractérise.

2. Quelle est la disposition des foyers sismiques, en fonction de la profondeur et de la distance, par rapport à la fosse du Japon (document 1 b) ?

3. Justifiez l'affirmation : « La répartition des foyers sismiques selon un plan incliné (document 1) traduit l'enfoncement d'une lithosphère océanique dans l'asthénosphère ».

4. À l'aide des documents 1 et 2, indiquez comment disparaît la lithosphère océanique.

Vocabulaire

Subduction : Enfoncement d'une lithosphère océanique dans l'asthénosphère. Les fosses océaniques marquent les zones de subduction.

Bilan

► ***À raison de quelques centimètres par an, les plaques se rapprochent au niveau des fosses océaniques.***

► ***On appelle « subduction » l'enfoncement d'une lithosphère océanique dans l'asthénosphère. Les fosses océaniques caractérisent des frontières de plaques où disparaît un fond océanique.***

activité

6 L'origine du mouvement des plaques

L'activité de la Terre se manifeste par une libération de chaleur et le déplacement de la lithosphère.
D'où provient la chaleur produite par la terre ? Existe-t-il une relation entre le dégagement de chaleur et le mouvement des plaques ?

1 La Terre produit de la chaleur

- Dans les galeries des mines (**a**), la température peut dépasser 35 °C alors qu'en surface la température moyenne est de 15 °C.
- La température qui règne à l'intérieur du globe à différentes profondeurs a pu être établie par différentes méthodes.
Elle croît de 15 à 1 200 °C dans la lithosphère.
Elle est presque constante dans l'asthénosphère (**b**).
- Les conditions de température et de pression sont parfois suffisantes, en profondeur, pour faire fondre localement le manteau solide et former du magma.

a Galerie de mine.

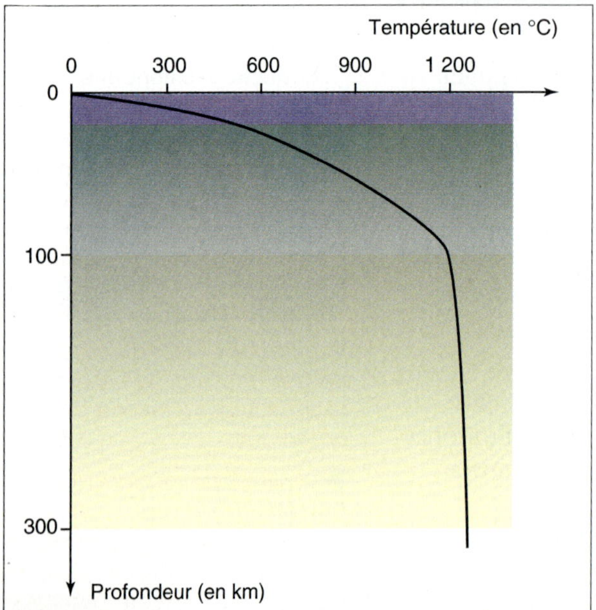

b Température en fonction de la profondeur.

- Certains éléments chimiques radioactifs se transforment spontanément en un autre élément : cette transformation libère de la chaleur (**c**). C'est le cas de l'uranium, présent dans le manteau comme dans la croûte. En se transformant spontanément en plomb, l'uranium produit de la chaleur (réaction de radioactivité*).

	Enveloppe du globe terrestre	
	Croûte	**Manteau**
Quantité d'uranium (milliards de tonnes)	9 300	27 600
Quantité de chaleur dégagée (milliards de joules par seconde)	9 000	20 à 30 000

c Tableau de données.

2 Chaleur dégagée et déplacement des plaques

● Le pilote de cette montgolfière réchauffe l'air contenu dans le ballon (**a**). L'air ainsi chauffé devient moins dense* que l'air environnant : la montgolfière s'élève alors dans le ciel.

● L'air froid et dense sortant du congélateur descend vers le sol de la cuisine (**b**).

L'air froid du congélateur est plus dense que l'air environnant.

a

b

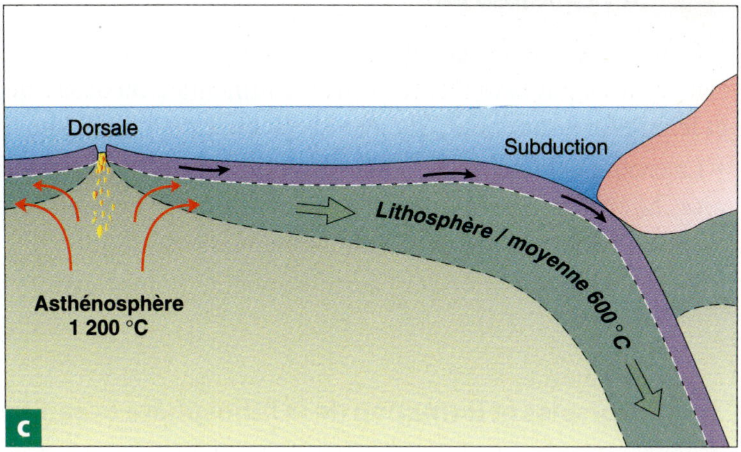

c

● Au niveau d'une dorsale, le manteau asthénosphérique, plus chaud (moins dense), remonte telle la montgolfière (**a**). Sa vitesse de remontée atteint quelques centimètres par an. En s'éloignant de la dorsale, la plaque lithosphérique se refroidit, s'épaissit et s'alourdit. Au niveau de la zone de subduction, la plaque froide plonge dans l'asthénosphère, tel l'air froid (**b**), à la vitesse de quelques centimètres par an (**c**). Ces mouvements verticaux sont à l'origine des mouvements horizontaux de la plaque.

Exploitation

1. Observez les mineurs au travail (document 1 **a**) et expliquez pourquoi leur corps est recouvert de sueur.

2. À partir des informations fournies par le document 1 **b**, calculez l'élévation de température de la lithosphère et de l'asthénosphère, en °C par km de profondeur.

3. Quelle est l'origine de la chaleur dégagée par la Terre (document 1 **c**).

4. À l'aide des informations du document 2, expliquez les mouvements de la plaque lithosphérique depuis la dorsale jusqu'à la zone de subduction.

Vocabulaire

Densité : Rapport entre la masse d'un volume de roches et la masse du même volume d'eau.

Radioactivité : Transformation spontanée d'un élément chimique en un autre élément. Cette réaction dégage de la chaleur.

Bilan

► ***L'uranium présent à l'intérieur du globe terrestre se transforme en libérant de la chaleur.***

► ***La chaleur dégagée crée des différences de densité entre lithosphère froide et asthénosphère chaude, à l'origine de très lents mouvements de ces enveloppes solides.***

Structure et propriétés de la partie externe de la Terre

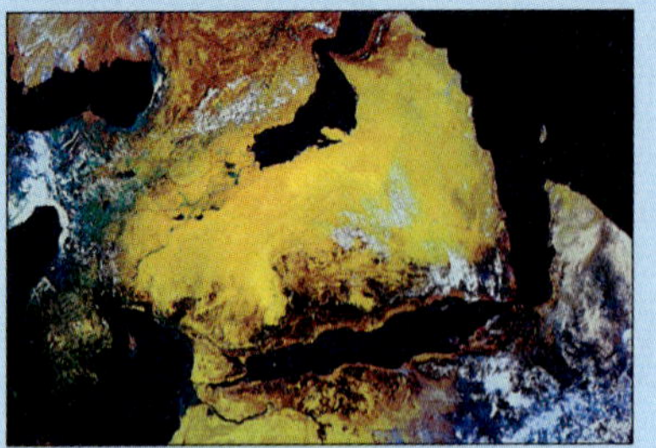

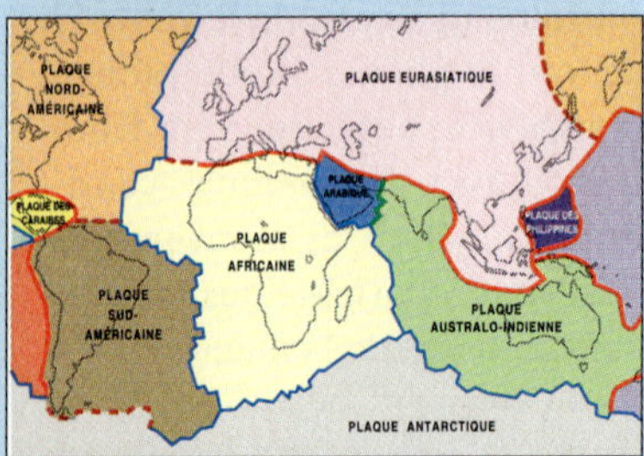

1 Des plaques en mouvement

La surface de la Terre est formée de douze plaques mobiles et limitées par des frontières étroites et actives : dorsales, fosses et chaînes de montagnes. Les plaques s'écartent au niveau des dorsales et se rapprochent au niveau des fosses océaniques et des chaînes de montagnes. ▶ ACTIVITÉ 1

2 Des plaques lithosphériques

• Chaque plaque est constituée de lithosphère, ensemble très rigide formé par la croûte terrestre (continentale ou océanique) et le manteau supérieur. Son épaisseur varie de 5 à 100 km.

• La croûte continentale est constituée en grande partie de granite, la croûte océanique est constituée pour l'essentiel de basalte ; la partie supérieure du manteau, de péridotite.

• La lithosphère repose sur l'asthénosphère, moins rigide.

▶ ACTIVITÉS 2 et 3

3 Dorsales et formation de la lithosphère océanique

De part et d'autre d'une dorsale, les fonds les plus anciens s'écartent à raison de quelques centimètres par an (2 à 17 cm). Les fissures créées sont comblées par du magma basaltique, formant une nouvelle croûte, au sommet d'une nouvelle lithosphère océanique. ▶ ACTIVITÉ 4

4 La disparition de la lithosphère océanique

Au niveau des fosses océaniques, les plaques se rapprochent à raison de quelques centimètres par an. La lithosphère océanique disparaît en s'enfonçant dans l'asthénosphère : c'est la subduction. ▶ ACTIVITÉ 5

5 Le moteur du déplacement

• La température relativement élevée de l'intérieur de la Terre est due à une libération de chaleur par les éléments radioactifs.

• Dans les zones de subduction, la lithosphère, froide et dense, plonge dans l'asthénosphère, entraîne le mouvement de la plaque rigide et la remontée de l'asthénosphère plus chaude, donc moins dense, au niveau de la dorsale. Arrivée près de la surface, cette asthénosphère fond partiellement, se refroidit, et devient lithosphère. ▶ ACTIVITÉ 6

CE QU'IL FAUT RETENIR

LES NOTIONS ESSENTIELLES

■ La lithosphère, qui constitue la surface de la Terre, est divisée en plaques qui se déplacent les unes par rapport aux autres, s'écartant ou se rapprochant.

■ La lithosphère, froide et très rigide, est constituée de la croûte terrestre composée de granite ou de basalte, et du manteau supérieur (péridotite). Elle repose sur l'asthénosphère moins rigide parce que plus chaude.

■ La lithosphère océanique se forme au niveau des dorsales. Elle disparaît au niveau des zones de subduction marquées par des fosses.

■ Le déplacement des plaques est dû à une libération de chaleur par l'intérieur du globe terrestre.

Les mots clés

Asthénosphère : Partie chaude légèrement moins rigide du manteau et située entre la base de la lithosphère et – 670 km de profondeur.

Lithosphère : Ensemble froid très rigide de 5 à 100 km d'épaisseur et constitué de la croûte continentale ou océanique et du manteau supérieur.

Plaque : Partie de la surface du globe géologiquement peu ou pas active et limitée par des zones très actives.

Subduction : Enfoncement lent d'une lithosphère océanique dans l'asthénosphère au niveau d'une fosse océanique.

LE SCHÉMA

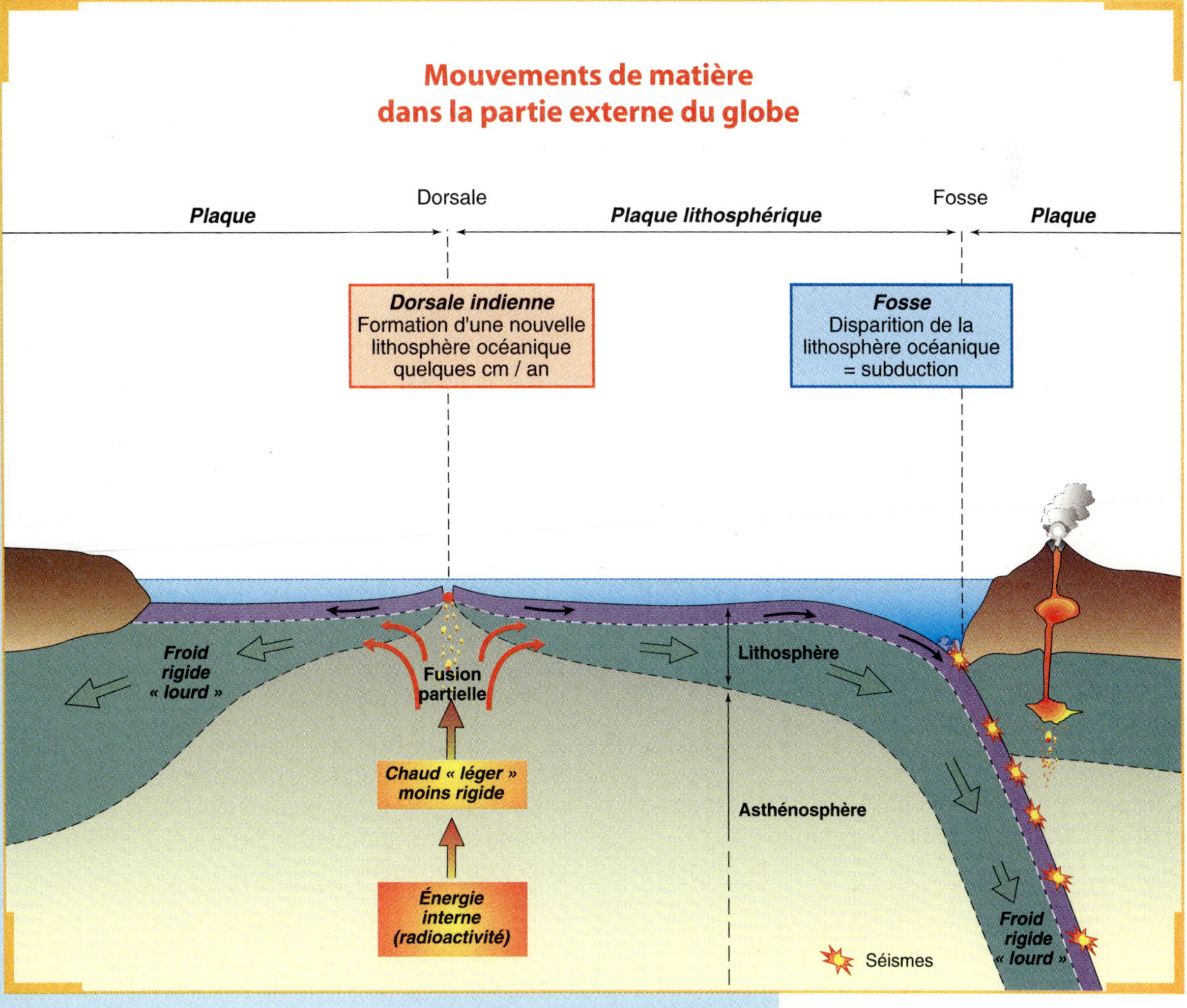

EXERCICE CORRIGÉ

L'évolution des plaques lithosphériques

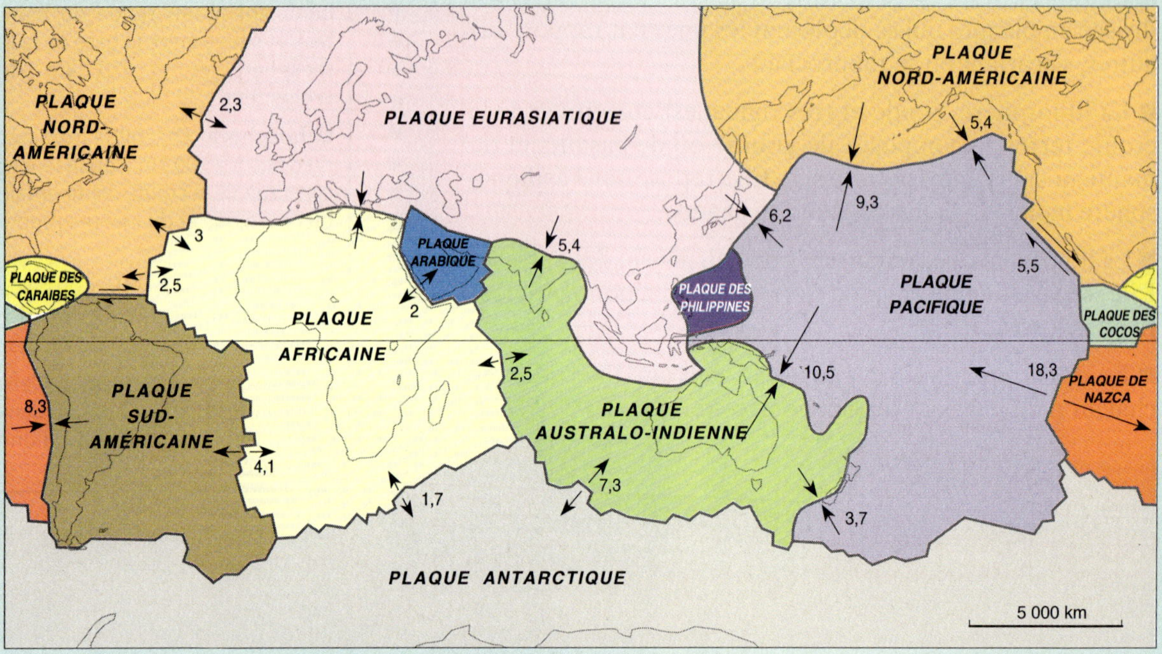

Cette carte représente la répartition des plaques lithosphériques à la surface du globe et les mouvements observés à leurs frontières. Les flèches indiquent la vitesse d'expansion ou de disparition de la lithosphère océanique au niveau des dorsales ou dans les zones de subduction. La longueur des flèches est proportionnelle à la vitesse, exprimée en cm par an.

QUESTIONS

1. Relevez le nom d'une plaque uniquement océanique et celui d'une plaque océanique et continentale.

Objectif ▶ **S'informer à partir d'une carte**

2. Calquez cette carte. Repassez en rouge les frontières correspondant à une expansion des fonds océaniques, en bleu celles qui correspondent à leur disparition.

Objectif ▶ **S'informer à partir d'une carte**

POUR RÉUSSIR L'EXERCICE

Vous devez :

- Rapprocher le tracé des plaques avec celui des continents et des océans.

▶ QUESTION 1

- Repérer grâce aux flèches les zones d'expansion et de disparition des fonds océaniques.

▶ QUESTION 2

RÉPONSES ATTENDUES

1. La plaque Pacifique est une plaque entièrement océanique, la plaque Eurasiatique est océanique et continentale.

2. Les frontières correspondant à une expansion des fonds océaniques coïncident avec les dorsales, celles correspondant à leur disparition sont surtout situées autour du Pacifique, au niveau des zones de subduction.

EXERCICES

TESTS RAPIDES

1 Questions à réponse rapide

1. Quelle est la structure de la Terre, de sa partie la plus externe jusqu'à 700 km de profondeur ?

2. Quel est le nom donné à l'ensemble croûte-manteau supérieur ?

3. Quel est le mouvement des plaques au niveau d'une dorsale ?

4. Quel est le mouvement des plaques au niveau d'une fosse océanique ?

5. Quelle est l'origine de la chaleur produite par la Terre ?

2 Donner une définition

Donnez la définition des mots suivants :

• plaque • frontière de plaques • subduction • asthénosphère • lithosphère • croûte terrestre • fosse océanique • radioactivité.

3 Associer deux propositions

En utilisant les lettres d'une part et les chiffres d'autre part, associez chaque nom de roche à l'enveloppe de la Terre à laquelle elle appartient.

1. Basalte	**a.** Roche de la croûte continentale.
2. Péridotite	**b.** Roche de la croûte océanique.
3. Granite	**c.** Roche du manteau.

4 Chasser l'intrus

Dans chaque suite de mots, relevez celui qui n'a aucun rapport avec les autres.

1. • zone de rapprochement • fosse océanique • dorsale • disparition de la lithosphère.

2. • zone d'écartement • subduction • basalte • dorsale.

3. • asthénosphère • croûte terrestre • croûte océanique • croûte continentale.

VÉRIFIER SES CONNAISSANCES

5 Compléter un schéma

Calquez le schéma représentant la structure du globe. Complétez la légende.

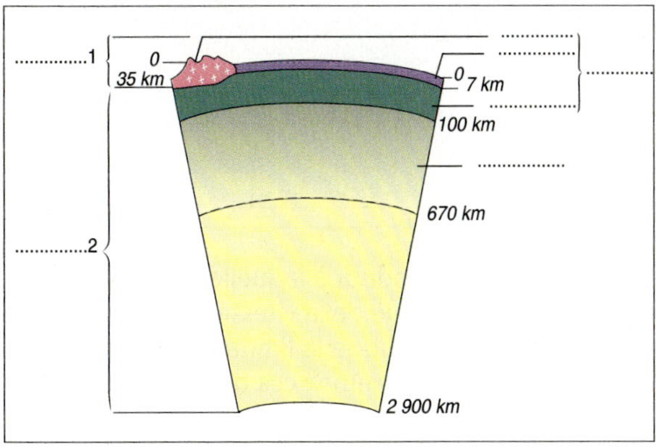

6 Choisir les propositions exactes

Recopiez chaque début de phrase et complétez-le par la ou (les) proposition(s) qui convien(nen)t.

1. L'asthénosphère fait partie :
a. du manteau.
b. de la croûte terrestre.
c. de la lithosphère.

2. Au niveau des dorsales, les plaques :
a. s'écartent.
b. se rapprochent.
c. restent immobiles.

3. La péridotite est la roche constituant :
a. la croûte continentale.
b. le manteau.
c. la croûte océanique.

4. Une plaque est formée de l'ensemble :
a. croûte et manteau supérieur.
b. croûte et asthénosphère.
c. lithosphère et manteau.

5. L'asthénosphère est la partie du manteau :
a. très rigide.
b. moins rigide que le reste du manteau.
c. liquide.

7 Découvrir le mot caché

Recopiez la grille ci-dessous et placez les mots correspondant aux définitions proposées. Vous découvrirez alors le mot caché dont vous donnerez la définition.

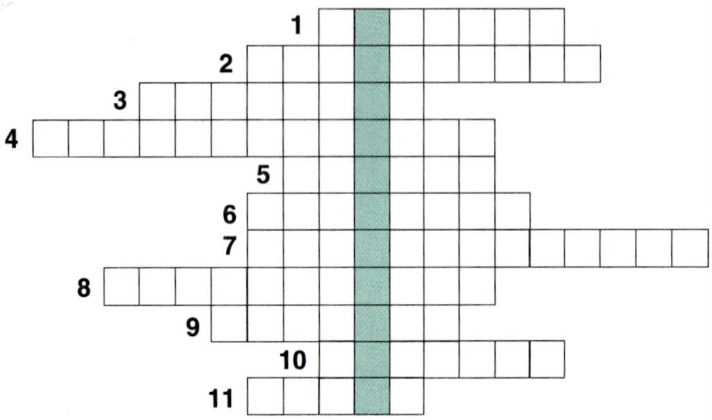

1. Vastes surfaces du globe, limitées par des zones géologiquement très actives.

2. Roche du manteau.

3. Terme caractérisant la consistance des plaques.

4. Partie légèrement moins rigide du manteau située entre la base de la lithosphère et – 670 km.

5. Enveloppe la plus externe de la Terre.

6. À leur niveau, les plaques s'écartent.

7. Nature du mouvement localisé au niveau des fosses océaniques et des chaînes de montagne.

8. Représentation de la Terre en plan.

9. Couche entièrement solide qui s'étend de la base de la croûte terrestre jusqu'à 2 900 km de profondeur.

10. Roche entièrement cristallisée, constituant de la croûte continentale.

11. Leur vitesse de propagation permet de mieux connaître la structure du globe.

8 Rédiger une phrase

Construisez une phrase en utilisant les mots ou groupes de mots proposés.

1. • Frontière de plaques • dorsale • fosse.

2. • Plaque lithosphérique • croûte terrestre • manteau supérieur.

3. • Lithosphère océanique • basalte • péridotite.

4. • Âge des basaltes • dorsale • s'éloigner.

5. • Fosse océanique • se rapprocher • plaques lithosphériques.

9 Compléter un schéma

Recopiez le schéma ci-dessous et complétez-le en faisant correspondre chacun des numéros à une légende choisie dans la liste suivante :

• zone de subduction • croûte océanique • lithosphère continentale • croûte continentale • dorsale • lithosphère océanique • asthénosphère • partie supérieure du manteau.

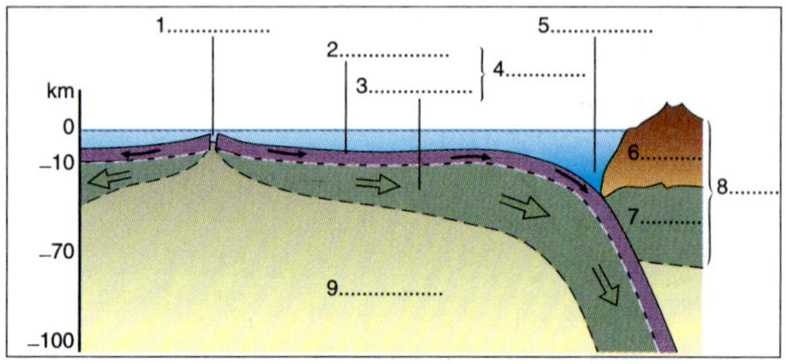

Structure et activité de la Terre.

APPLIQUER DES CONNAISSANCES ET DES SAVOIR-FAIRE

10 Saisir des informations d'un graphique

Le graphique ci-dessous représente la vitesse des ondes sismiques en fonction de la profondeur.

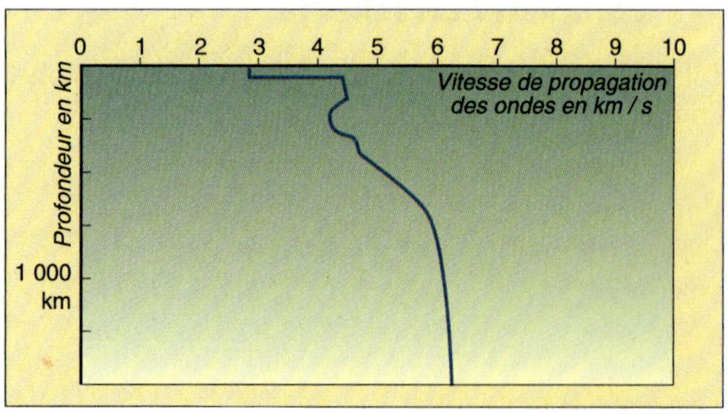

1. Indiquez la profondeur à laquelle on observe une augmentation brusque de la vitesse des ondes. Cette variation brusque indique la limite entre deux enveloppes de la Terre. Nommez ces deux couches différentes.

2. Décrivez les variations de la vitesse des ondes entre 50 et 700 km de profondeur.

3. Indiquez la profondeur à laquelle on observe une diminution de la vitesse des ondes. Cette variation de vitesse indique la limite entre deux parties du globe. Citez-les.

11 Communiquer : calculer

Le tableau ci-dessous indique l'âge de la croûte océanique de l'Atlantique Sud en fonction de la distance à l'axe de la dorsale.

Lieu du forage	**Forage n° 1** à l'ouest de l'axe de la dorsale	**Forage n° 2** à l'est de l'axe de la dorsale
Distance entre l'axe de la dorsale et le forage	990 km	500 km
Âge de la croûte océanique	53 Ma	26 Ma

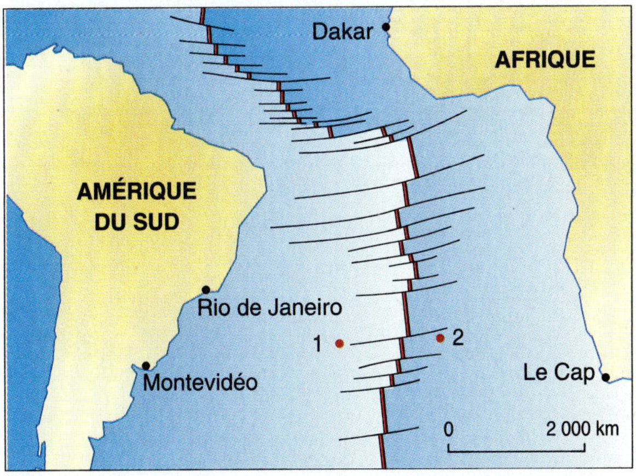

1. Nommez la roche constituant, pour l'essentiel, la croûte océanique.

2. Calculez la vitesse d'expansion de la croûte océanique dans l'Atlantique Sud vers l'ouest et vers l'est. Vous exprimerez votre résultat en cm/an.

12 Raisonner : mettre en relation des informations et des connaissances

Les basaltes de la croûte océanique ont été datés au niveau de la Mer Rouge et du golfe d'Aden. Les plus récents se trouvent dans une zone axiale, les plus anciens à la périphérie.

1. Justifiez l'affirmation : « L'axe de la mer Rouge et du golfe d'Aden correspond à l'axe d'une dorsale. »

2. Calquez la carte. Tracez une ligne pointillée figurant l'axe de la dorsale océanique de cette région du globe.

3. Représentez par des flèches rouges le sens de déplacement des plaques lithosphériques situées de part et d'autre de la dorsale.

4. L'écartement de l'Arabie et de l'Afrique forme des fonds océaniques. En observant le document 1 p. 58, trouvez un argument montrant qu'Arabie et Afrique étaient réunies avant la formation de la Mer Rouge.

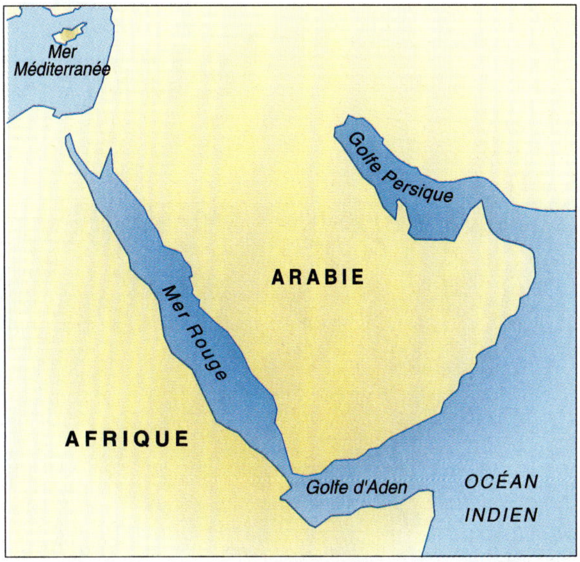

La Mer Rouge sépare l'Arabie de l'Afrique orientale.

13 Communiquer : compléter un schéma

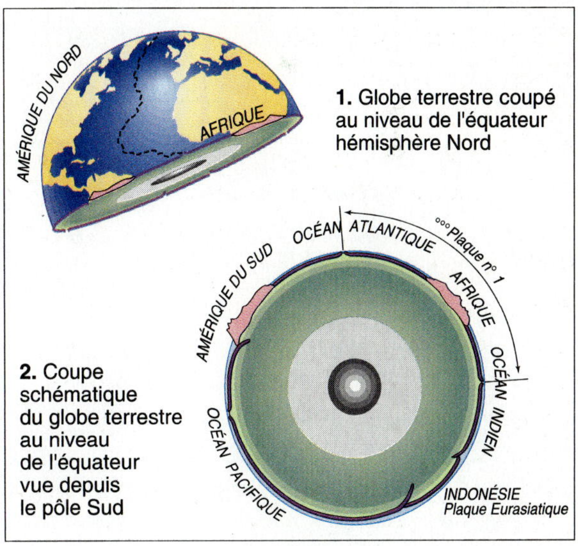

1. Calquez le schéma 2. Sur votre calque, désignez chaque dorsale par la lettre D, les zones de subduction par la lettre S.

2. On observe au niveau des dorsales des mouvements d'écartement qu'on désigne par le symbole ← → ; au niveau des zones de subduction, des mouvements de rapprochement qu'on désigne par → ←. Sur votre calque, indiquez pour une dorsale et une zone de subduction de votre choix le symbole qui convient.

3. Selon le modèle utilisé pour indiquer la plaque africaine, numérotée plaque n° 1, délimitez et numérotez, dans le sens des aiguilles d'une montre, toutes les autres plaques.

8 Les mouvements des plaques et leurs conséquences

1 L'Himalaya, « toit du monde » avec ses sommets à plus de 8 000 m d'altitude, constitue une frontière naturelle entre l'Inde et le Tibet, et donc entre la plaque indo-australienne et la plaque eurasiatique. Cette région très déformée est la conséquence de l'« affrontement » de ces plaques.

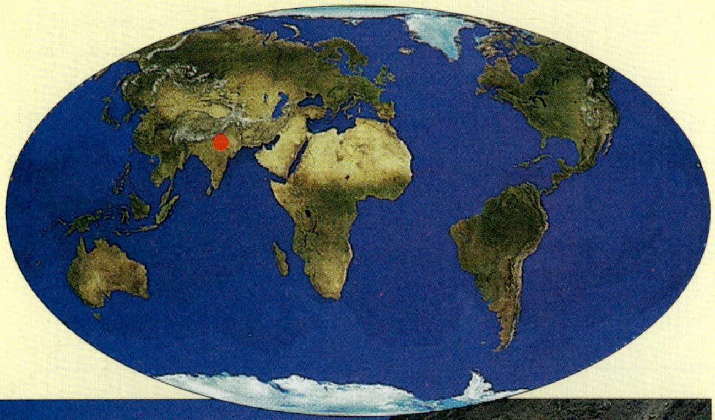

2 Dans l'Himalaya, le relief (**a**), ainsi que les déformations observées sur les versants (**b**), sont autant de signatures des mouvements qui ont affecté les masses rocheuses.

Les plaques se déplacent.
Des océans s'ouvrent, d'autres se referment.
Des plaques continentales entrent alors en collision.

Les questions qui se posent

- Quelles ont été les différentes positions occupées par les continents au cours des temps ?
- À quelle vitesse se ferme un océan ? ▶ ACTIVITÉ 1

- Quelles sont les conséquences, en surface du globe terrestre, de la collision de deux plaques continentales ? ▶ ACTIVITÉ 2

- Quelles sont les déformations dues aux mouvements de rapprochement de deux plaques continentales ? ▶ ACTIVITÉ 3

- Comment réagir contre le risque présenté par les glissements et les éboulements de terrain accompagnant la mise en place de reliefs ? ▶ INFOS

activité 1

Le déplacement des continents

Au cours des temps, les plaques lithosphériques portant les continents se rapprochent ou s'éloignent : des océans s'ouvrent, d'autres se ferment.
Quels sont les témoins d'une fermeture océanique ?

1 La dérive des continents depuis 500 millions d'années

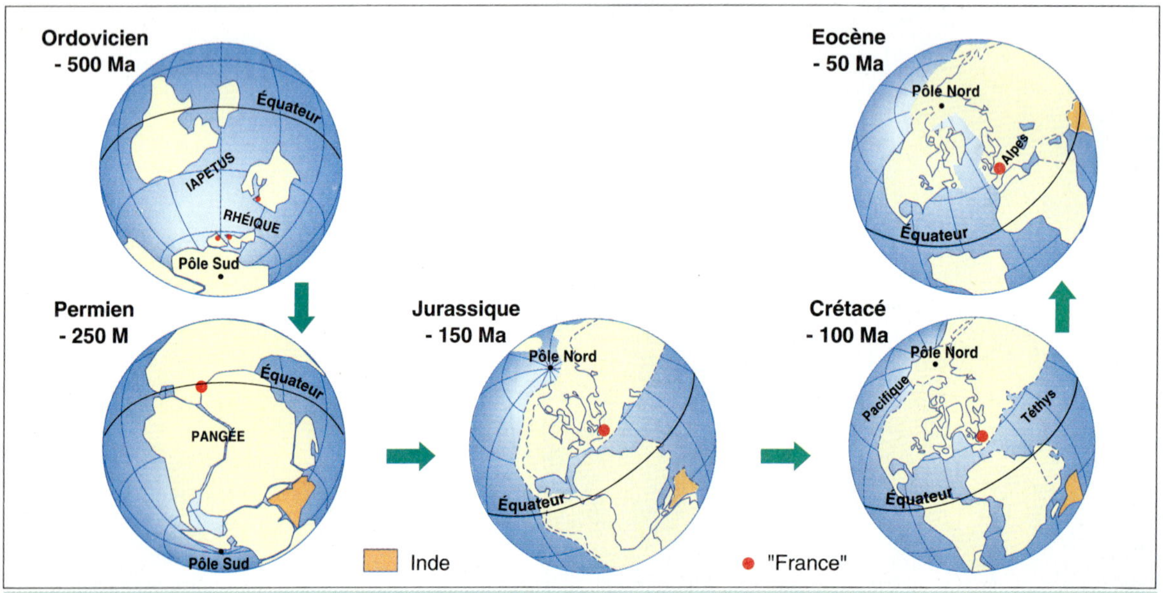

La localisation de la France actuelle a été indiquée, ainsi que la position de l'Inde (Ma = million d'années).

2 Des indices géologiques dans la chaîne himalayenne

- Les laves en coussin (**a**) sont généralement les témoins d'un volcanisme sous-marin. On a trouvé de telles formations, datées de 80 millions d'années, dans l'Himalaya !
- Les radiolarites (**b**) sont des roches sédimentaires. Elles résultent de l'accumulation, sur les plaines abyssales océaniques, de squelettes d'animaux unicellulaires marins, les radiolaires. On en a également trouvé dans l'Himalaya.
- Ces indices géologiques, collectés à proximité de la chaîne himalayenne, sont la preuve de l'existence d'un océan entre l'Inde et le Tibet, il y a 80 millions d'années.

a Laves en coussin observées dans la région de l'Himalaya.

b Radiolarites observées dans la région de l'Himalaya.

3 La dérive du continent indien

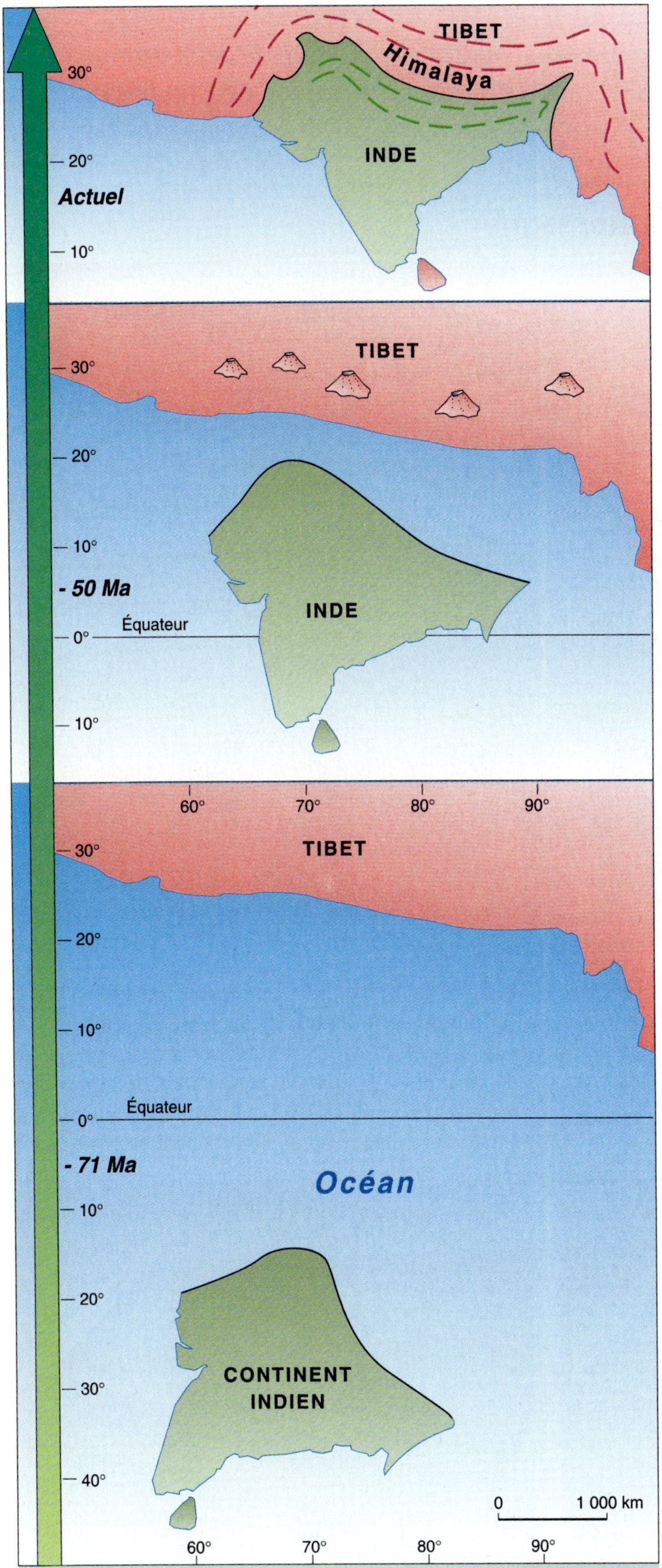

Étapes du rapprochement de l'Inde et du Tibet, depuis 71 Ma.

Exploitation

1. Décrivez l'itinéraire de la France par rapport à l'Équateur, durant les 250 derniers millions d'années (document ❶).

2. Expliquez sur quelles données de terrain on s'est appuyé pour prouver l'existence d'un océan, aujourd'hui disparu, entre l'Inde et le Tibet (document ❷).

3. Calculez la vitesse moyenne (en km par Ma, puis en cm par an) du déplacement de l'Inde de – 71 à – 38 Ma.

4. Quelle était la nature de la frontière de plaques, il y a environ 40 Ma :
- entre l'Inde et le Tibet ;
- au sud de l'Inde ?

Vocabulaire

Frontière de plaques : Zone géologiquement active, séparant deux plaques lithosphériques.

Bilan

▶ ***Les laves en coussins et les radiolarites, formées dans les océans, indiquent l'existence d'un océan, aujourd'hui disparu, entre l'Inde et le Tibet.***

▶ ***Cette « fermeture » océanique suggère un rapprochement des deux continents depuis près de 80 millions d'années. Ce rapprochement s'est effectué à la vitesse de quelques centimètres par an.***

activité 2

Collision entre continents et modifications du relief

La fermeture d'un océan entraîne la collision de deux continents. Si les mouvements de rapprochement continuent, des modifications dans le modelé du paysage apparaissent. Quelles sont ces modifications ?

1 Naissance d'une chaîne de montagne

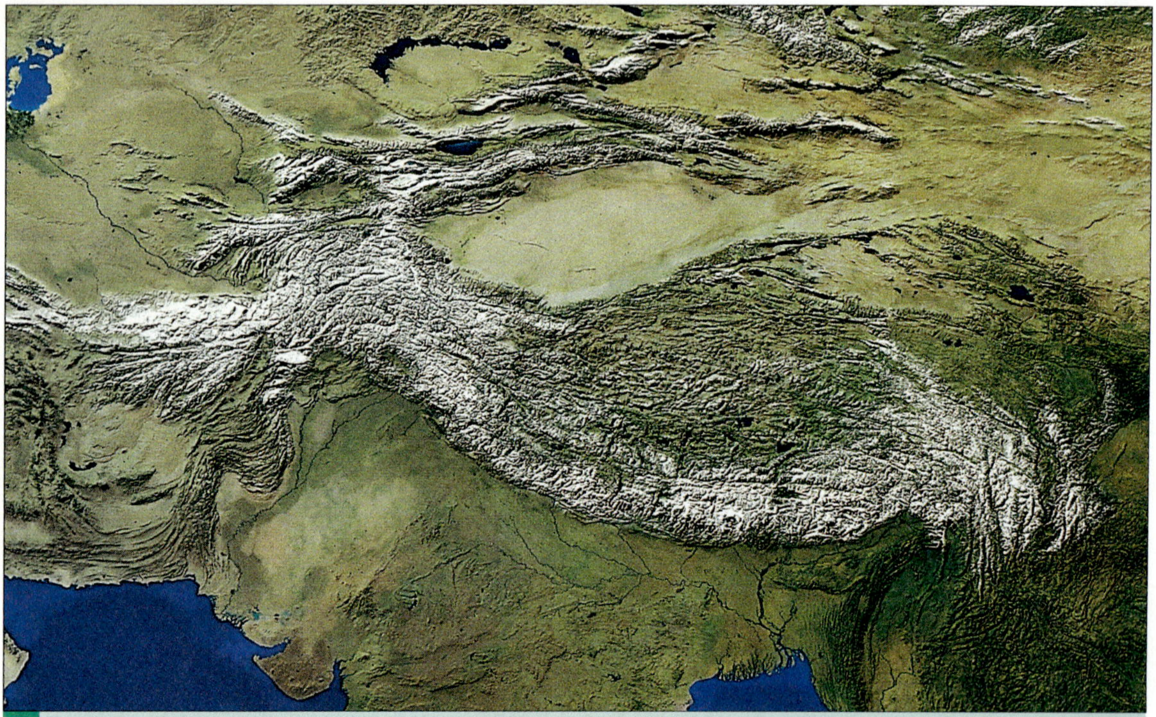

a La chaîne himalayenne, observée d'un satellite.

- Dans un bac en bois ou en plexiglas, on place du sable représentant le Tibet.
- On prend un coin, en paraffine ou en pâte à modeler, coupé en triangle, pour représenter l'Inde. Ce coin est solidaire d'une toile épaisse simulant un fond océanique.
- En tirant sur la toile, on rapproche le bloc de paraffine du sable, jusqu'à leur mise en contact. On note alors les transformations observées au niveau du sable et on poursuit le mouvement de rapprochement. Une comparaison peut être effectuée entre la situation initiale et après rapprochement (**b** et **c**).

b

c

Modèle permettant de simuler la collision* de l'Inde et du Tibet, avant puis après rapprochement.

2 L'érosion des versants himalayens

Les sommets qui culminent à plus de 8 000 m d'altitude, sont nombreux dans le massif de l'Himalaya.

Au pied des glaciers circulent des rivières.

Les pentes abruptes sont particulièrement inhospitalières.

a Versant sud des hauts sommets himalayens.

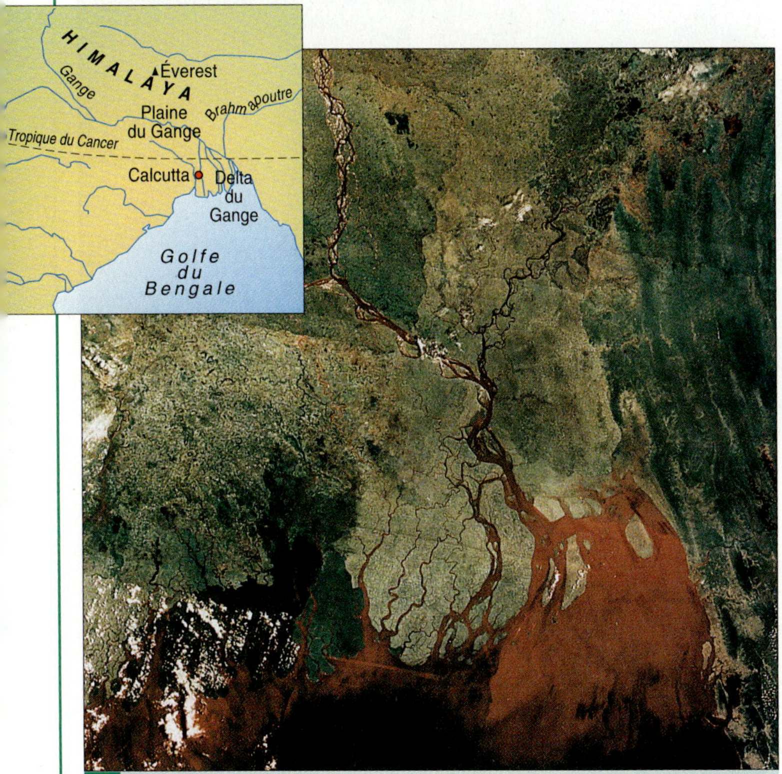

b Le delta du Gange (image satellitale recolorée : les eaux du Gange sont en rouge). En haut et à gauche, réseau hydrographique* du nord-est de l'Inde.

Exploitation

1. Localisez la position géographique de l'Himalaya (document **1 a**). Retrouvez, à l'aide du modèle (document **1 b** et **c**), les modifications subies par le Tibet (sable) et l'Inde (paraffine) lors de la collision de ces deux blocs continentaux.

2. Indiquez quelques facteurs à l'origine de l'érosion des massifs de l'Himalaya.

3. Observez le Gange à son arrivée dans le golfe du Bengale. Reconstituez le trajet des alluvions* déversées par ce fleuve.

4. Expliquez pourquoi les deux phénomènes géologiques décrits (formation d'une chaîne de montagne et érosion) sont liés.

Vocabulaire

Alluvions : Matériaux détritiques transportés et déposés par les rivières, le vent…
Collision : Entrée en contact de deux objets, entraînant généralement la déformation de l'un ou des deux objets.
Réseau hydrographique : Ensemble des rivières et des fleuves d'une région donnée.

Bilan

▶ ***La collision de deux blocs continentaux entraîne la formation d'une chaîne de montagnes.***

▶ ***Dès leur mise en place, les nouveaux reliefs sont immédiatement soumis à une érosion intense : les éboulis s'accumulent au pied des montagnes, puis les fleuves charrient les alluvions vers la mer.***

activité

3 Déformations des terrains dans les chaînes de montagnes

La collision de deux continents est à l'origine d'une chaîne de montagnes. Le rapprochement des terrains lors de la collision provoque leur déformation. Quelles sont les différentes déformations visibles au niveau d'une chaîne de montagne ?

1 Plis et mouvements de rapprochement

À l'affleurement, les strates apparaissent parfois plissées*, comme ici dans les Alpes.

a Vue générale et détail du plissement.

b Montage en début d'expérience.

Des couches superposées de sables colorés sont placées dans un bac en bois et en plexiglas dont les parois latérales sont mobiles.

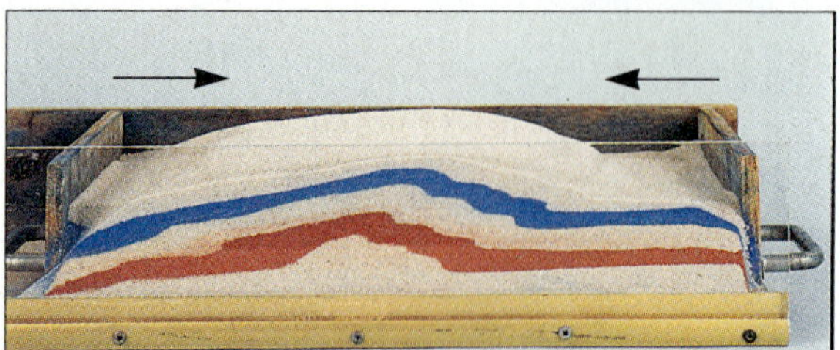

c Montage en fin d'expérience.

Après rapprochement lent et régulier des parois latérales, l'une vers l'autre, les couches de sable sont déformées.

2 Failles et mouvements de rapprochement

- Une faille* est visible à l'affleurement : les terrains sont décalés, de part et d'autre de la cassure. Certains « recouvrent » les autres.
- Un montage semblable à celui du document 1, permet de simuler la formation de failles lorsqu'on raccourcit des terrains.

a Vue générale et détail de l'affleurement.

b Montage en début d'expérience.

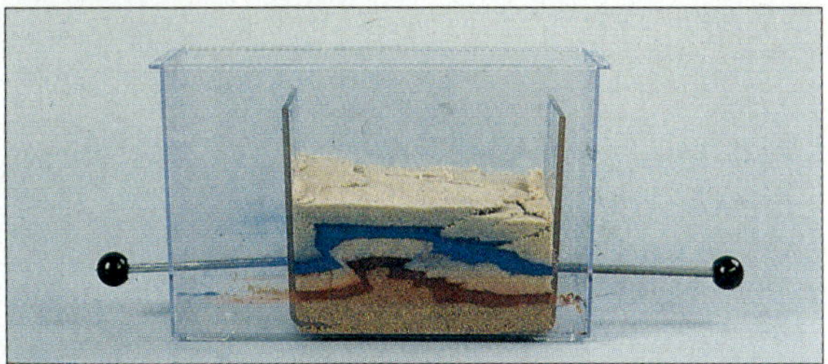

c Montage en fin d'expérience.

Exploitation

1. Réalisez un croquis légendé de la zone encadrée dans le document 1.

2. À l'aide des informations des documents 1 **b** et **c**, indiquez la disposition, avant déformation, des strates observées sur le document 1 **a**.

3. a. Même question pour le document 2 **a**.
b. Estimez la distance qui séparait les points A et B, avant le raccourcissement. Indiquez alors la longueur de ce dernier.

Vocabulaire

Faille : Fracture d'une formation rocheuse, avec déplacement des terrains situés de part et d'autre du plan de cassure.
Pli : Déformation des roches caractérisée par des ondulations des couches.

Bilan

▶ ***Les mouvements de rapprochement à l'origine des chaînes de montagnes déforment les terrains qui les constituent.***

▶ ***Ces déformations sont cassantes (failles) ou non (plis).***

Les risques de glissements de terrains

En montagne, la pente, l'alternance gel - dégel, sont des conditions favorables à une érosion intense. Celle-ci rend les terrains instables. Cette instabilité est souvent à l'origine de glissements des masses rocheuses ou d'éboulements impressionnants.

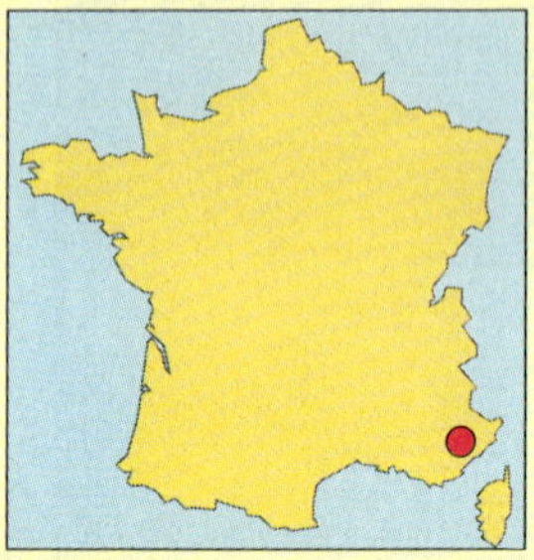

1. Le glissement de la Clapière

En 1991, dans le massif de la Clapière (Alpes-Maritimes), près de 50 millions de mètres cubes de roches se sont mis en mouvement sur le versant sud du massif. La maison, visible sur les deux photographies, témoigne de l'importance de ce glissement.

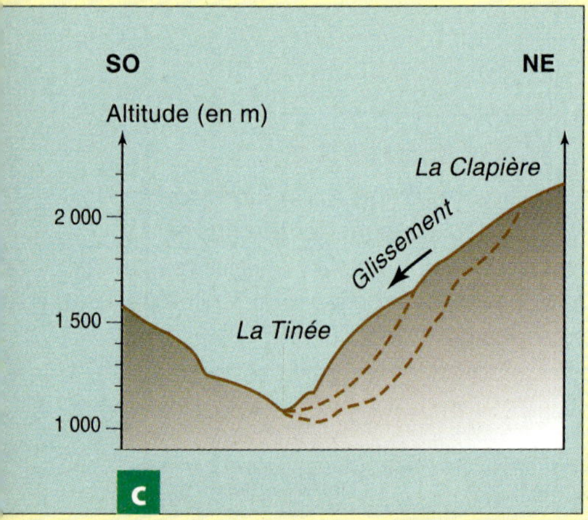

a. Versant sud de la Clapière, en 1984.
b. Versant sud de la Clapière, en 1991.
c. Le glissement de la Clapière est dû à l'instabilité du sous-sol.

« Dans l'éventualité d'une rupture de terrain importante, les masses éboulées risquent de créer un barrage de 10 à 40 m de haut dans la vallée de la Tinée.

La ville de Saint-Étienne de Tinée, située en amont de ce barrage artificiel, pourrait être submergée par la montée des eaux en un jour, voire une demie journée, suivant le débit de la Tinée. La rupture brutale de ce barrage, suite à l'érosion ou à un nouveau glissement, pourrait créer une vague de 20 à 25 m de haut dévastant, en 25 minutes, le village de Saint-Sauveur situé en aval.

La population concernée par ce scénario est évaluée à 1 700 habitants à Saint-Étienne de Tinée et à environ 4 000 personnes en aval. Un arrêté préfectoral précise toutes les dispositions à prendre en cas d'accidents catastrophiques : évacuation des populations, secours… »

↑ 2. Prévision du risque et protection des populations et des biens

Un scénario envisageant le risque a conduit à proposer des stratégies de sauvegarde de la population et des biens.

↑ 3. Glissement de terrain déclenché par de nombreux blocs rocheux

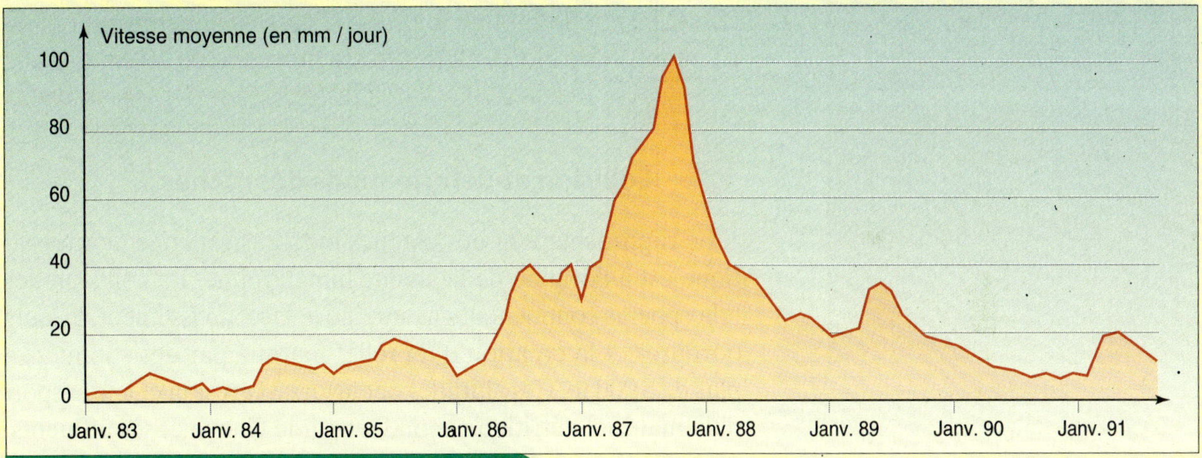

↑ 4. La surveillance des sites à risques

Les régions où les risques de glissement sont réels sont surveillées. Des appareils de mesure ont ainsi été installés sur les bords du glissement de la Clapière, pour préciser son évolution. Ils fournissent en permanence des indications sur l'état du versant. La vitesse des microdéplacements a pu ainsi être établie sur 10 ans.

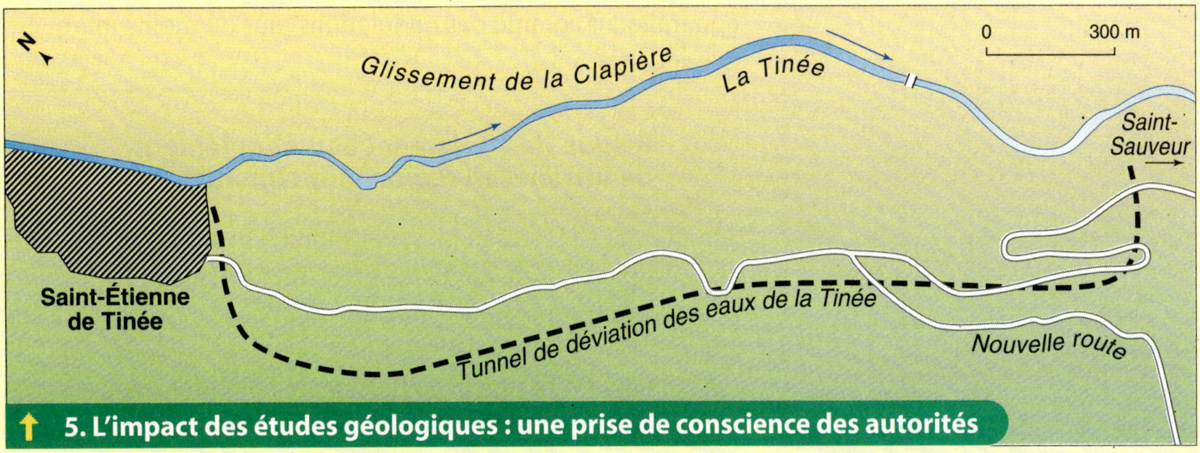

↑ 5. L'impact des études géologiques : une prise de conscience des autorités

La décision de construire un tunnel de déviation des eaux de la Tinée et de construire une nouvelle route a été prise en 1988, suite à une accélération inquiétante des vitesses de glissement en 1987.

Les mouvements des plaques et leurs conséquences

1 Ouverture et fermeture d'océans, déplacement de continents

• Entre 500 et 200 millions d'années, des continents se sont rapprochés et ont formé une masse continentale unique qui s'est progressivement fragmentée, entraînant des ouvertures de fonds océaniques. La plaque eurasiatique, dans laquelle se situe la France d'aujourd'hui, est ainsi « remontée » de l'hémisphère Sud à sa position plus nordique actuelle.

• Un océan séparait l'Inde du Tibet il y a 70 Ma. Cet océan est aujourd'hui disparu, mais des roches du fond océanique retrouvées dans la région de l'Himalaya témoignent de son existence. Le continent indien est ainsi passé de l'hémisphère Sud à l'hémisphère Nord, à une vitesse moyenne de 10 cm par an.

▶ ACTIVITÉ 1

2 Collision et déformations des roches

• Le rapprochement des plaques indo-australienne et eurasiatique est à l'origine de la chaîne himalayenne. La collision des lithosphères continentales a entraîné le raccourcissement de leurs bordures et la création d'un relief marqué par des sommets à plus de 8 000 m. Ces altitudes ont favorisé l'érosion et le transport d'un matériel détritique abondant par le Gange et ses affluents.

• La collision de deux continents entraîne de nombreuses déformations des roches. Les failles sont des déformations cassantes, accompagnées d'un déplacement des terrains de part et d'autre de la cassure : elles délimitent alors deux compartiments, l'un « chevauchant » l'autre. Les plis, quant à eux, apparaissent comme des ondulations plus ou moins marquées des couches.

▶ ACTIVITÉS 2 ET 3

3 Risque de glissement et d'éboulement de terrains en région montagneuse

Au niveau des fortes pentes, l'instabilité du sous-sol est à l'origine du glissement de masses considérables de roches. Les risques sont importants pour les populations proches de ces zones.

On fait aujourd'hui appel aux géologues pour évaluer ces risques et permettre aux autorités de prendre des dispositions nécessaires pour protéger les personnes et les biens.

▶ INFOS

CE QU'IL FAUT RETENIR

LES NOTIONS ESSENTIELLES

■ Les plaques sont mobiles en surface du globe. La fermeture de fonds océaniques est souvent accompagnée d'un rapprochement de continents. Lorsqu'il y a collision entre continents, des chaînes de montagnes se forment.

■ Les chaînes de montagnes sont des régions de reliefs marqués. Les déformations des roches qu'on y observe sont des conséquences du raccourcissement des terrains provoqué par la collision des masses continentales.

■ Les masses rocheuses sont, dans les régions montagneuses, instables. Cette instabilité est source de risques pour les populations. Les études géologiques permettent de préciser ces risques et d'avertir ou protéger les populations.

Les mots clés

Chaîne de montagnes : Relief associé à des déformations des roches.

Collision : Aboutissement du rapprochement de deux plaques portant des continents après fermeture d'un océan. Elle détermine un raccourcissement des terrains au contact et la mise en place d'une chaîne de montagnes.

Faille : Déformation d'une masse rocheuse caractérisée par une rupture des roches et par un mouvement des terrains situés de part et d'autre de la cassure.

Pli : Déformation d'une masse rocheuse soumise à des mouvements et caractérisée par des ondulations des couches.

LE SCHÉMA

Écartement des plaques et fermeture des fonds océaniques

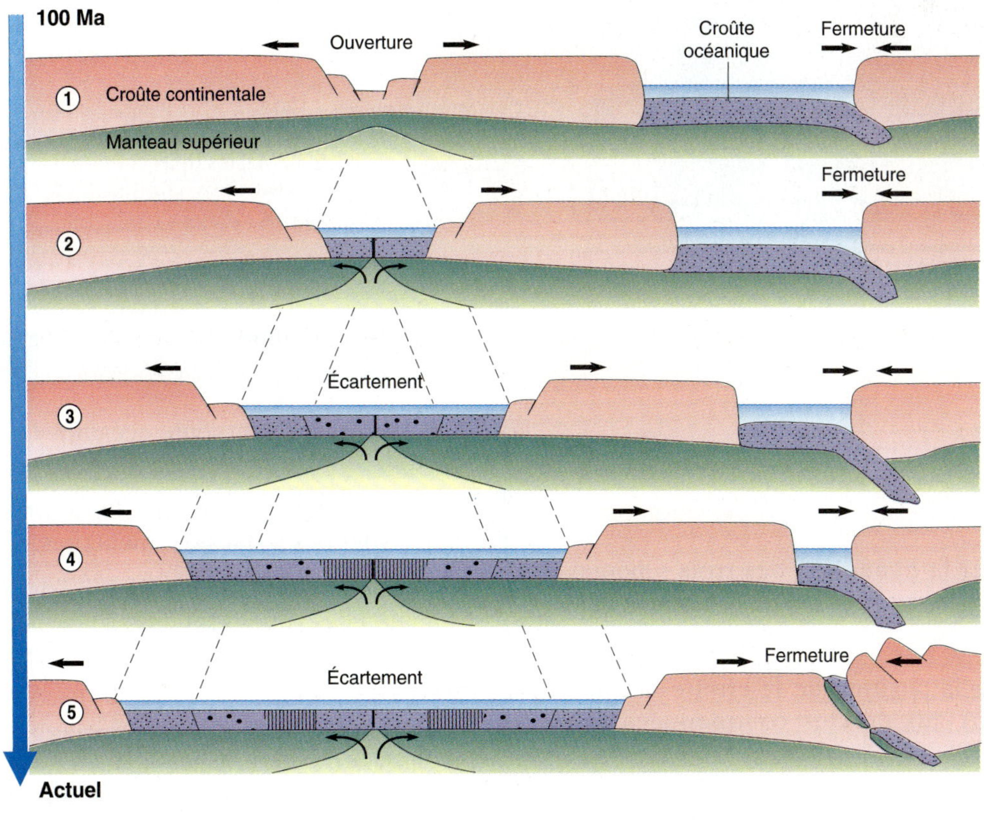

EXERCICE CORRIGÉ

Naissance d'une chaîne de montagnes : les Alpes

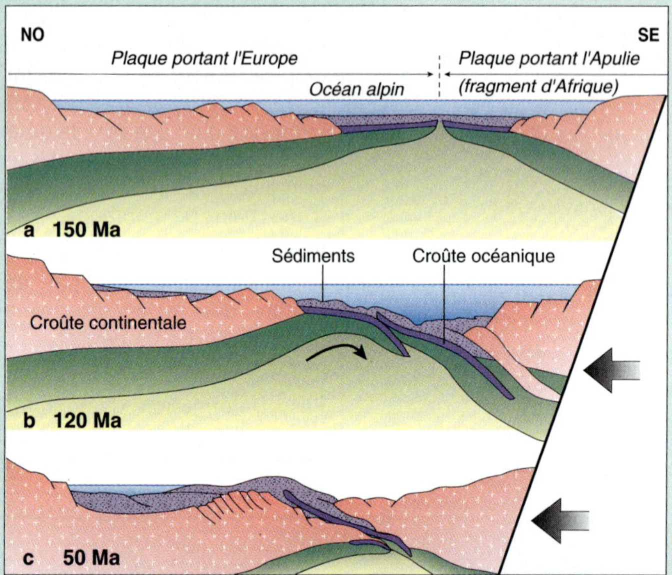

QUESTIONS

1. Décrivez la position de la croûte océanique lors de la subduction (schéma b).

Objectif ▶ S'informer à partir d'un schéma

2. Nommez les roches qui constituent le sommet de la chaîne, il y a 50 Ma (schéma c).

Objectif ▶ S'informer à partir d'un schéma

3. Précisez la cause de la subduction puis de la collision à l'origine de la formation des Alpes.

Objectif ▶ Raisonner

4. À l'heure actuelle, on trouve dans les Alpes des fragments de croûte océanique (photographie).

Expliquez leur présence au sein d'une chaîne de montagnes.

Objectif ▶ Raisonner

a. Il y a 150 Ma, la région est occupée par un océan alpin, situé entre l'Europe et l'Apulie, péninsule africaine.
b. Il y a 120 Ma, cet océan se ferme par subduction.
c. Il y a 50 Ma, les deux continents entrent en collision, les deux croûtes continentales se superposent.

POUR RÉUSSIR L'EXERCICE

Vous devez :

- Savoir lire une légende.

▶ QUESTIONS 1 ET 2

- Comparer la dimension des trois schémas et comprendre la signification de la flèche épaisse.

▶ QUESTION 3

- Observer la position de la croûte océanique par rapport aux croûtes continentales sur le schéma c.

▶ QUESTION 4

RÉPONSES ATTENDUES

1. Une partie de la croûte océanique s'enfonce, une autre partie chevauche la précédente.

2. Les roches constituant le sommet de la chaîne sont des roches sédimentaires.

3. La subduction et la collision à l'origine de la formation des Alpes sont dues à des mouvements de rapprochement des plaques eurasiatique et africaine.

4. Lors de la collision, une partie du plancher océanique s'est trouvée coincée entre les deux croûtes continentales, participant à la formation du relief.

EXERCICES

TESTS RAPIDES

1 Questions à réponse rapide

1. Quels sont les deux indices géologiques collectés dans l'Himalaya, prouvant l'existence d'un ancien océan entre l'Inde et le Tibet ?

2. Quelle est la conséquence de la collision des deux continents, Inde et Asie ?

3. Quelles sont les causes des éboulements de terrain en montagne ?

2 Donner une définition

Donnez la définition des mots suivants :

• pli • faille • collision • laves en coussin • radiolarite

3 Associer un mot à sa définition

En utilisant les chiffres d'une part et les lettres d'autre part, associez chaque mot à sa définition.

1. Pli
2. Faille
3. Collision
4. Chaîne de montagne
a. Déformation cassante.
b. Résultat de la collision de deux croûtes continentales.
c. Déformation souple.
d. Affrontement de deux plaques portant un continent.

VÉRIFIER SES CONNAISSANCES

4 Compléter un schéma

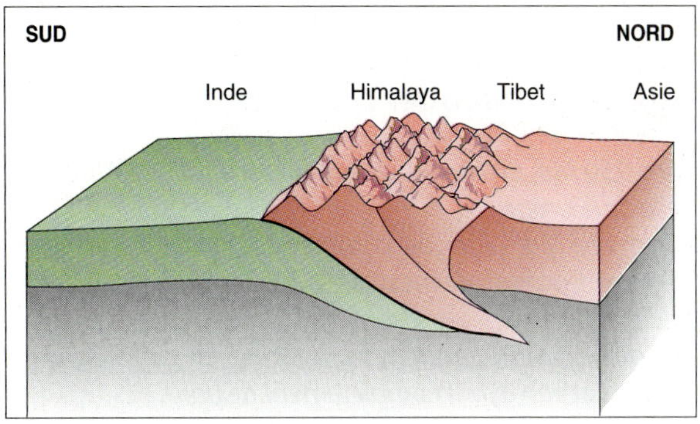

1. Calquez ce schéma représentant l'état actuel de l'Inde, entrée en collision avec l'Asie.

2. Sur ce schéma, placez les légendes suivantes :
• croûte continentale • manteau supérieur
• lithosphère continentale
Représentez, par des flèches, le mouvement des deux plaques.

5 Rédiger une phrase

Construisez une phrase en utilisant les mots ou groupes de mots proposés.

Phrase 1 : • chaîne de montagnes • collision • continents
Phrase 2 : • disparition des fonds océaniques • subduction • rapprochement des continents
Phrase 3 : • océan disparu • laves en coussin • chaîne de montagnes • radiolarite
Phrase 4 : • mouvements de rapprochement • déformations • chaîne de montagnes

6 Trouver le mot caché

Recopiez la grille et placez les mots correspondant aux définitions proposées. Vous découvrirez alors le mot caché dont vous donnerez la définition.

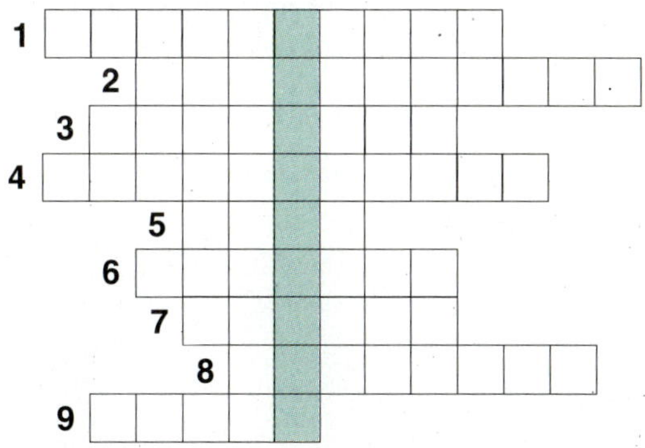

1. Enfoncement d'une plaque dans l'asthénosphère.
2. Modification de la forme d'un ensemble rocheux.
3. Nom d'une chaîne de montagnes d'Asie.
4. Roche formée par l'accumulation de squelettes de petits organismes marins, les radiolaires.
5. Déformations souples.
6. À son niveau, deux plaques lithosphériques s'écartent.
7. Déformation cassante.
8. Qualifie les laves des dorsales océaniques.
9. Vaste étendue d'eau salée.

APPLIQUER DES CONNAISSANCES ET DES SAVOIR-FAIRE

7 Communiquer : réaliser un croquis

1. Réalisez un croquis de ce paysage, en conservant la même échelle.

2. Décrivez la disposition des roches visibles sur ce document.

3. Nommez les déformations repérables, indiquez les mouvements à l'origine de ces déformations.

8 Communiquer : réaliser un croquis

1. Réalisez un croquis de ce paysage, en conservant la même échelle.

2. Repassez en rouge le plan de cassure. Représentez par des flèches bleues le sens des mouvements à l'origine des déformations. Nommez ces mouvements.

9 Raisonner : s'informer à partir d'une carte

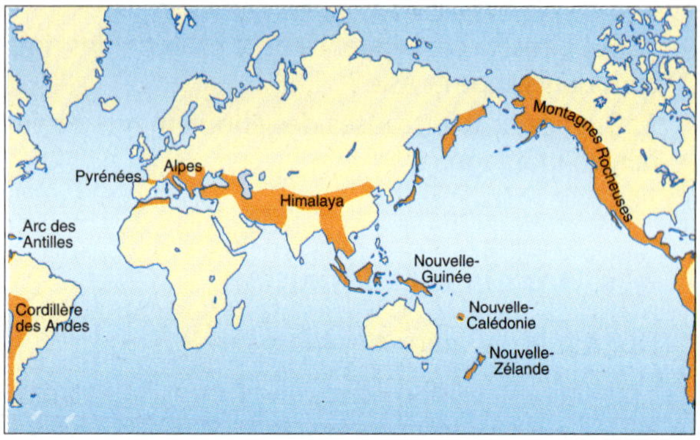

Les zones colorées en orange sur ce planisphère sont les endroits du globe où l'on observe des déformations, résultant de mouvements en rapprochement.

1. Nommez les déformations résultant de mouvements en rapprochement.

2. Indiquez le point commun à toutes les zones colorées en orange sur ce planisphère.

10 Communiquer : calculer

Il y a 150 Ma, un océan sépare la bordure de l'Afrique et celle de l'Europe.
Il y a 120 Ma, l'Afrique commence à se rapprocher de l'Europe. L'océan, qui mesurait 2 200 km de large, se ferme peu à peu.
Les deux blocs continentaux entrent en collision il y a 50 Ma, l'océan ayant complètement disparu.

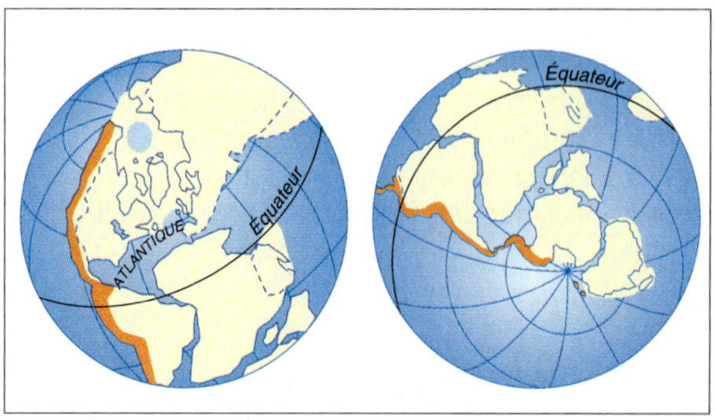

La Terre, il y a 120 Ma.

Calculez la vitesse de disparition de cet océan entre 120 Ma et 50 Ma. Vous exprimerez votre résultat en centimètres par an.

QUATRIÈME PARTIE

Histoire de la Vie, histoire de la Terre

CHAPITRES

CHAPITRE

9 L'évolution de la vie

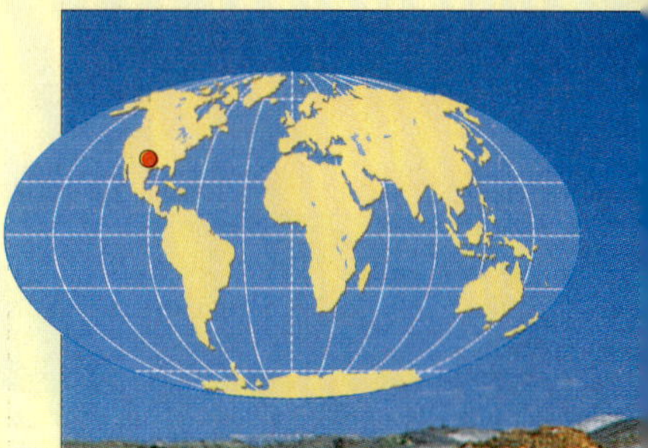

1 Une forêt fossilisée aux États-Unis.

L'étude des fossiles de différentes périodes géologiques montre que si les espèces ont changé, nombreux sont les groupes d'animaux ou de végétaux qui ont persisté jusqu'à nos jours.
Les ressemblances entre espèces sont la preuve de liens de parenté entre elles. Ces liens permettent de construire des arbres généalogiques.

Les questions qui se posent

- Quels sont les êtres vivants présents il y a 500 millions d'années à la surface de la Terre ? Dans quels milieux vivaient-ils ?

▶ ACTIVITÉ 1

- Quels sont les êtres vivants présents il y a 350 millions d'années à la surface de la Terre ? Dans quels milieux vivaient-ils ?

▶ ACTIVITÉ 2

- Existe-t-il un lien entre les espèces actuelles et les espèces fossiles ?

▶ ACTIVITÉS 3 ET 4

- Comment représenter par un schéma les liens de parenté supposés exister entre les êtres vivants ?

▶ INFOS

activité 1

La vie, il y a 500 millions d'années

À l'ouest du Canada, un gisement de fossiles d'animaux a été mis à jour dans des roches datées de 550 millions d'années. Ce gisement est remarquable par le témoignage d'une vie marine très ancienne, par la multiplicité des espèces retrouvées, et par l'exceptionnelle conservation des parties molles des organismes.

1 Les êtres vivant au Cambrien

Toutes les espèces du Cambrien* étaient marines. Toutes ont aujourd'hui disparu. Cependant, la plupart d'entre elles ont été classées dans des groupes* encore présents à l'heure actuelle (exemples : **c**, **d**, **e**, **f**, **g**, **h**). D'autres appartenaient à des groupes aujourd'hui disparus (exemples : **a**, **b**).

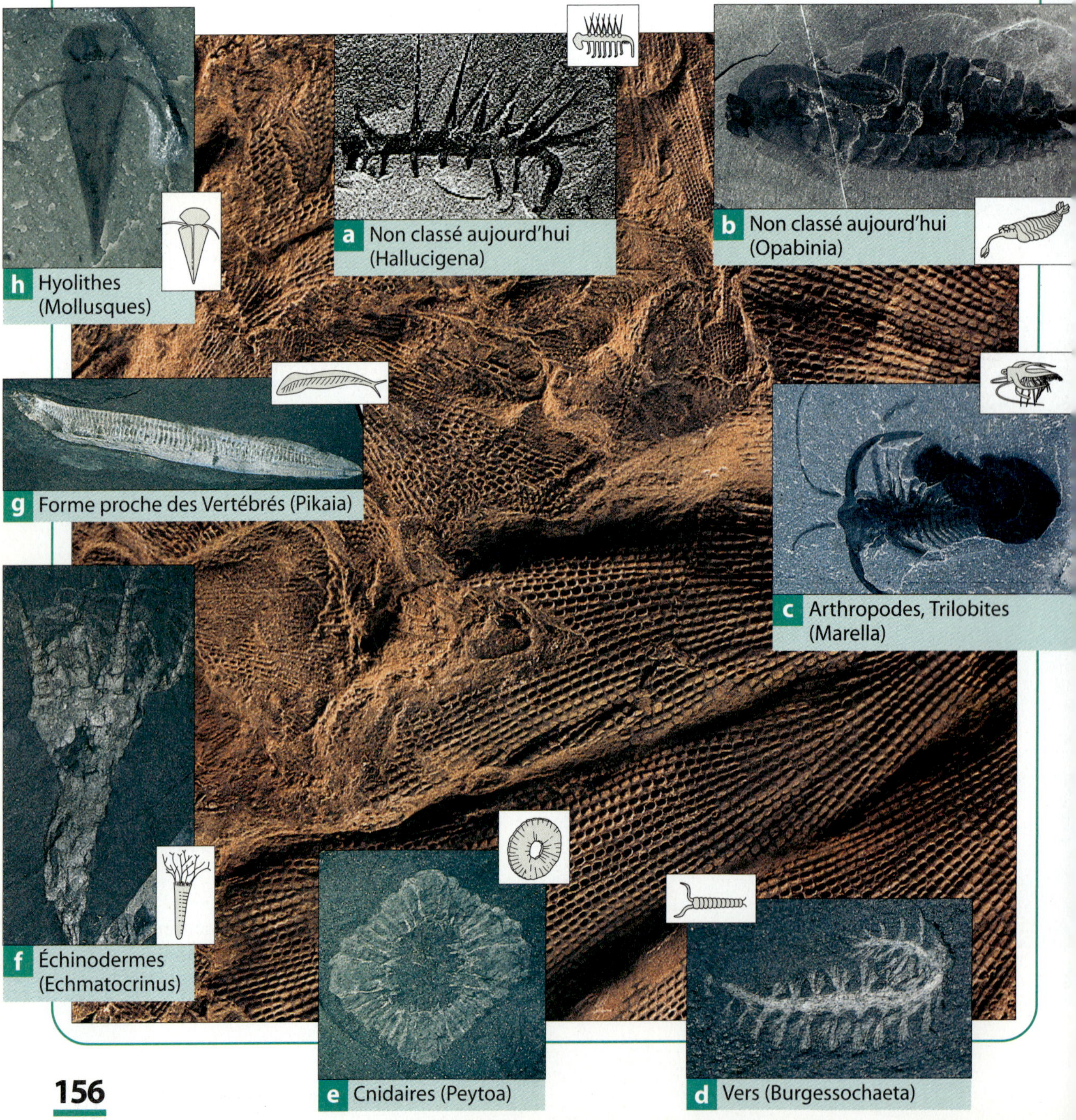

a Non classé aujourd'hui (Hallucigena)

b Non classé aujourd'hui (Opabinia)

c Arthropodes, Trilobites (Marella)

d Vers (Burgessochaeta)

e Cnidaires (Peytoa)

f Échinodermes (Echmatocrinus)

g Forme proche des Vertébrés (Pikaia)

h Hyolithes (Mollusques)

2 Reconstitution d'un paysage au Cambrien

Exploitation

1. En quoi les fossiles du gisement canadien, présentés document 1, sont-ils particulièrement intéressants pour notre connaissance de la vie au Cambrien ?

2. **a.** Les fossiles trouvés dans ce gisement montrent que de nombreux groupes, bien représentés aujourd'hui sur la Terre, existaient déjà.
Citez-les et rappelez leurs caractéristiques principales.
b. Pourquoi pense-t-on que l'espèce Opabinia (document 1 b) fait partie d'un groupe éteint ?

3. Parmi les qualificatifs proposés, citez ceux retenus pour définir cette faune : terrestre ou marine, peu variée ou diversifiée, formes simples ou formes complexes (document 2).

Vocabulaire

Cambrien : Nom donné à la période géologique comprise entre - 550 millions d'années et - 500 millions d'années.
Groupe fossile : Groupe d'organismes, aujourd'hui disparus.

Bilan

▶ ***Les principaux groupes animaux qui peuplent la Terre aujourd'hui sont déjà présents au Cambrien.***

activité 2

La vie, il y a 350 millions d'années

Les gisements fossiles datés de 350 millions d'années sont nombreux en France métropolitaine. On en trouve en Bretagne, dans le Massif central ou les Ardennes… Animaux et végétaux y sont représentés. La comparaison entre les fossiles du Cambrien et ceux des espèces vivant il y a 350 millions d'années montre-t-elle de profonds changements ?

1 Les êtres vivant il y a 350 millions d'années

Parmi les fossiles du Carbonifère*, on retrouve de nombreux groupes apparus au Cambrien. Cependant, les espèces changent, comme par exemple **d**, **e**, **f**. D'autres groupes apparaissent comme par exemple **a**, **b**, **h**. La grande nouveauté est l'apparition d'espèces considérées comme continentales ; en effet, leurs représentants actuels, ou les formes proches, vivent en milieu continental : exemples, **a**, **b**, **c**.

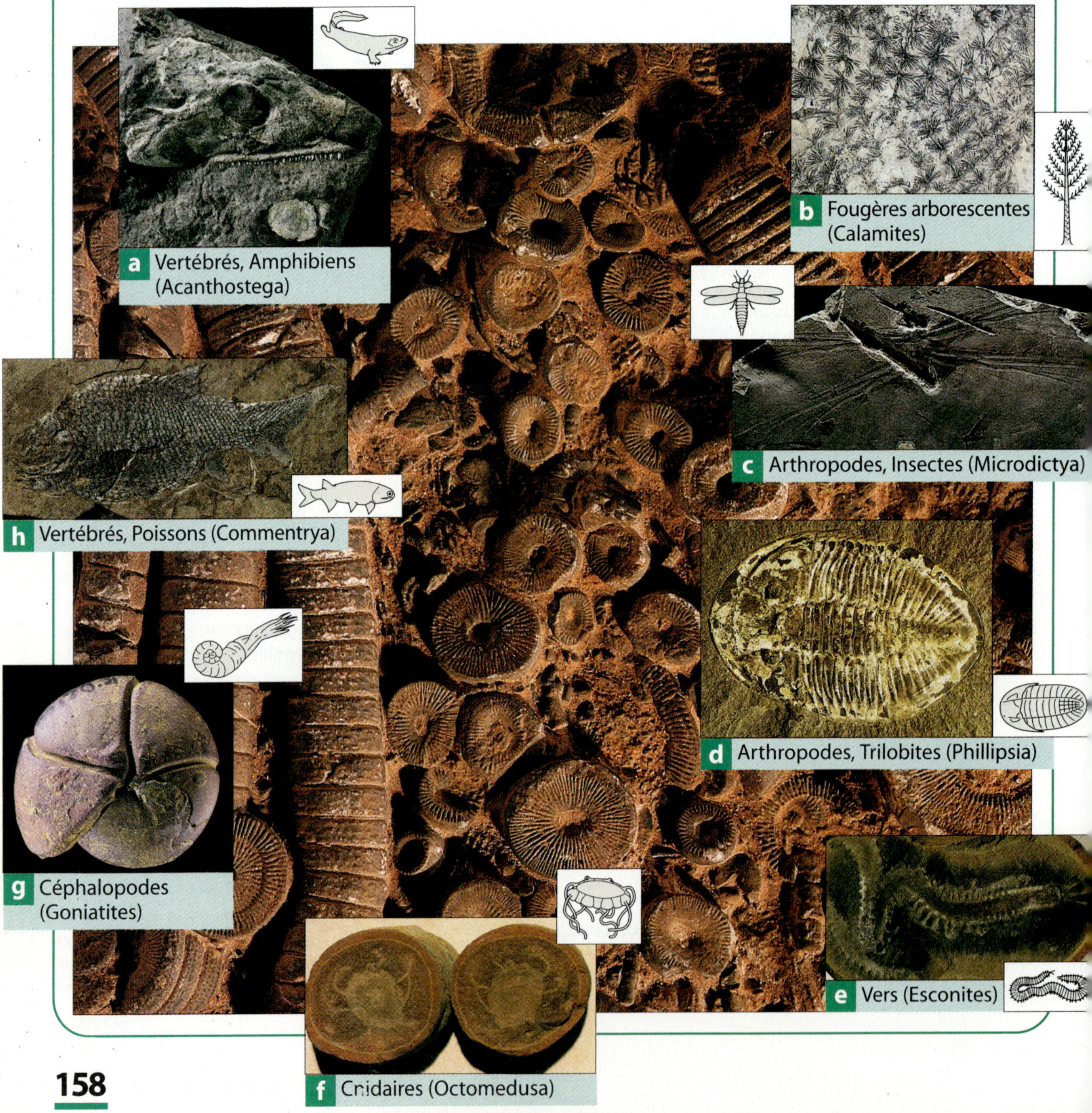

a Vertébrés, Amphibiens (Acanthostega)

b Fougères arborescentes (Calamites)

c Arthropodes, Insectes (Microdictya)

h Vertébrés, Poissons (Commentrya)

d Arthropodes, Trilobites (Phillipsia)

g Céphalopodes (Goniatites)

e Vers (Esconites)

f Cnidaires (Octomedusa)

2 Reconstitution d'un paysage au Carbonifère

La vie abonde dans les eaux du littoral. Des organismes sont installés sur la terre ferme.

Exploitation

1. Dans quels milieux la vie se développe-t-elle au Carbonifère ? Justifiez votre réponse d'après les fossiles découverts document **1**.

2. Citez les groupes fossiles présents au Carbonifère. Ces groupes existaient-ils déjà au Cambrien ? Justifiez votre réponse.

3. Dans les groupes d'organismes qui se sont perpétués du Cambrien au Carbonifère, trouve-t-on les mêmes espèces ? Justifiez votre réponse.

Vocabulaire

Carbonifère : Nom donné à la période géologique comprise entre – 360 millions d'années et – 295 millions d'années.

Bilan

► ***Au cours du temps, les espèces changent. Certaines disparaissent, d'autres apparaissent.***

► ***Le Carbonifère est marqué par la présence, sur les terres émergées, d'organismes sortis des eaux.***

activité 3

Ressemblances entre espèces

Il existe aujourd'hui seulement deux espèces d'éléphants (Élephant d'Afrique ou d'Asie). Ces animaux sont facilement identifiables par leur silhouette caractéristique et leur trompe. Des fossiles d'os et de dents d'espèces disparues révèlent des ressemblances avec le squelette et les dents d'éléphants actuels. Existe-t-il un lien de parenté entre les espèces actuelles et ces espèces fossiles ?

1 Le *Mastodon* américain (- 2 Ma)

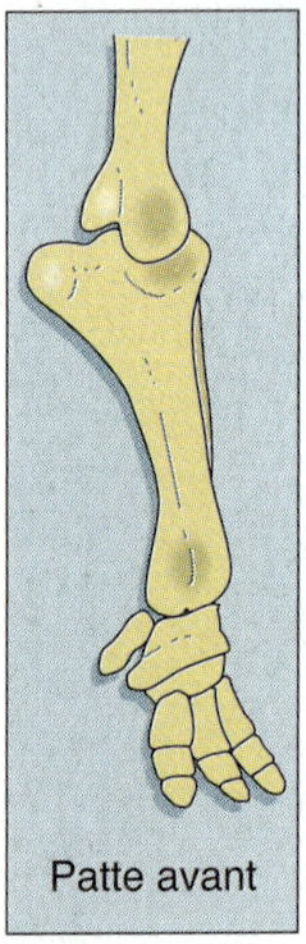

Caractéristiques du squelette du *Mastodon* américain :

- 3 m au garrot, corps allongé.
- Molaires massives à crêtes transversales.
- Incisives supérieures transformées en défenses très longues.
- Membres en colonne à 5 doigts.
- Métacarpiens* allongés en colonnes.
- Présence d'une trompe.

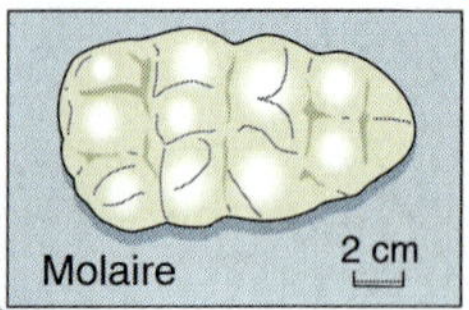

2 Le *Gomphotherium* (- 15 Ma)

Caractéristiques du squelette du *Gomphotherium* :

- 3 m au garrot.
- Molaires massives à crêtes transversales.
- Incisives supérieures et inférieures transformées en défenses.
- Membres en colonne à 5 doigts.
- Métacarpiens* allongés en colonnes.
- Présence d'une trompe.

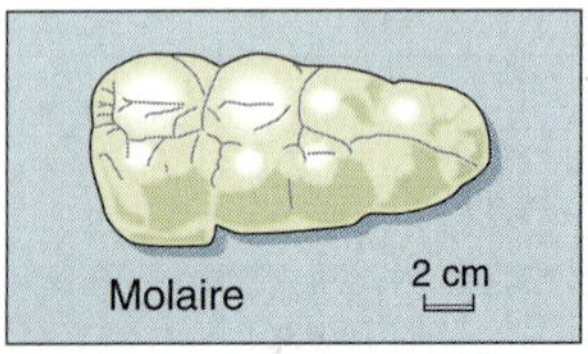

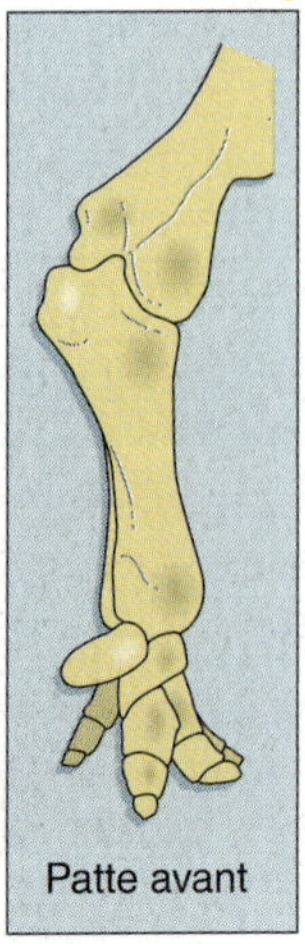

3 L'éléphant d'Afrique (Actuel)

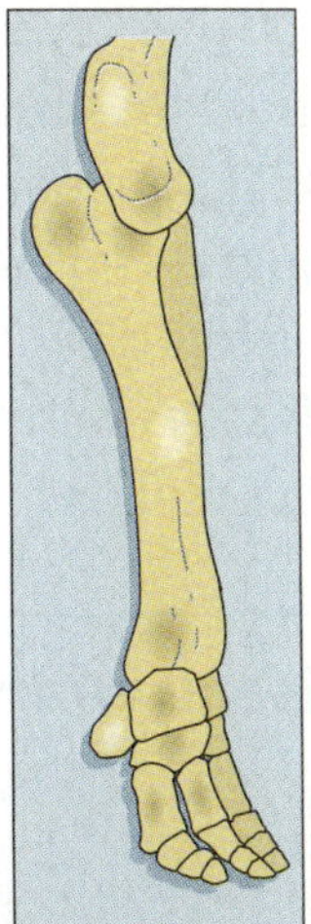

Patte avant

Caractéristiques de l'éléphant actuel :

- 4 m au garrot, 6 tonnes, 9 m de long.
- Molaires massives avec crêtes transversales en losanges.
- Incisives supérieures transformées en défenses.
- Membres en colonne à 5 doigts.
- Métacarpiens allongés en colonnes.
- Présence d'une trompe.

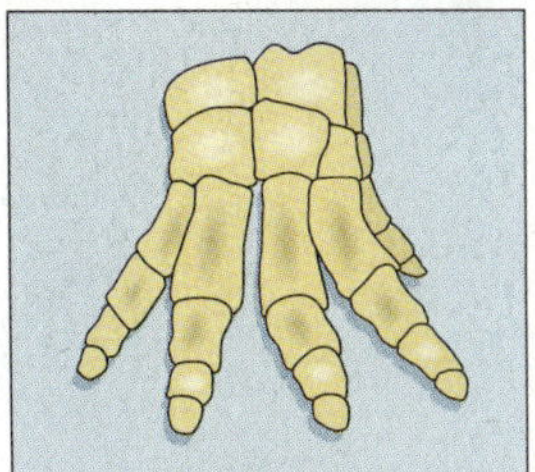

Pied avant

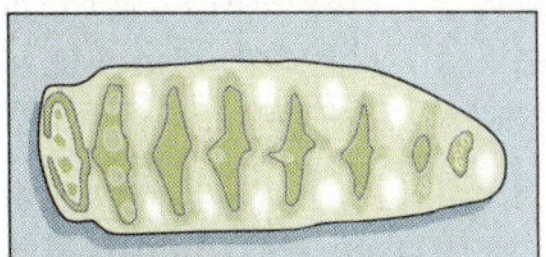

Molaire

4 Le *Paleomastodon* (- 35 Ma)

Molaire

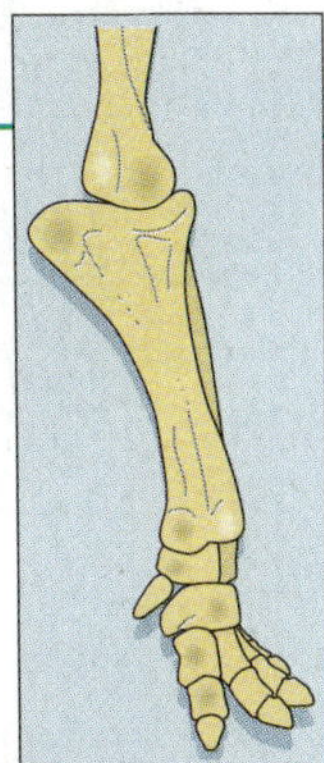

Patte avant

On n'a retrouvé du *Paleomastodon* qu'un squelette incomplet. Les paléontologues* en ont cependant déduit la taille de cet animal (1,80 m au garrot) et les caractères suivants :

- Molaires à crêtes transversales.
- Incisives supérieures et inférieures transformées en défenses.
- Membres en colonne à 5 doigts.
- Métacarpiens allongés en colonnes.
- Présence possible d'une trompe.

Exploitation

1. Comparez les molaires de ces différents animaux, actuels ou fossiles : points communs et différences, sur les documents.

2. Le squelette des membres antérieurs des différentes espèces fossiles et celui des membres antérieurs de l'éléphant présentent les mêmes caractères. Retrouvez-les.

3. Pourquoi parle-t-on de parenté entre le *Paleomastodon*, le *Gomphotherium*, le *Mastodon* américain et l'éléphant ?

4. Les scientifiques pensent qu'une nouvelle espèce apparaît à partir de modifications survenues chez une espèce ancêtre. L'établissement d'une filiation entre deux espèces est cependant difficile. Pourquoi ?

Vocabulaire

Métacarpiens : Os de la main.
Paléontologue : Scientifique qui étudie les fossiles.

Bilan

► ***L'existence de ressemblances entre espèces fossiles et actuelles permet d'établir leur parenté.***

► ***L'étude de formes fossiles parentes suggère que de petits changements apparus chez des formes ancestrales peuvent conduire à la mise en place de nouvelles espèces.***

► ***L'idée d'une transformation des êtres vivants au cours du temps est à la base de l'idée d'évolution.***

activité 4

Une forme intermédiaire

Les plus vieux fossiles d'oiseaux connus actuellement sont les *Archeopteryx*. Ils sont datés de 150 millions d'années. Sept exemplaires ont été découverts en Europe. Ils possèdent la particularité d'avoir des caractères à la fois d'Oiseau et de Dinosaure.
Ces formes fossiles permettent-elles de faire apparaître un lien entre Dinosaures et Oiseaux ?

1 L'*Archeopteryx*, premier oiseau connu

Fossile d'un *Archeopteryx*.

- Il y a 150 millions d'années, vivait l'*Archeopteryx*, le premier oiseau connu.
- Les fossiles de l'*Archeopteryx* ont permis de reconstituer son squelette et l'aspect général de l'animal.
Les plumes sont remarquables par leur ressemblance avec celles des oiseaux actuels.
Le bassin de l'*Archeopteryx* est celui d'un reptile. Il est prolongé par une longue queue formée avec de nombreuses vertèbres.
Comme chez les oiseaux actuels, les clavicules sont soudées en « fourchette » mais le « bec » est pourvu de dents.
- L'*Archeopteryx* se contentait-il de courir ou était-il capable de voler ? On ne peut rien affirmer.

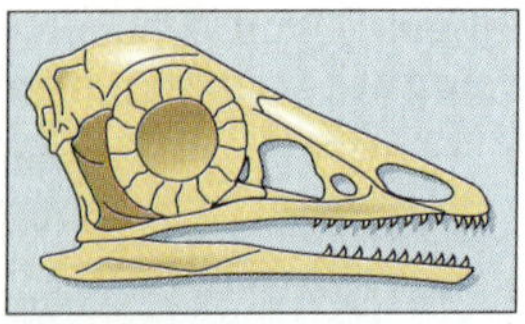

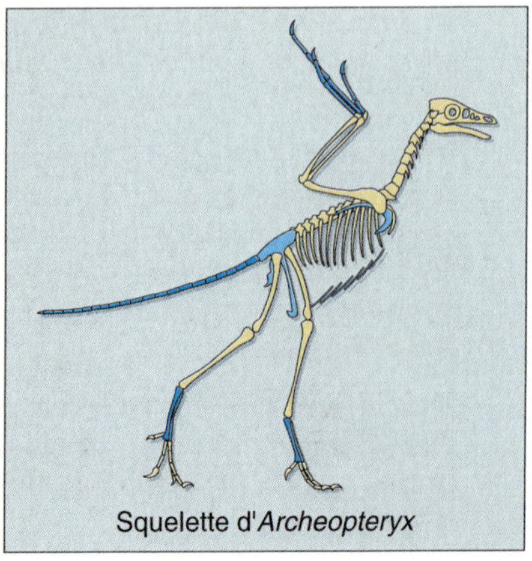

Squelette d'*Archeopteryx*

Reconstitution d'un *Archeopteryx*

2 Un oiseau actuel : la perdrix

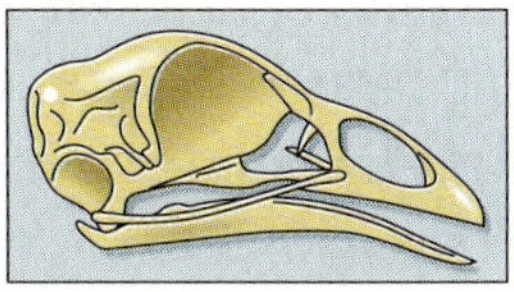

Squelette de perdrix

- On parle d'oiseau quand l'animal, vertébré, possède des plumes.
- Les oiseaux actuels présentent un bassin allongé, une queue courte constituée de vertèbres soudées, des clavicules en « fourchette », un bec sans dent.

3 Un petit dinosaure : le *Compsognathus*

Reconstitution de ***Compsognathus***

- Il y a 150 millions d'années, vivait un petit dinosaure*, le *Compsognathus*.
- Il était contemporain de l'*Archéoptéryx* et présentait les caractères suivants : un bassin de reptile prolongé par une longue queue formée de nombreuses vertèbres et un « bec » avec des dents.

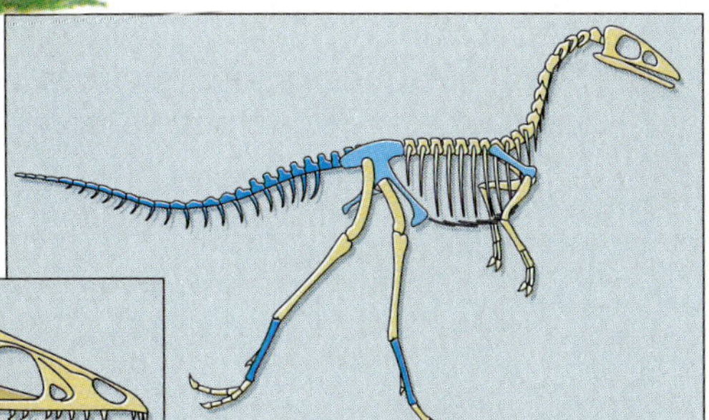

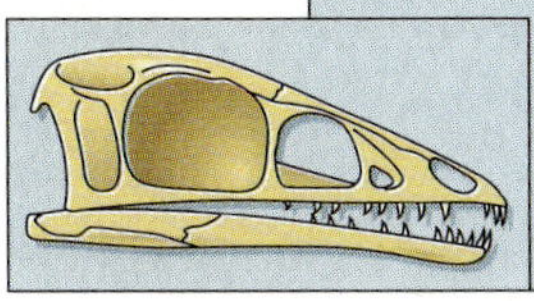

Squelette de *Compsognathus*

Exploitation

1. a. Comparez les documents ❶ et ❷ pour faire apparaître les caractères « Oiseau » de l'*Archeopteryx*.
b. Comparez les documents ❶ et ❸ pour faire apparaître les caractères « Reptile » de l'*Archeopteryx*.

2. a. Les premiers fossiles de reptiles datent de 280 millions d'années.
Rappelez les âges du plus vieil oiseau connu (document ❷) et du *Compsognathus* (document ❸).
b. Peut-on supposer l'existence d'une parenté entre le groupe Oiseau et le groupe Dinosaure ? Justifiez votre réponse.
c. Expliquez le terme de « formes intermédiaires » donné aux fossiles d'*Archeopteryx*.

Vocabulaire

Dinosaures : Groupe de reptiles fossiles.

Bilan

► ***Certains caractères reptiliens mis en évidence chez les Oiseaux primitifs permettent d'avancer que le groupe « Oiseau » a pris naissance dans le groupe « Reptile ».***

INFOS
Évolution

L'évolution des êtres vivants

Les espèces vivantes ou ayant vécu sur la Terre sont nombreuses et variées. En fait, l'étude de leurs caractères montre qu'elles ont entre elles de nombreux points communs. Ces points communs permettent d'établir une filiation, c'est-à-dire des liens de parenté. On construit ainsi des « arbres généalogiques » des grands groupes animaux, végétaux ou autres, ayant peuplé la Terre.

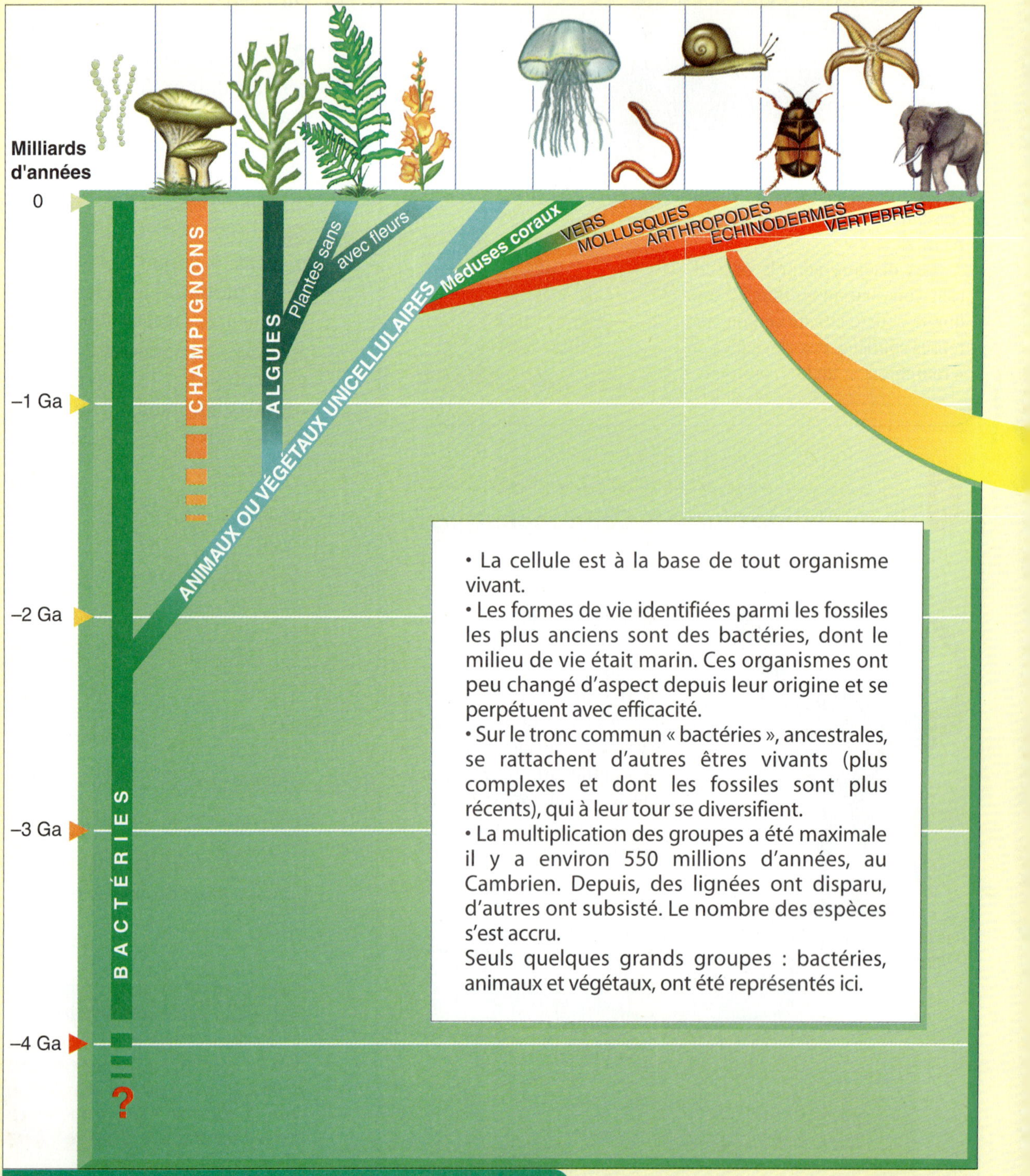

• La cellule est à la base de tout organisme vivant.
• Les formes de vie identifiées parmi les fossiles les plus anciens sont des bactéries, dont le milieu de vie était marin. Ces organismes ont peu changé d'aspect depuis leur origine et se perpétuent avec efficacité.
• Sur le tronc commun « bactéries », ancestrales, se rattachent d'autres êtres vivants (plus complexes et dont les fossiles sont plus récents), qui à leur tour se diversifient.
• La multiplication des groupes a été maximale il y a environ 550 millions d'années, au Cambrien. Depuis, des lignées ont disparu, d'autres ont subsisté. Le nombre des espèces s'est accru.
Seuls quelques grands groupes : bactéries, animaux et végétaux, ont été représentés ici.

↑ 1. Arbre généalogique simplifié du monde vivant

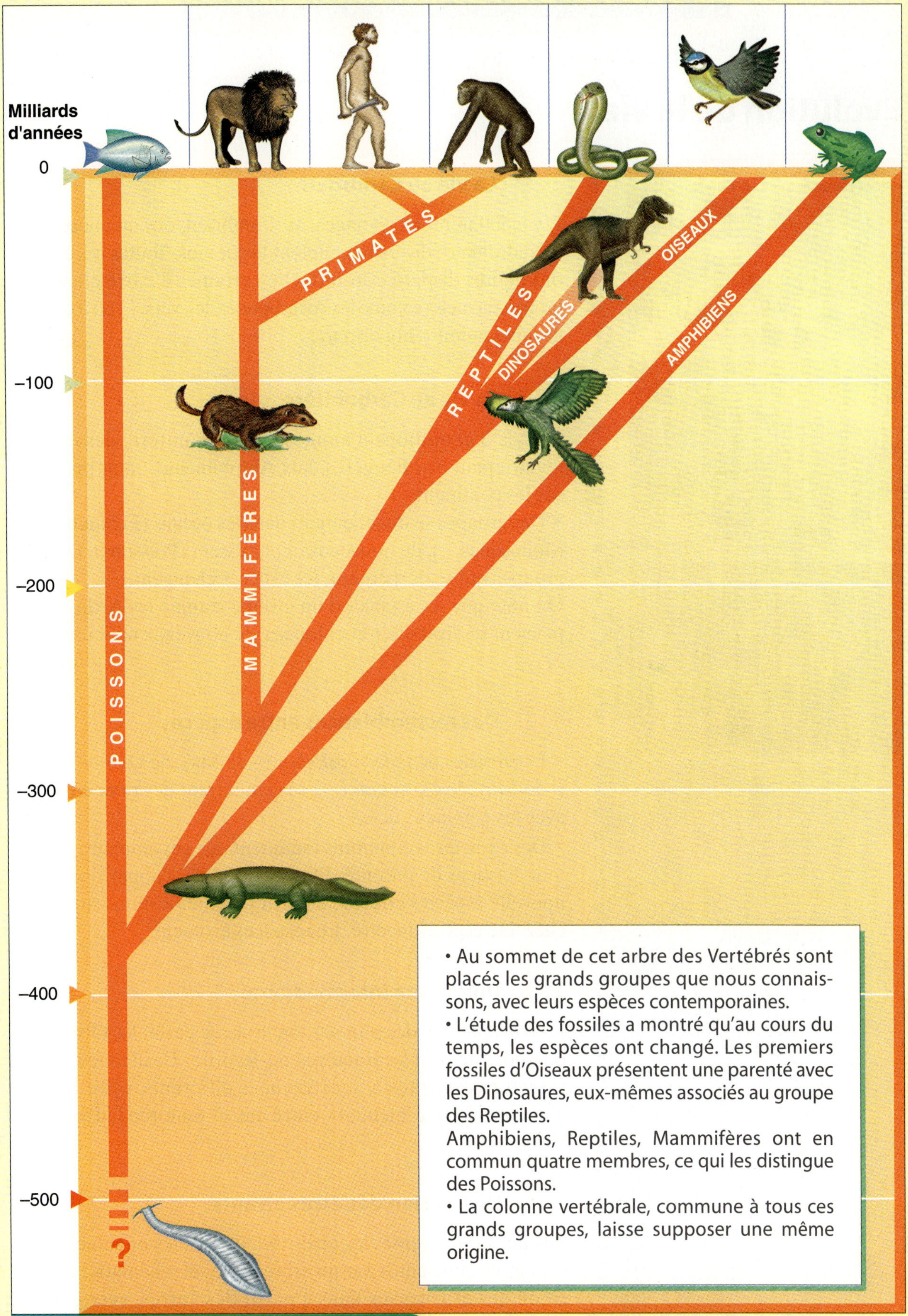

• Au sommet de cet arbre des Vertébrés sont placés les grands groupes que nous connaissons, avec leurs espèces contemporaines.
• L'étude des fossiles a montré qu'au cours du temps, les espèces ont changé. Les premiers fossiles d'Oiseaux présentent une parenté avec les Dinosaures, eux-mêmes associés au groupe des Reptiles.
Amphibiens, Reptiles, Mammifères ont en commun quatre membres, ce qui les distingue des Poissons.
• La colonne vertébrale, commune à tous ces grands groupes, laisse supposer une même origine.

2. Arbre généalogique des Vertébrés

Évolution de la vie

1 La vie au Cambrien

Il y a 500 millions d'années, au Cambrien, des animaux d'une extraordinaire diversité peuplent les océans. Toutes ces espèces ont depuis disparu. On rattache certaines d'entre elles à des groupes actuels (comme les Arthropodes, les Vers…) ou à d'autres groupes aujourd'hui disparus. ▶ ACTIVITÉ 1

2 La vie au Carbonifère

• Il y a 350 millions d'années, au Carbonifère, des espèces appartenant aux Fougères, aux Amphibiens… sont présentes sur les continents.

• Des groupes se maintiennent dans les océans (Échinodermes, Mollusques…), de nouveaux apparaissent (Poissons). Dans les groupes qui se perpétuent, les espèces changent.
On note que les espèces d'un groupe comme les Arthropodes peuvent se diversifier et coloniser de nouveaux milieux de vie.

▶ ACTIVITÉ 2

3 Des ressemblances entre espèces

• Les fossiles de *Paleomastodon* (– 35 Ma), de *Gomphoterium* (–15 Ma), de *Mastodon* (– 2 Ma) montrent des ressemblances avec les éléphants actuels.

• Des caractères communs indiquent que ces animaux présentent des liens de parenté. Ils suggèrent que l'apparition d'une nouvelle espèce s'effectue à partir de modifications survenues chez une espèce ancêtre. Les espèces évoluent. ▶ ACTIVITÉ 3

4 Une forme intermédiaire

L'*Archeopteryx* a des plumes : on le classe parmi les Oiseaux. Il possède aussi des caractères de Reptile. L'existence de ces caractères, propres à deux groupes différents, offre l'image d'une forme intermédiaire entre eux et renforce l'idée d'évolution. ▶ ACTIVITÉ 4

5 L'évolution des êtres vivants

Les liens de parenté des êtres vivants fossiles et actuels peuvent être représentés par un arbre. Celui-ci schématise l'apparition des espèces les unes à partir des autres, avec comme ancêtre commun des bactéries, nées dans les océans. ▶ INFOS

CE QU'IL FAUT RETENIR

LES NOTIONS ESSENTIELLES

- Au cours du temps les espèces se renouvellent : elles naissent, prospèrent et disparaissent.
- Les nouvelles espèces dérivent d'espèces existantes : elles résultent de la transformation de caractères appartenant à l'espèce d'origine (ancêtre). Il y a parenté par la descendance. Le monde vivant évolue.
- Tous les êtres vivants ont une origine commune : des bactéries apparues dans les océans.

Les mots clés

Évolution : L'évolution est le processus par lequel de nouvelles espèces apparaissent et d'autres disparaissent au cours du temps.

Fossile : Squelette ou trace d'organisme ayant vécu sur la Terre.

LE SCHÉMA

L'évolution des espèces

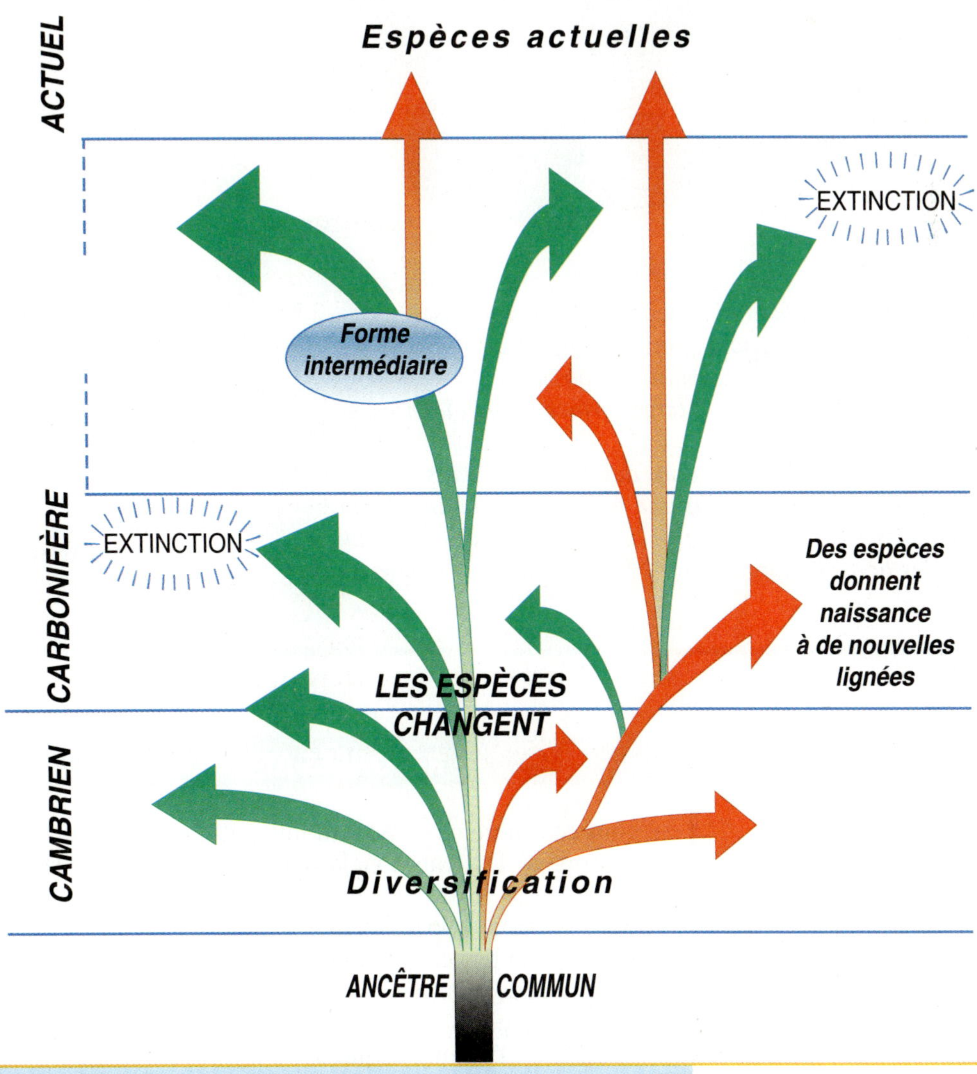

EXERCICE CORRIGÉ

Les ancêtres du cheval

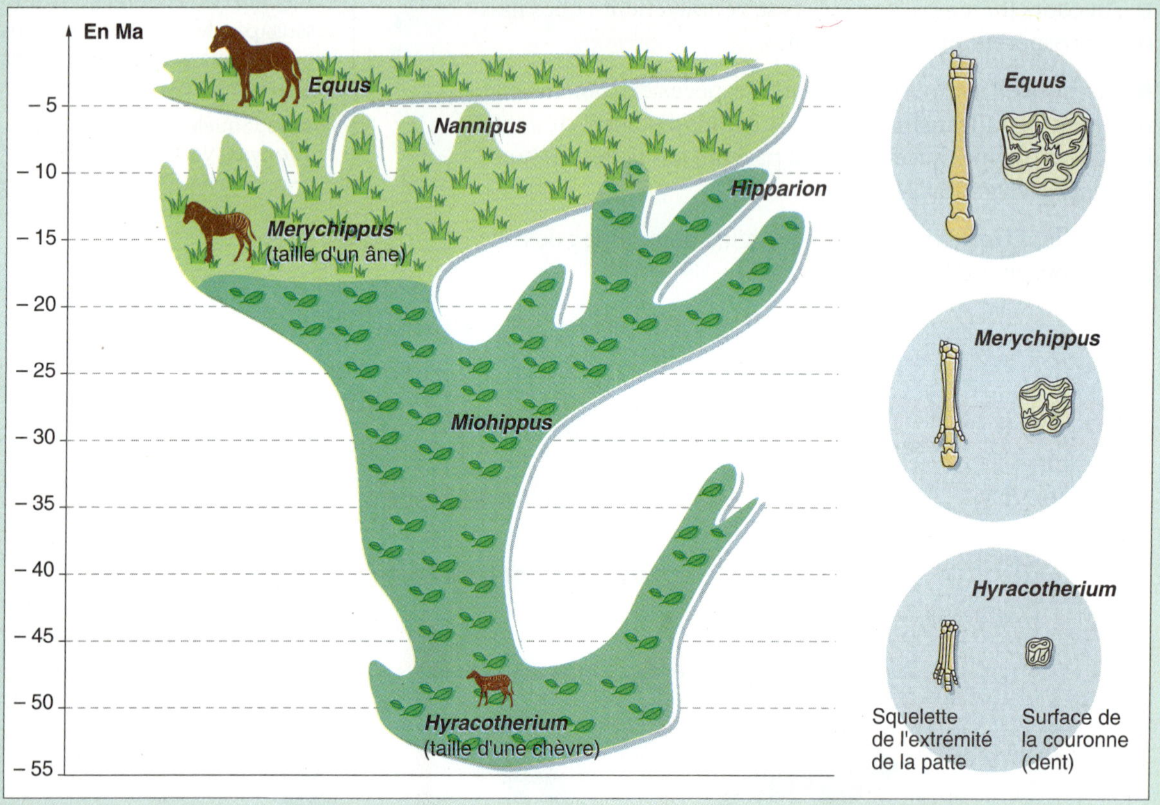

Le cheval appartient à la famille des Équidés, caractérisée par :
– l'extrémité de la patte, possédant un doigt central très développé (les doigts latéraux étant réduits ou absents) ;
– des dents dont la couronne à large surface permet le broyage des végétaux.
Ces caractéristiques, retrouvées dans des os ou des dents fossiles datées de la période actuelle jusqu'à 60 millions d'années ont permis de classer ces fossiles parmi les Équidés et de mettre en évidence des liens de parenté entre Équidés fossiles et cheval actuel.

QUESTION

À partir des documents, citez les caractères communs et les caractères différents entre ces Équidés : *Hyracotherium*, *Merychippus* et *Equus.*

Objectif ▶ Raisonner : mettre en relation des informations

POUR RÉUSSIR L'EXERCICE

Vous devez :

- Lire attentivement le texte.
- Comparer les croquis représentant la patte, la molaire, la silhouette de chaque animal.

RÉPONSES ATTENDUES

- Tous ces animaux possèdent une patte dont le doigt central est développé et des dents dont la couronne présente une large surface.
- Des variations apparaissent cependant :
  – le doigt central est plus important chez *Equus* ; les doigts latéraux sont réduits ;
  – la couronne des dents a une surface plus grande chez *Equus* ;
  – la taille de l'animal augmente d'*Hyracotherium* à *Equus*.

EXERCICES

TESTS RAPIDES

1 Donner une définition

Donnez la définition des mots suivants :

• Espèce • Cellule • Dinosaure • *Archeopteryx* • Évolution • Forme intermédiaire

2 Chasser l'intrus

Dans chaque suite de mots, relevez celui qui n'a aucun rapport avec les autres.

1. • *Paleomastodon* • Cheval • *Gomphotherium* • Éléphant d'Afrique

2. • Reptiles • Poissons • Crustacés • Amphibiens • Mammifères

VÉRIFIER SES CONNAISSANCES

3 Rédiger une phrase

Construisez une phrase en utilisant les mots ou groupes de mots proposés.

Phrase 1 : • milieu marin • Cambrien • diversité des espèces.

Phrase 2 : • conquête des terres émergées • sortie des eaux • Carbonifère.

Phrase 3 : • ancêtre des éléphants • ressemblances • pattes antérieures • dents • éléphant actuel.

Phrase 4 : • *Archeopteryx* • Oiseau • dinosaures • forme intermédiaire.

Phrase 5 : • ensemble des êtres vivants • origine • arbre généalogique • bactéries.

4 Compléter un tableau

Recopiez le tableau puis placez, dans les cases qui conviennent, le signe + quand le caractère est présent, le signe – quand le caractère est absent.

Animaux / Caractères	Archeopteryx	Dinosaure	Oiseau
Plumes			
Bec			
Dents			
Queue avec vertèbres			
Queue sans vertèbres			

APPLIQUER DES CONNAISSANCES ET DES SAVOIR-FAIRE

5 S'informer à partir d'un tableau Raisonner

De nombreux fossiles rattachés à la lignée humaine ont été découverts en Afrique.
Des caractéristiques de quelques-uns de ces fossiles ont été rassemblées dans le tableau ci-dessous.

	Australopithecus afarensis **(Lucy) – 5 à - 3 Ma**	***Homo habilis*** **(homme habile) – 2 à – 1,5 Ma**	***Homo erectus*** **(homme dressé) – 1,7 Ma à – 700 000 ans**

Bipédie	+	+	+
Volume de crâne	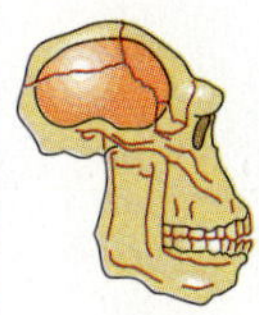 380 à 450 cm^3	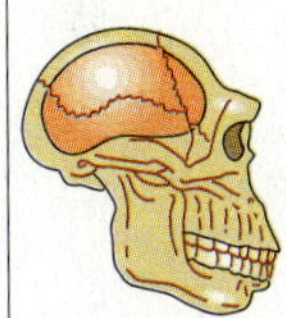 600 à 700 cm^3	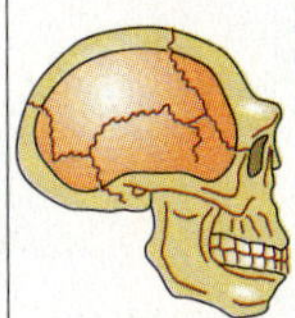 900 à 1100 cm^3
Présence d'une crête sur le crâne	+	–	–
Milieu de vie	Forêt et savane	Savane	Savane
Fabrication d'outils	–	+	+

Le chimpanzé, singe le plus proche de l'Homme, est un quadrupède, le volume de son crâne est d'environ 400 centimètres cubes, il possède une crête sur le crâne, vit en forêt et ne fabrique pas d'outils.

1. Citez un caractère commun à tous les représentants de la lignée humaine.

2. Justifiez l'appartenance au genre humain (*Homo*) des deux derniers fossiles.

3. Indiquez comment évolue le volume du crâne dans la lignée humaine.

CHAPITRE

10 Histoire de la vie

La Terre s'est formée il y a 4,5 milliards d'années.
500 millions d'années plus tard, les conditions d'apparition de la vie sont réunies. Les premières traces de vie sont datées, aujourd'hui, de 4 milliards d'années.
L'histoire de la vie est marquée par des accélérations et des changements brutaux, intimement liés à l'histoire de la Terre.

Les questions qui se posent

- Comment la Terre s'est-elle formée ? ▶ INFOS
- Quelles sont les premières formes de vie connues sur Terre ? ▶ ACTIVITÉ 1
- Quelles sont les grandes étapes de l'évolution de la vie sur Terre ? ▶ INFOS
- Les changements d'espèces (disparition, apparition) sont-ils liés à des transformations ayant affecté la surface de la Terre ? ▶ ACTIVITÉS 2 ET 3
- La connaissance de l'histoire de la vie et de la Terre permet-elle de diviser les temps géologiques ? ▶ INFOS

INFOS
Recherche des origines

L'origine de la Terre

Les données scientifiques accumulées par les astronomes, les observations tirées de l'exploration de la Lune ou des autres planètes, l'analyse des météorites, ont permis d'établir que la Terre s'est formée en même temps que l'ensemble du système solaire. Un scénario satisfaisant sur son origine peut être proposé.

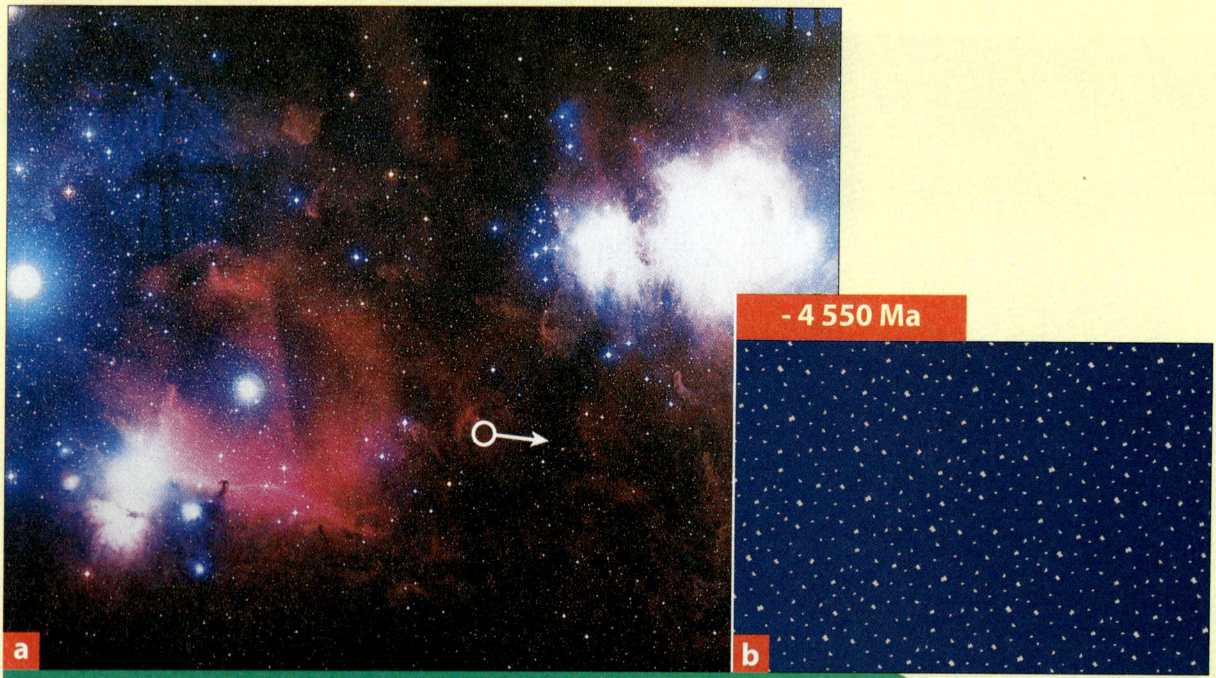

1. Dans l'univers, des régions gazeuses et poussiéreuses

Il existe dans l'univers des régions gazeuses et poussiéreuses dans lesquelles se forment de nouvelles étoiles ; ici, une région de la nébuleuse d'Orion (**a**). Ces nébuleuses contiennent des « grumeaux », petits grains de poussières dispersés dans un mélange gazeux. Les données scientifiques montrent que dans un grumeau semblable à ceux-ci (**b**), il y a 4 550 millions d'années, s'amorçait la formation du système solaire.

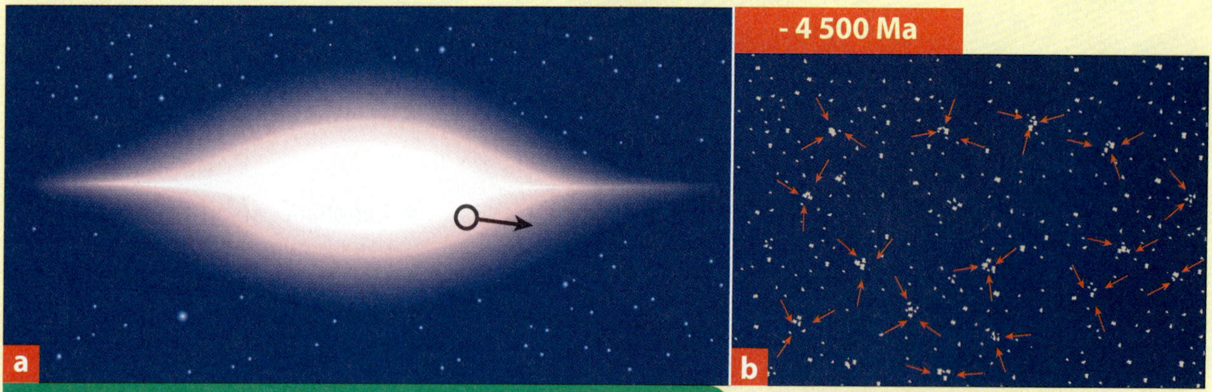

2. La naissance d'une étoile

L'observation des grumeaux des nébuleuses actuelles montre que les gaz et les poussières peuvent se condenser et se mettre en mouvement autour d'un point. Un disque se forme (**a**). L'étoile se constitue au centre. L'étoile « Soleil » s'est ainsi mise en place il y a 4 550 millions d'années.
Dans les zones périphériques, les poussières commencent à se rassembler (**b**).

- 4 500 Ma

a

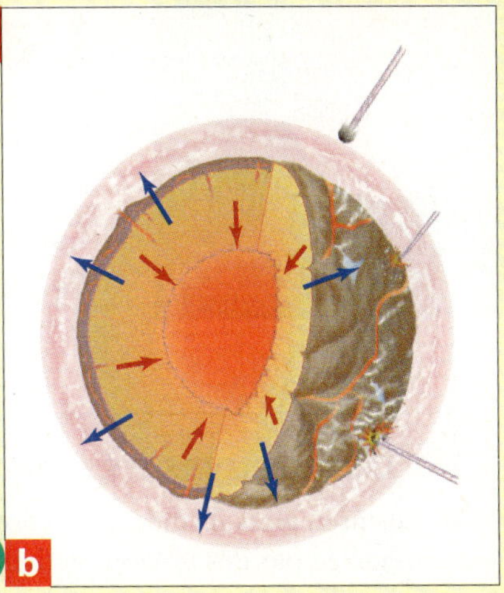

b

3. La formation des planètes

Autour de l'étoile, les poussières s'agglomèrent en amas de plus en plus importants pour former des cailloux, des petites planètes et enfin des planètes qui s'individualisent (**a**). Les chocs réchauffent fortement ces planètes qui fondent. Les matériaux qui les constituent commencent à se séparer (**b**). Les éléments lourds vont au centre, des gaz s'échappent vers la surface pour former l'atmosphère primitive.

- 4 500 à - 4 000 Ma

a

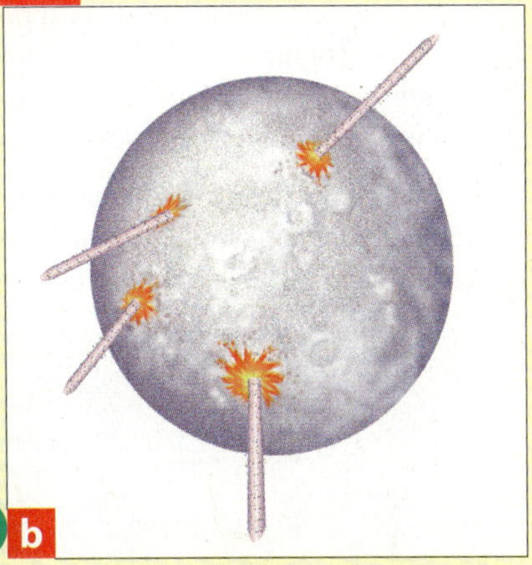

b

4. La Terre primitive dans le jeune système solaire

De – 4 500 à – 4 000 millions d'années, les neuf planètes principales se sont constituées autour du Soleil (**a**). La surface de la Terre, petite planète tournant autour du Soleil, se refroidit mais reçoit toujours des blocs de taille variée (**b**). Elle se crible de cratères. L'atmosphère devient épaisse. La vapeur d'eau se condense, l'eau apparaît sous sa forme liquide.

- 4 000 Ma

a

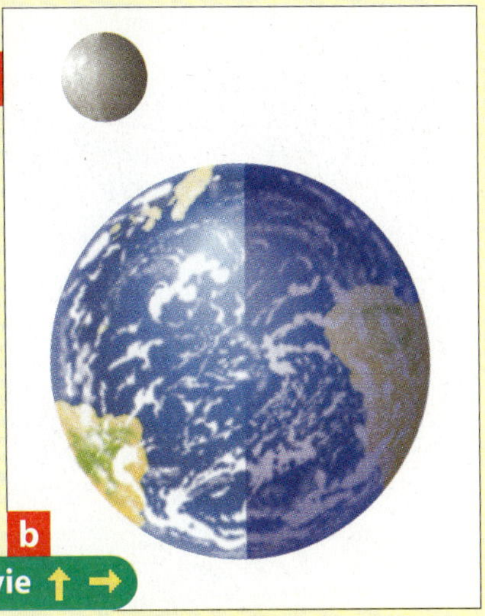

b

5. Sur Terre, des changements favorables à l'installation de la vie

Il y a 4 milliards d'années, le bombardement de météorites ralentit très fortement. Les planètes du système solaire sont constituées (**a**). La Terre a un satellite, la Lune. La température de sa surface a considérablement diminué. Elle possède de grandes étendues d'eau liquide (**b**). La vie peut s'installer.

activité 1

L'apparition de la vie

Pendant les 500 premiers millions d'années de son histoire, la Terre était peu hospitalière, très chaude, sans forme de vie connue à ce jour. Comment la vie est-elle apparue sur Terre ? Ce problème est loin d'être entièrement résolu.

1 Des preuves très anciennes d'une présence de vie

- Les premières formes de vie dont nous avons le témoignage par des traces d'activité datent de 3,85 milliards d'années. La vie avait donc débuté avant.
- En Australie, il existe à l'affleurement des boules de calcaire qui sont datées de 3,5 milliards d'années. Dans le détail, leur structure montre une superposition de fines couches (**a**).
- On connaît, dans des environnements aquatiques actuels, des formations similaires appelées stromatolites (**b**). Elles sont dues à l'activité de bactéries*. Quand les conditions sont favorables au développement bactérien, une fine couche de calcaire se dépose (**c**).
- Des fossiles datant de 3,5 milliards d'années, dans ce même gisement australien, rappellent par leur forme, des bactéries* actuelles, disposées en filament (**d**).

a Section d'une formation calcaire vieille de 3,5 milliards d'années.

b Vue d'ensemble de stromatolites actuelles.

c Section d'une stromatolite actuelle.

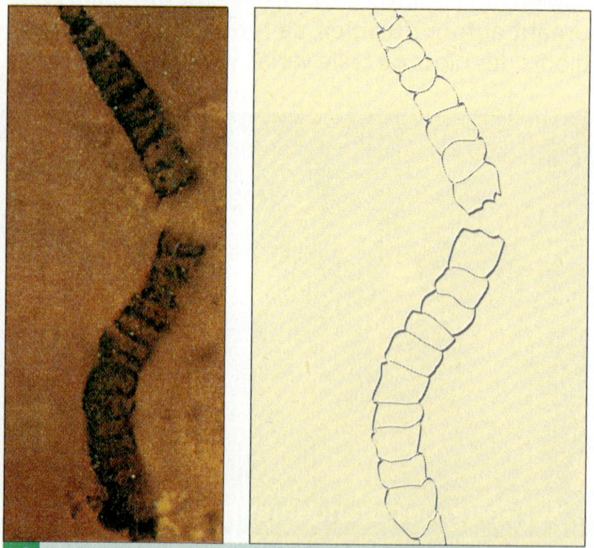

d Le plus vieil organisme fossile connu est daté de - 3,5 milliards d'années (photographie et dessin).

2 Passage des composés chimiques à la cellule

● Les êtres vivants sont constitués de substances complexes telles que les protéines* qui leur sont caractéristiques. Ces protéines sont un assemblage de composés chimiques.

● Dans la poussière interstellaire des nébuleuses (**a**) et dans les météorites (**b**), on a identifié les composés nécessaires à la construction des protéines.

Cependant, le passage des protéines à la cellule, douée de vie, reste aujourd'hui scientifiquement inconnu. Si l'on sait fabriquer des protéines, le passage à la cellule n'a pas pu être résolu en laboratoire.

a Une nébuleuse actuelle.

b Une météorite, reste des poussières de notre nébuleuse, âgée de 4,5 milliards d'années.

Exploitation

1. a. Décrivez les stromatolites actuels (document **1 b** et **c**).

b. Comparez ces formations calcaires actuelles aux formations australiennes datées de 3,5 milliards d'années (document **1 a**).
Qu'en déduisez-vous ?

2. D'après les témoignages fossiles, à quel groupe d'êtres vivants appartiennent les premiers habitants de la Terre (document **1**) ?

3. D'où peuvent venir les composés nécessaires à la vie ?

4. Peut-on aujourd'hui créer la vie ? Justifiez votre réponse (document **2**).

Vocabulaire

Bactérie : Organisme formé d' une ou plusieurs cellules sans noyau.
Protéine : Constituant chimique caractéristique des êtres vivants.

Bilan

► ***Les premières traces de vie connues datent de 3,85 milliards d'années. La vie est sans doute apparue sur Terre, il y a environ 4 milliards d'années, soit 150 millions d'années plus tôt.***

► ***Les premières formes de vie sont très simples. Ce sont des bactéries qui se développaient en milieu aquatique.***

INFOS

Recherche des origines

Les grandes innovations de la vie

La vie est apparue sur Terre il y a environ 4 milliards d'années. De façon certaine, on sait qu'elle existait à 3,85 milliards d'années, grâce aux traces que l'on peut trouver dans des roches. Elle est née et s'est développée dans l'eau.

- Les premières formes de vie étaient des bactéries, cellules sans noyau. Elles sont apparues, il y a vraisemblablement 4 milliards d'années, et sont restées pendant environ 2 milliards d'années les seuls êtres vivants sur Terre, dans les océans (cadre jaune sur le schéma).
- Il y a 2,1 milliards d'années, à côté des bactéries, sont apparus des organismes généralement unicellulaires, mais possédant des cellules à noyau (cadre vert sur le schéma).
- Il y a environ 700 millions d'années, des êtres pluricellulaires simples se développent (cadre rouge sur le schéma).
- Il y a 550 millions d'années environ (au Cambrien), en moins de 30 millions d'années, c'est-à-dire en moins de 1 % de l'âge de la Terre, presque tous les grands groupes d'animaux connus aujourd'hui apparaissent : c'est ce qu'on appelle **« l'explosion cambrienne »**. C'est de cette époque que datent, par exemple, les ancêtres des Vertébrés (cadre bleu sur le schéma).
- Il y a 350 millions d'années (au début du Carbonifère), des espèces végétales colonisent déjà les continents. Elles précèdent de quelques dizaines de millions d'années les espèces animales. Depuis, la vie s'est diversifiée, sur les continents comme dans les océans (détail dans la loupe).

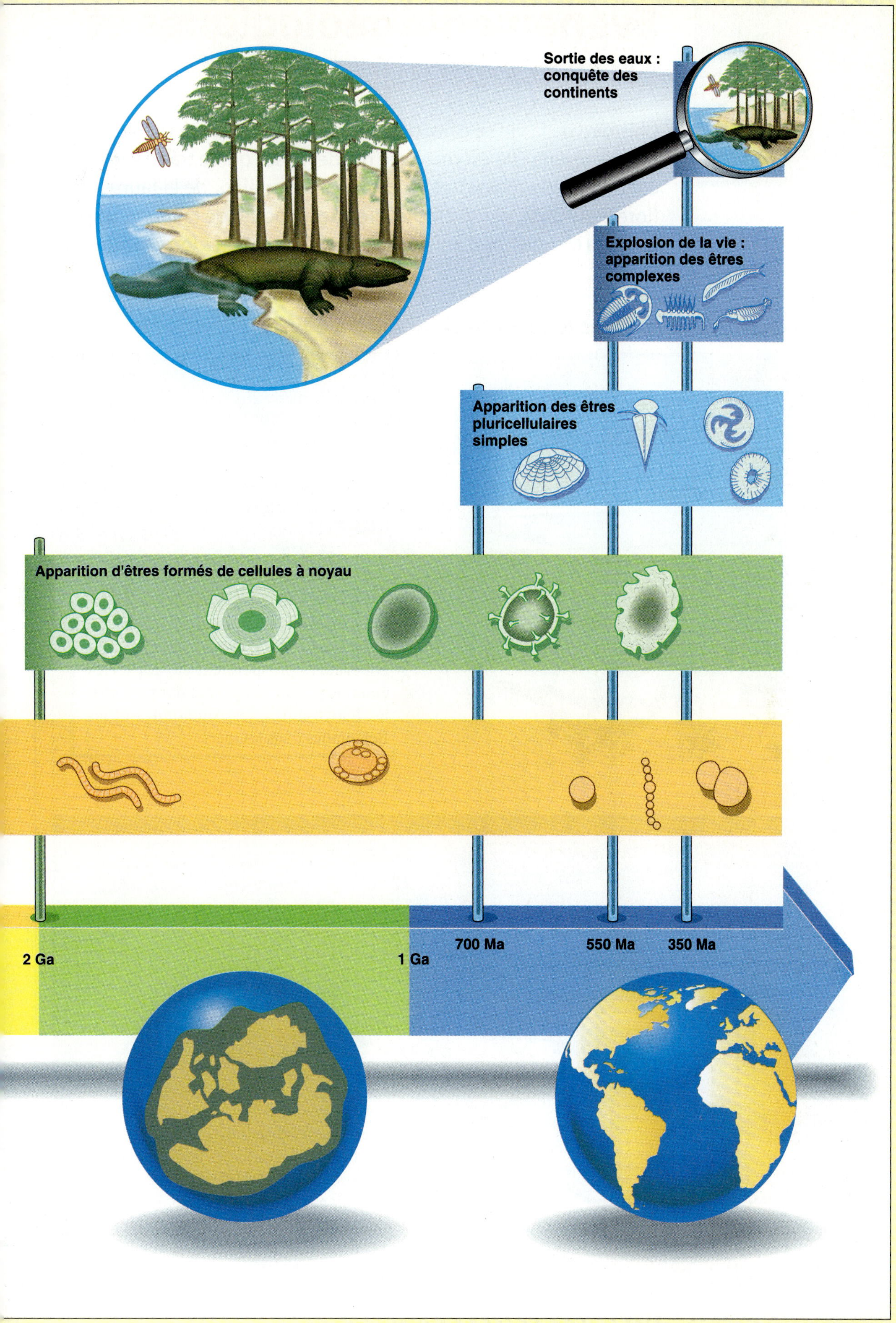

Sortie des eaux : conquête des continents
Explosion de la vie : apparition des êtres complexes
Apparition des êtres pluricellulaires simples
Apparition d'êtres formés de cellules à noyau
2 Ga
1 Ga
700 Ma
550 Ma
350 Ma

activité 2

Événements géologiques et crise biologique

L'histoire de la vie se caractérise par la transformation permanente du monde vivant. Elle est marquée par des crises qui se traduisent par des extinctions de masse* et un changement majeur de la faune et de la flore. Pourquoi, par exemple, près de la moitié de la faune disparaît-elle il y a 65 millions d'années, laissant la place à des formes nouvelles ?

1 Des changements dans le monde vivant, il y a 65 Ma

2 Il y a 65 Ma : deux catastrophes géologiques

Deux événements ont lieu il y a 65 millions d'années. Ils peuvent expliquer le changement brutal observé parmi la faune terrestre.

- Un cratère d'environ 250 km de diamètre a été repéré, il y a quelques années, au Mexique. Il est attribué à l'impact d'une énorme météorite, daté de 65 millions d'années (**a**). L'impact a engendré un raz de marée et sans doute une énorme production de poussières plongeant la planète dans l'obscurité pendant plusieurs années avec des hivers prolongés puis des étés torrides.
- Au nord-ouest de l'Inde, de vastes coulées de laves ont recouvert une surface de plus de un million de kilomètres carrés, c'est-à-dire deux fois la surface de la France (**b**). Ces coulées sont datées de 65 millions d'années environ. Cet épisode volcanique spectaculaire, accompagné de l'émission d'énormes volumes de cendres et de dioxyde de carbone dans toute l'atmosphère, s'est effectué en moins de 500 000 ans. Le climat a été profondément perturbé pendant la durée de ces émissions.

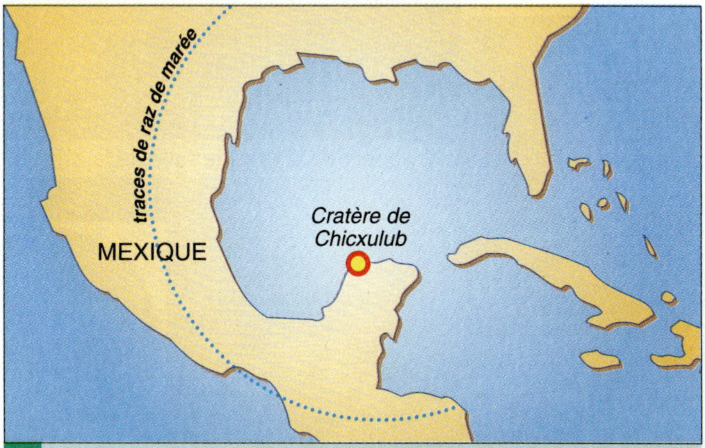

a Localisation du cratère à proximité des côtes mexicaines.

b Les coulées volcaniques du nord-ouest de l'Inde peuvent atteindre par endroit 3 000 m d'épaisseur.

Exploitation

1. Justifiez le terme de *crise biologique* utilisé dans le titre pour désigner les événements qui se sont déroulés il y a 65 millions d'années (document 1).

2. a. Quels sont les facteurs de l'environnement qui ont pu être modifiés par chacune de ces deux catastrophes (document 2) ?

b. Pourquoi ces facteurs peuvent-ils être à l'origine d'un changement dans la composition de la faune et de la flore ?

Vocabulaire

Extinction de masse : Ici, disparition définitive de groupes d'êtres vivants.

Bilan

▶ ***Des événements brutaux à l'échelle planétaire, comme une chute de météorite, un intense volcanisme, peuvent entraîner des modifications importantes du climat et de l'environnement.***

▶ ***Il y a 65 millions d'années de tels événements se sont produits et ont pu provoquer de profonds changements dans les populations animales et végétales présentes à la surface du globe terrestre.***

activité 3

Modifications climatiques et changements dans le monde vivant

Près de Marseille, une grotte sous-marine a été découverte en 1995. Elle témoigne, par sa situation, ses gravures, ses peintures préhistoriques et les produits présents sur son sol (charbons, pollens), de l'environnement du site il y a 18 500 ans.

1 Les environs de la grotte Cosquer, aujourd'hui et il y a 18 500 ans

La grotte Cosquer, du nom du plongeur qui l'a découverte, est actuellement située à 37 m sous le niveau de la mer. Elle se trouvait, il y 18 500 ans, bien au-dessus du niveau de la mer. Elle s'ouvrait au pied d'une falaise calcaire. Un replat* s'étendait en pente douce depuis l'entrée, sur une douzaine de kilomètres, avant d'atteindre la mer.

b Aspect de la grande salle de la grotte.

a Vue générale de la côte, près de Marseille, où est située la grotte.

c Calotte* glaciaire du pôle nord, actuellement.

d Représentation du paysage de la région de la grotte Cosquer, il y a 18 500 ans.

e Calotte polaire, il y a 18 500 ans.

2 Les témoins d'un climat froid

a Sur une paroi de la grotte, des pingouins ont été peints, en position semi-couchée.

	Êtres vivants	Milieu de vie
Végétaux	Pins sylvestres, genévriers, bouleaux	Climat rude, sec et froid
	Nombreuses graminées	Steppe : milieu sec et froid
Animaux	Cerfs (biches)	Sous-bois de feuillus et clairières herbeuses
	Chevaux, bisons, taureaux	Steppes
	Bouquetins, chamois	Régions de rochers et falaises, climat froid
	Pingouins, phoques	Mer froide

b Quelques êtres vivants inventoriés dans la grotte. Pour chacun, les caractéristiques de leur milieu de vie ont été précisées.

3 Des données scientifiques

Le niveau de la mer et la valeur de la température ont beaucoup changé au cours des temps. Par exemple, il y a 12 000 ans, le niveau de la mer était 80 m plus bas qu'aujourd'hui et la température moyenne annuelle dans la région de la grotte Cosquer était de 8 °C.

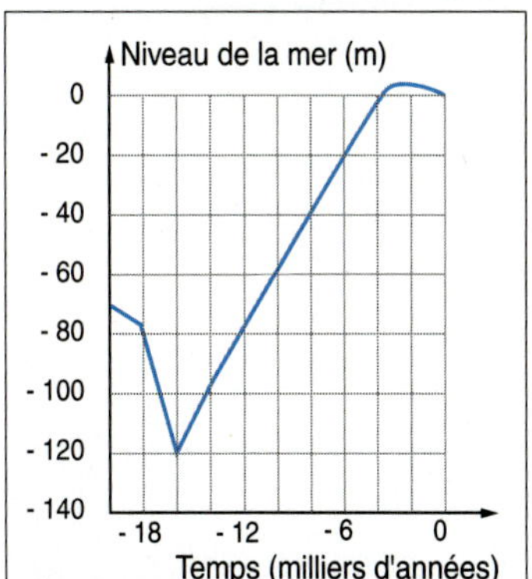

a Variations du niveau de la mer (m) par rapport au niveau actuel depuis 20 000 ans.

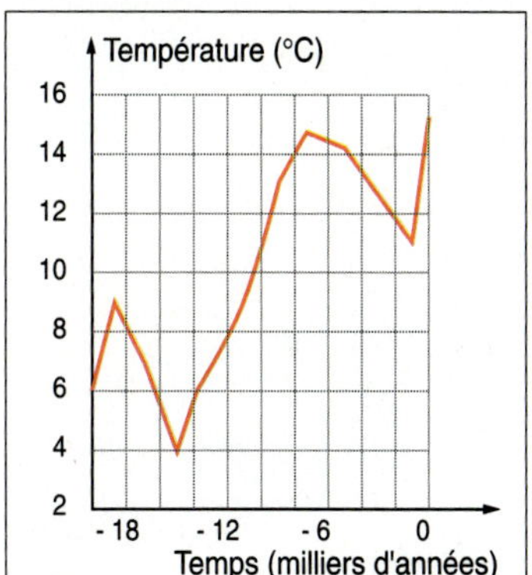

b Températures moyennes annuelles (°C) de la région de Marseille depuis 20 000 ans.

Exploitation

1. a. Quelle est la localisation actuelle de la grotte Cosquer par rapport au littoral méditerranéen (document 1). Sous quel climat est-elle située ?
b. Où était-elle localisée il y a 18 500 ans (document 1) ?

2. D'après les traces végétales retrouvées et les animaux représentés dans la grotte (document 2), déduisez le type de climat qui régnait dans la région de la grotte il y a 18 500 ans.
Justifiez votre réponse.

3. a. D'après le graphique 3 **a**, à quel niveau se situait la mer il y 18 500 ans ?
b. Comment le graphique 3 **b**, explique-t-il les variations du niveau marin ?

4. Quels sont les effets des changements de climat sur la végétation et, en conséquence, sur la faune ?

Vocabulaire

Calotte (glaciaire) : Épaisse couche de glace recouvrant une surface donnée.
Replat : Plateforme d'étendue limitée.

Bilan

▶ *Au cours du temps, le climat de la Terre a profondément changé.*

▶ *Ces modifications climatiques entraînent des bouleversements parmi les peuplements animaux et végétaux.*

INFOS

Calendrier bio-géologique

Histoire de la Terre et de la vie

Pendant 2 milliards d'années, la Terre a été géologiquement très active. Les continents étaient peu nombreux.
Depuis 2 milliards d'années, les surfaces continentales sont comparables aux surfaces actuelles. Seules les positions des continents sont modifiées.

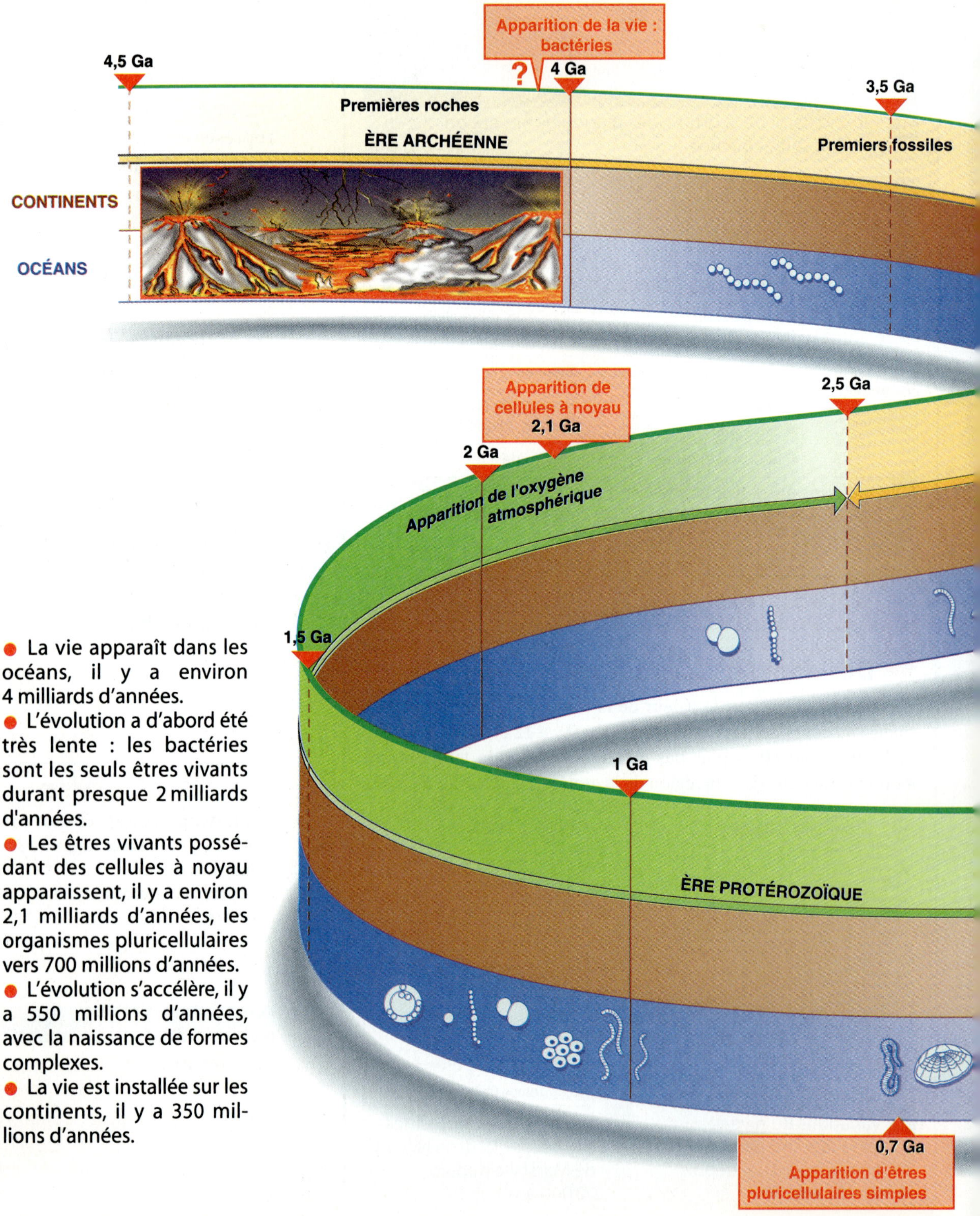

- La vie apparaît dans les océans, il y a environ 4 milliards d'années.
- L'évolution a d'abord été très lente : les bactéries sont les seuls êtres vivants durant presque 2 milliards d'années.
- Les êtres vivants possédant des cellules à noyau apparaissent, il y a environ 2,1 milliards d'années, les organismes pluricellulaires vers 700 millions d'années.
- L'évolution s'accélère, il y a 550 millions d'années, avec la naissance de formes complexes.
- La vie est installée sur les continents, il y a 350 millions d'années.

- Les grandes modifications biologiques, observées à l'échelle de la Terre, ont permis de découper les temps géologiques en ères : ère protérozoïque, ère primaire, ère secondaire, ère tertiaire…
- L'apparition des premiers organismes complexes, il y a 550 millions d'années, marque la limite entre l'ère protérozoïque et l'ère primaire.
- L'extinction des dinosaures et le développement des Mammifères, il y a 65 millions d'années, marquent la limite entre l'ère secondaire et l'ère tertiaire.
- Les reliefs importants des Alpes et de l'Himalaya se forment à l'ère tertaire. C'est à la fin de cette ère qu'apparaissent les ancêtres de l'Homme actuel.
- Les ères sont elles-mêmes subdivisées en intervalles de temps plus courts, les périodes (Cambrien, Carbonifère, par exemple).

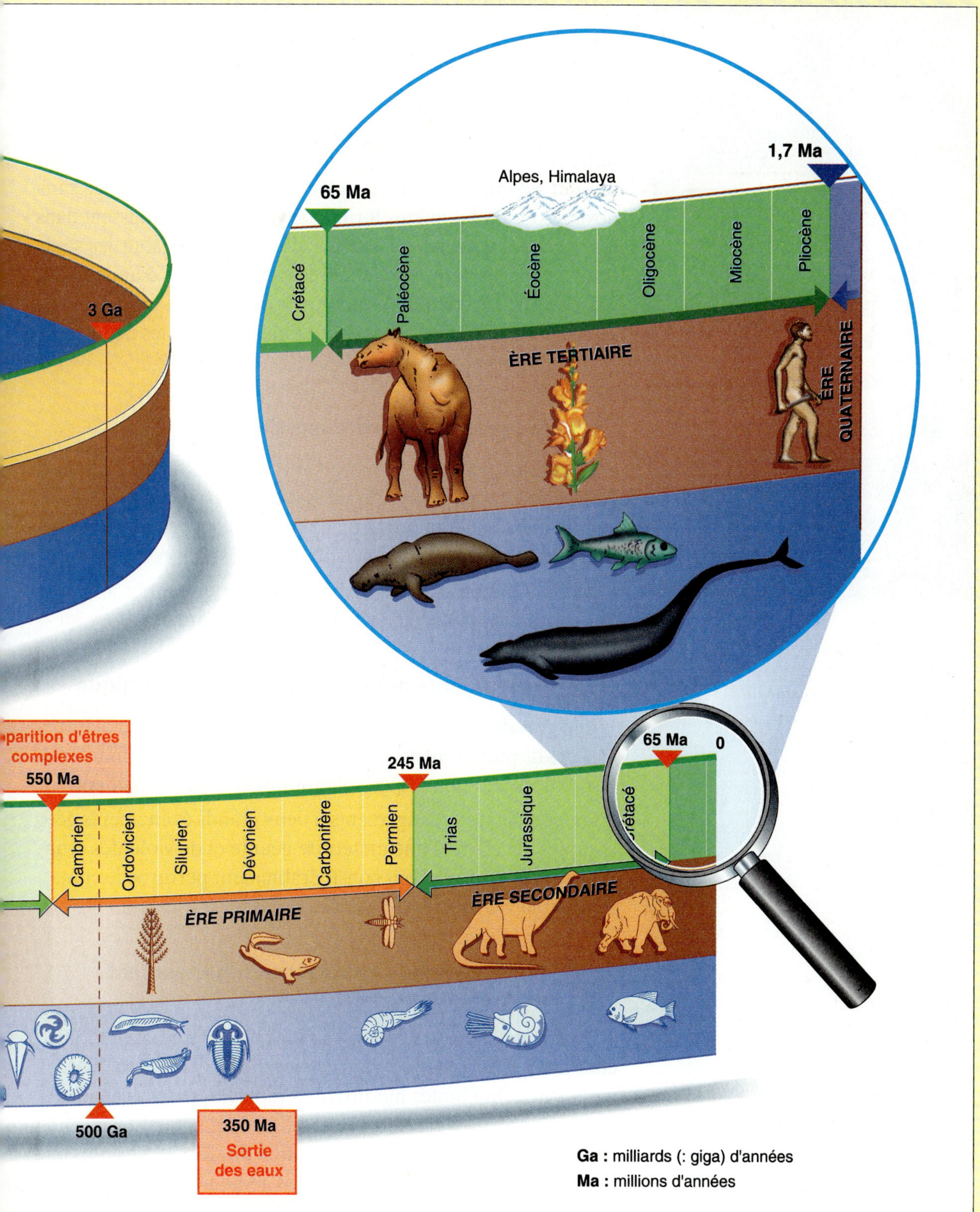

BILAN DES ACTIVITÉS

Histoire de la vie

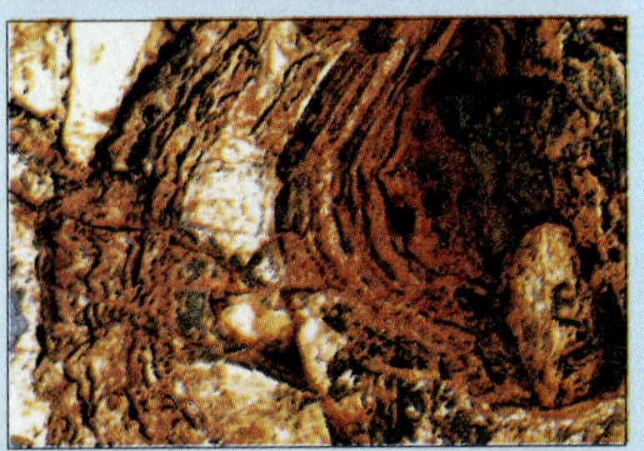

1 L'origine de la Terre et l'apparition de la vie

• La Terre s'est formée en même temps que l'ensemble du système solaire, il y a 4,5 milliards d'années. Des gaz et des poussières se sont condensés pour former des cailloux, des planètes, dont la Terre. En quelques centaines de millions d'années ses différentes enveloppes (atmosphère, hydrosphère, croûte, manteau et noyau) se sont formées. Les bactéries, cellules sans noyau, sont les premières formes de vie. Elles apparaissent dans les océans il y a environ 4 milliards d'années et sont les seuls êtres vivant sur Terre pendant presque 2 milliards d'années. On a découvert les composés chimiques constituant les protéines, molécules caractéristiques des êtres vivants, dans les nébuleuses et les météorites. ▶ INFOS ET ACTIVITÉ 1

2 Les grandes innovations de la vie

• Les cellules à noyau apparaissent à – 2 milliards d'années. L'évolution s'accélère avec la naissance des êtres pluricellulaires simples, il y a 700 millions d'années. À partir de 550 millions d'années, tous les grands groupes actuels sont présents.

• Le dernier grand bouleversement biologique est la conquête des continents, réalisée il y a 350 millions d'années. ▶ INFOS

3 Événements géologiques et crise biologique

• Les grands reptiles de l'ère secondaire et quantité d'autres espèces disparaissent à – 65 millions d'années. Les Mammifères, jusqu'alors peu nombreux, se multiplient et se diversifient.

• On attribue ces changements à deux grands événements géologiques : la chute d'une météorite géante et de violentes éruptions volcaniques qui ont considérablement perturbé le climat, rendant la vie impossible à certaines espèces. ▶ ACTIVITÉ 2

4 Modifications climatiques et changements dans le monde vivant

• En dehors des modifications géologiques importantes, la Terre connaît des périodes de glaciation et de réchauffement. Ces variations climatiques modifient la répartition des végétaux et des animaux. Les transformations géologiques et les grands événements qui ont marqué l'évolution des formes vivantes ont été utilisés pour subdiviser les temps géologiques en ères et en périodes, de durées variables. ▶ ACTIVITÉ 3 ET INFOS

CE QU'IL FAUT RETENIR

LES NOTIONS ESSENTIELLES

- La Terre s'est formée il y a 4,5 milliards d'années. La vie s'est installée sur la Terre il y a environ 4 milliards d'années, quand les conditions sont devenues favorables.
- Longtemps présente sous des formes très simples (bactéries : cellules sans noyau), la vie s'est multipliée et diversifiée. En particulier, des êtres complexes apparaissent il y a 550 millions d'années environ : tous les grands groupes connus aujourd'hui sont alors présents sur la Terre.
- Les événements géologiques et climatiques qui affectent la Terre sont une des explications de l'apparition et de la disparition des espèces vivantes.

Les mots clés

Bactéries : Organismes simples, formés d'une cellule sans noyau et constituant vraisemblablement les premières formes de vie sur Terre.

Crise biologique : Modification profonde apparue dans la faune et/ou la flore à une période donnée.

Ère : Grande coupure du temps dans l'histoire de la planète Terre.

LE SCHÉMA

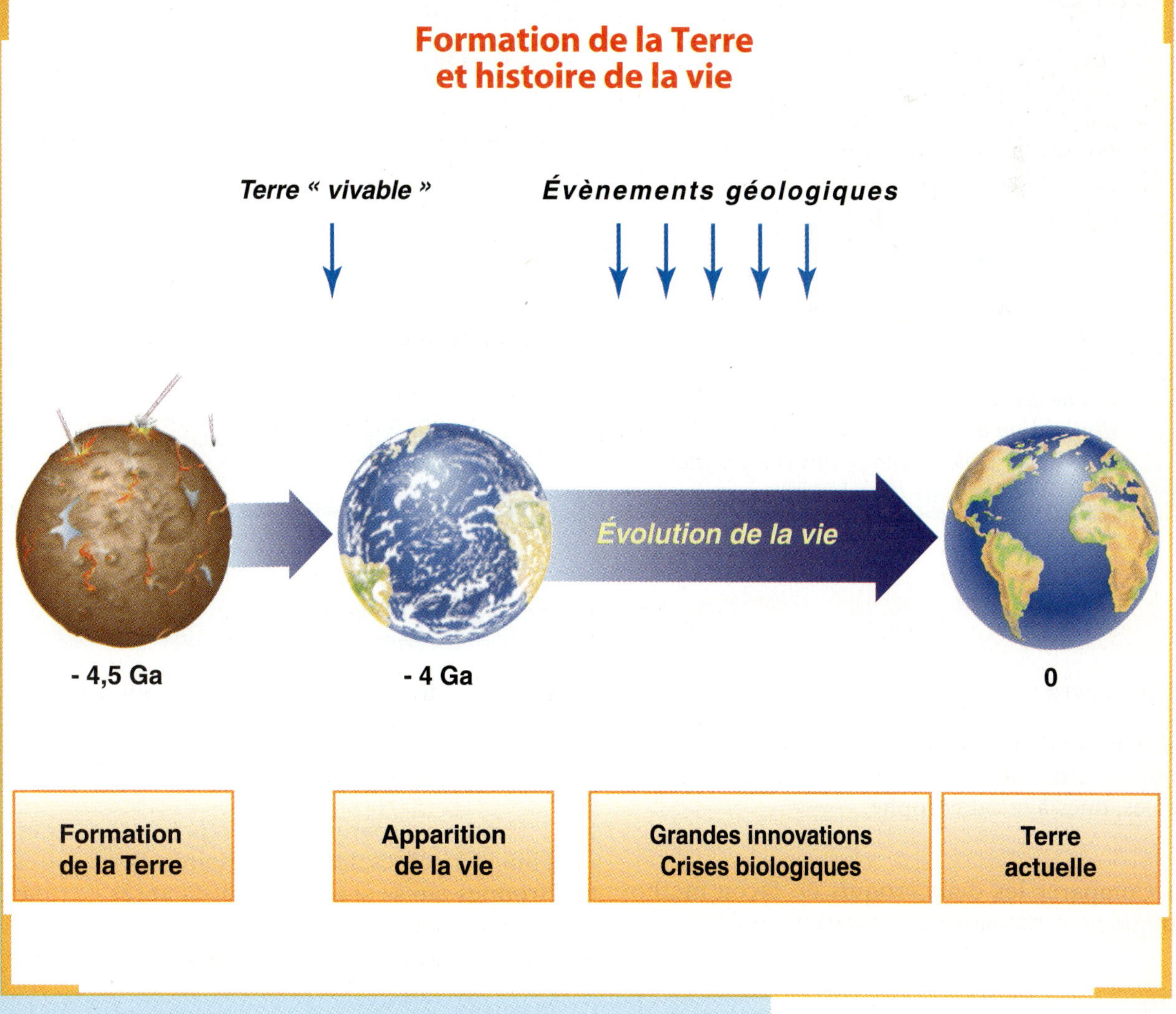

EXERCICE CORRIGÉ

La plus importante des extinctions

Vie marine à la fin de l'ère primaire.

Vie marine au début de l'ère secondaire.

À la fin de l'ère primaire, il y a 250 millions d'années, environ 95 % des espèces vivant dans les océans ont disparu. Cette catastrophe a profondément modifié la vie dans les zones littorales. Auparavant, la plupart des animaux reposaient sur le fond ou y étaient fixés. Au début de l'ère secondaire, des groupes de prédateurs mobiles, peu abondants jusqu'alors se développent ; de nouvelles espèces apparaissent. Les géologues pensent que des causes diverses ont contribué à cette extinction : baisse du niveau de la mer, diminution de la quantité d'oxygène dissous dans l'eau, violentes éruptions volcaniques…

QUESTIONS

1. Relevez, dans le texte, les conséquences de cette extinction sur la vie marine.

Objectif ▶ **S'informer à partir d'un texte**

2. D'après les croquis, proposez des exemples :
- de groupes disparus ou peu représentés aujourd'hui ;
- de groupes qui se sont développés après l'extinction ;
- d'espèces nouvelles.

Objectif ▶ **Raisonner : comparer des croquis**

POUR RÉUSSIR L'EXERCICE

Vous devez :

- Repérer dans le texte les phrases se rapportant aux modifications de la vie dans les zones littorales, dues à la catastrophe.

▶ **QUESTION 1**

- Comparer les deux croquis de façon méthodique pour répondre à la question posée.

▶ **QUESTION 2**

RÉPONSES ATTENDUES

1. La vie a été profondément modifiée : des groupes d'animaux fixés ont disparu ; des groupes peu représentés se sont développés, de nouvelles espèces sont apparues.

2. Groupes disparus ou peu représentés aujourd'hui : Crinoïdes, Coraux solitaires, Bryozoaires.
Groupes qui se sont développés après l'extinction : poissons, gastéropodes, bivalves.
Espèces nouvelles : Crabe, Bélemnite, Étoile de mer.

EXERCICES

TESTS RAPIDES

1 Questions à réponse rapide

1. Quelle est la date de la formation de la Terre ?
2. Quand la vie est-elle apparue sur Terre ?
3. Quelles sont les premières formes de vie apparues ?
4. Quelles sont les deux conditions favorables à l'installation de la vie sur la Terre ?
5. Nommez des molécules caractéristiques des êtres vivants ?
6. Quelles sont les deux catastrophes géologiques survenues il y a 65 millions d'années, susceptibles d'expliquer la disparition de certaines espèces ?
7. Quels sont les groupes d'animaux qui ont disparu à la fin de l'ère secondaire ? (donner deux exemples)

2 Retrouver une chronologie

Utilisez les numéros pour classer les événements retraçant l'origine de la Terre dans l'ordre chronologique.
1. Naissance du Soleil.
2. Amorce de la formation du système solaire dans une nébuleuse.
3. Refroidissement de la surface de la Terre, apparition de l'eau sous forme liquide.
4. Mise en place de planètes autour du Soleil.
5. Changements favorables à la naissance de la vie sur Terre.

VÉRIFIER SES CONNAISSANCES

3 Découvrir le mot caché

Recopiez la grille ci-dessous et placez les mots correspondant aux définitions proposées. Vous découvrirez alors le mot caché dont vous donnerez l'âge.

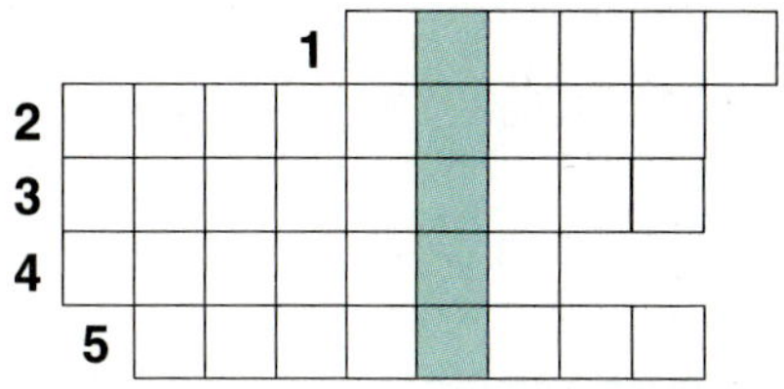

1. Elle prend naissance dans une nébuleuse.
2. Région gazeuse et poussiéreuse de l'univers.
3. Objet solide se déplaçant dans l'espace interplanétaire.
4. Dépression creusée par l'impact d'une météorite à la surface d'un astre.
5. On en compte neuf dans le système solaire.

4 Choisir les propositions exactes

Recopiez les phrases exactes, corrigez les phrases inexactes.
1. La Terre et le système solaire se sont formés à partir de météorites.
2. À la fin du Crétacé, les dinosaures disparaissent.
3. La crise biologique de la fin du Crétacé est attribuée à la chute d'une météorite et à un séisme d'une intensité exceptionnelle.
4. Quand il fait froid, la calotte polaire s'étend, le niveau de la mer monte.

APPLIQUER DES CONNAISSANCES ET DES SAVOIR-FAIRE

5 S'informer à partir d'un graphique

La courbe ci-dessous montre l'évolution du nombre de familles d'organismes marins durant 600 millions d'années.

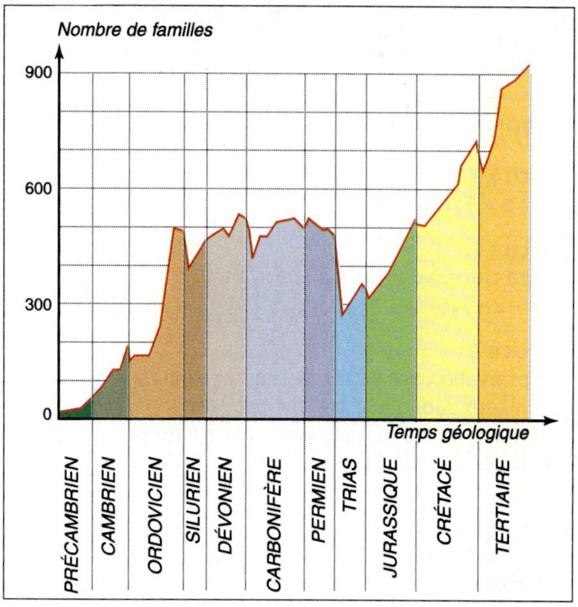

1. Décrivez cette évolution dans ses grandes lignes.

2. Citez l'époque de la plus grande extinction de familles d'organismes marins. Indiquez le pourcentage approximatif de disparition de familles à cette époque.

3. D'autres extinctions, de plus faible envergure, ont eu lieu. Citez deux époques auxquelles elles ont eu lieu.

CORRECTIONS DES TESTS RAPIDES

PREMIÈRE PARTIE

La Terre change en surface L'évolution des paysages

CHAPITRE 1 (P. 19)

Exercice 1
a – 4 ; b – 5 ; c – 1 ; d – 3 ; e – 2.

Exercice 2
2 et 4
Correction des propositions fausses :
– (1) Un paysage évolue au cours du temps.
– (3) Un affleurement est un endroit où la roche est visible.

Exercice 3
a. Cultures ; **b.** Forêt.

CHAPITRE 2 (P. 35)

Exercice 1
a – 3 ; b – 4 ; c – 2 ; d – 1.

Exercice 2
Couples de mots ayant un rapport logique entre eux : perméabilité – imperméabilité ; insoluble – soluble ; cohérent – meuble.

Exercice 3
– Une arène granitique est un sable grossier de composition minéralogique proche de celle du granite.
– La désagrégation d'une roche consiste en une séparation des minéraux qui la constituent.
– Une roche perméable est traversée par l'eau.

CHAPITRE 3 (P. 57)

Exercice 1
a – 3 ; b – 4 ; c – 2 ; d – 1.

Exercice 2
L'ordre chronologique est le suivant :
3 – 4 – 2 – 1.

Exercice 3
– L'observation des dépôts actuels permet de reconstituer des milieux sédimentaires anciens.
– La présence de fossiles dans une roche permet de reconstituer des conditions de vie.

CHAPITRE 4 (P. 71)

Exercice 1
Pouzzolanes : matériaux volcaniques de différents calibres, projetés lors d'une éruption et accumulés autour du point d'émission en formant un cône.
Béton : matériau de construction formé d'un mélange de sable, de ciment et de graviers.
Gisement : disposition des couches de minerai (ou de toute autre substance utile) dans le sous-sol.
Ressources : produits du sous-sol exploitables par l'Homme.

Exercice 2
a – 3 ; b – 2 ; c – 1.

Exercice 3
L'intrus est :
a : pouzzolanes ; **b :** culture en terrasses ; **c :** pesticides.

DEUXIÈME PARTIE

La Terre change en surface / Effets de l'activité interne

CHAPITRE 5 (P. 91)

Exercice 1
– Séisme : ébranlement bref du sol pouvant entraîner des dégâts.
– Isoséiste : ligne imaginaire joignant des points de même intensité sismique.
– Épicentre : lieu en surface du globe terrestre où l'intensité d'un séisme est la plus importante (dégâts maximaux).
– Foyer : lieu où commence la rupture à l'origine d'un séisme.
– Faille : rupture de roches avec décalage des terrains de part et d'autre du plan de rupture.

Exercice 2
1- érosion ; 2- Scandinavie ; 3- dépôt sédimentaire.

Exercice 3
a – 2 ; b – 4 ; c – 1 ; d – 3.

CHAPITRE 6 (P. 115)

Exercice 1
– Éruption de type effusif : de la lave fluide s'écoule. Un cône de projections se forme. Il n'y a pas d'explosions violentes.
– Éruption de type explosif : il y a des explosions violentes, parfois accompagnées de nuées ardentes ; un dôme de lave se met en place dans le cratère.

Exercice 2
1 – b ; 2 – c ; 3 – a ; 4 – d.

Exercice 3
L'ordre chronologique est le suivant :
2 puis 3 et 1.

Exercice 4
L'intrus est :
a. Lave fluide ; **b.** Lave visqueuse ; **c.** Andésite.

TROISIÈME PARTIE

La « machine Terre »

CHAPITRE 7 (P. 135)

Exercice 1

1. De la surface jusqu'à 2 900 km de profondeur, la Terre est formée par la croûte (océanique ou continentale) et le manteau.
2. L'ensemble croûte-manteau supérieur constitue la lithosphère.
3. Au niveau d'une dorsale, les plaques s'écartent l'une de l'autre (mouvement d'écartement ou de divergence).
4. Au niveau d'une fosse océanique, les plaques se rapprochent (mouvement de rapprochement ou de convergence).
5. La chaleur produite par l'intérieur de la Terre provient de la transformation des éléments radioactifs qu'elle renferme.

Exercice 2

– Plaque : vaste surface du globe géologiquement peu ou pas active, limitée par des zones très actives.
– Frontière de plaque : zone géologiquement très active, limitant les plaques.
– Subduction : enfoncement de la lithosphère dans l'asthénosphère.
– Asthénosphère : partie légèrement moins rigide du manteau, située entre la base de la lithosphère (épaisseur maximale : 100 km) et 670 km de profondeur.
– Lithosphère : ensemble très rigide, de 5 à 100 km d'épaisseur, constitué de la croûte océanique ou continentale et du manteau supérieur.
– Croûte terrestre : enveloppe solide la plus superficielle de la Terre. On distingue la croûte océanique et la croûte continentale.
– Fosse océanique : fonds marins très profonds au niveau des zones de subduction.
– Radioactivité : transformation spontanée d'un élément chimique en un autre élément, et libérant de la chaleur.

Exercice 3

1 – b ; 2 – c ; 3 – a.

Exercice 4

L'intrus est :
a. dorsale ; **b.** subduction ; **c.** asthénosphère.

CHAPITRE 8 (P. 151)

Exercice 1

1. Les radiolarites et les laves en coussin sont la preuve de l'existence d'un océan, aujourd'hui disparu, entre l'Inde et le Tibet.
2. Lorsque deux continents entrent en collision, des chaînes de montagnes se forment.
3. Les éboulements de produisent dans des régions où le sous-sol est instable ; ils sont favorisés par la pente et l'action des agents d'érosion (gel–dégel...).

Exercice 2

– Pli : déformation souple caractérisée par des ondulations des couches.
– Faille : fracture avec déplacement des terrains de part et d'autre du plan de cassure.
– Collision : survient lorsque deux lithosphères continentales s'affrontent , à la suite de mouvements de rapprochement des plaques.
– Laves en coussin : laves ayant une forme de coussin; leur forme est généralement acquise lors du contact de la lave chaude avec de l'eau, froide (par exemple, lors d'éruptions volcaniques sous-marines, au niveau des dorsales océaniques).
– Radiolarite : roche résultant de l'accumulation, sur les plaines abyssales océaniques, des squelettes de radiolaires, petits organismes du plancton marin.

Exercice 3

1 – c ; 2 – a ; 3 – d ; 4 – b.

QUATRIÈME PARTIE

Histoire de la vie, histoire de la Terre

CHAPITRE 9 (P. 169)

Exercice 1

– Espèce : ensemble d'êtres vivants qui se ressemblent et qui sont capables de se reproduire entre eux.
– Cellule : structure de base des êtres vivants, constituée par un cytoplasme dans lequel se trouve un noyau, et délimitée par une membrane.
– Dinosaures : groupe de reptiles fossiles.
– Archæopteryx : forme intermédiaire entre certains reptiles dinosaures et les oiseaux.
– Évolution : processus par lequel de nouvelles espèces apparaissent et d'autres disparaissent au cours du temps.
– Forme intermédiaire : fossile possédant des caractères de deux groupes différents. On peut ainsi établir des filiations entre des groupes d'êtres vivants.

Exercice 2

L'intrus est :
a. cheval ; **b.** crustacés.

CHAPITRE 10 (P. 187)

Exercice 1

1. La Terre s'est formée il y a 4,5 Ga.
2. La vie est apparue sur Terre il y a 4 Ga.
3. Les bactéries sont les premières formes de vie sur Terre.
4. Les deux conditions favorables à l'apparition de la vie sur Terre sont l'apparition d'eau sous forme liquide et la présence de lumière (soleil).
5. Les substances caractéristiques des êtres vivants sont les protéines.
6. Il y a 65 Ma, la chute d'une météorite et un volcanisme intense ont pu entraîner la disparition de certaines espèces.
7. À la fin de l'ère secondaire, les Dinosaures et les Ammonites ont disparu.

Exercice 2

2 - 1 - 4 - 3 - 5.

INDEX

Un index est une liste, classée par ordre alphabétique, de différents termes rencontrés dans un livre. Les chiffres qui suivent chaque mot indiquent les pages du manuel où ils sont utilisés.

Crédits photographiques

5 : hg Fugiglando ; hd P. Thomas, bd I& V Krafft/HOA QUI ; bd M. Land/SPL/COSMOS - **6** : Tom Van Sant/Geosphere project Santa Monica/SPL/COSMOS – **7** G. Fugiglando – **8** Goupe scetauroute/Benard – **9** doc2 J. Damase ; doc 3 M. Petzold – **10-11** G. Fugiglando – **12** doc 1a Huyghens, doc 1b&c F. Hanoteau – **13** doc a Petzold, doc b Pix – **14** doc 1a&c&d E. Périlleux ; 1b J.M. Demont ; **15** doc a IGN – **16** h G. Fugiglando ; m Huyghens , m E. Périlleux – **18** B. Piat – **19** doc 6 M/ Petzold – **20** doc 7 P. Body/HOA QUI ; doc 8 B. Desestres/ALTITUDE ; doc 9 Neumiller/ANA ; doc 10 G. Fugiglando – **21** doc 11 Barthélémy/BIOS ; doc 11 M. Petzold ; doc 12 h M. Petzold ; doc 12 b D. Zintzmeyer/HOA QUI – **22-23** IGN, doc a M. Petzold ; doc b H. Bril – **24-26** G. Fugiglando – **28** doc 1 F. Hanoteau – **29** doc 4b Gouilloux/Campagne Campagne ; doc 5a F. Hanoteau ; doc 5b M. Petzold – **30** doc 1a&b G. Fugiglando ; doc 2a G. Fugiglando ; doc 2b Vaisse /HOA QUI – **31** doc 3b Roy/EXPLORER ; doc 3a Jahan/EXPLORER ; doc 4 Delobelle/BIOS ; doc 5 G. Fugiglando – **32** h H.Bril ; m G. Fugiglando ; b Delobelle/BIOS – **34** O. Boitet/Le Parisien – **36** doc 7 R. Talbot – **37** doc 9 M. Petzold ; doc 10 S. Deschamps/DIAF ; doc 11 Roy/HOAQUI – **38-39** Landsat STM/Eurimage 1997, réalisation M. Sat éd 63 ; doc 1a Frimat/BIOS ; doc 2 Bassignac/GAMMA ; doc 1b C. Ruoso/BIOS ; **40-41** G. Fugiglando ; **41** h G. Fugiglando ; b Ifremer/Nautile/Mission Tammer - P. Gente CNRS Brest – **43** Carré /JACANA ; **44-45** G. Fugiglando – **46** doc 1a Y. A. Beretrand/ ALTITUDE ; doc 1b F. Hanoteau ; doc 2a J.C. Gall ; doc 2b F. Hanoteau ; doc 3 IGN ; doc 3h F. Hanoteau – **47** doc 4a&b Société commerciales des mines de Potasse de Mulhouse ; doc 4c P. Wysacki/EXPLORER ou Pascox/BIOS – **48** doc 1a&d G. Fugiglando ; doc 1b F. Hanoteau ; doc 1c P. Thomas – **49** doc a Peter Arnolds/Evans/BIOS ; doc b G. Fugiglando ; doc c P. Thomas – **50** doc 1a&2b G. Fugiglando ; doc 1b D. Serrette/MNHN, Paléontologie ; doc 2a P. Thomas doc 1c&2c Pesek/SPL /COSMOS – **51** doc 3a F. Hanoteau ; doc 3b G. Fugiglando – **52** de gauche à droite : M. Petzold ; Cosmos/SPL/Land ; Sunset/Mach 2 stock; JACANA/Chaumeton ; Petzold ; JACANA/Chaumeton ; Sunset/Bringard – **53** de gauche à droite : COSMOS/SPL/Land ; M. Petzold ; JACANA/Claye ; Sunset/Delfino ; G. Fugiglando – **54** h&m G. Fugiglando ; b M. Petzold – **56** doc 1 Ruoso/BIOS ; doc 2a Stammers /SPL/COSMOS ; doc 2b M.C. JANIN, Paris 6/CNRS ; **58** doc 8 M. Petzold ; doc 7a Erge /JACANA – **59** doc 11a J.C. Gall ; doc 11b Bringard/BIOS – **60** doc 1 Y. A. Bertrand/ALTITUDE ; doc 2 J. DAMASE – **61** h G. Fugiglando & Eramet ; b Valarcher /BIOS – **62-63** G. Fugiglando – **64** doc 1 Eramet/Ph Schaff – **65** Wolf/HOA QUI – **66** g S. Fraser/SPL/COSMOS ; d Thiriet – **67** doc 3 h Trath/Gamma ; doc 3 b Chardon- Martin/GAMMA ; doc 4 Grilly/FOTOGRAM Stone – **68** h G. Fugiglando ; m Eramet/Ph; Schaff ; b Grilly/ FOTOGRAM Stone – **70** Mores/DIAPHOR – **73** I&V KRAFFT/HOA QUI – **74** doc 1 F. Origlai/SYGMA ; doc 1b-d SAMA/SIPA PRESS – **75** doc 2 SPL/US geological survey/COSMOS ; doc 3 CEA – **76** doc 1 NASA/SPL/COSMOS – **76-77** Hachette/Guides bleus – **78** Laski/SIPA PRESS – **80** doc 1a Cisternas/Archives Nathan ; doc 1b&c F. Hanoteau – **81** doc 2a M. Petzold ; doc 2b&c F. Hanoteau – **82** F. Hanoteau – **84** doc 2 A. Keler/SYGMA ; doc 1 F. Origlia/SYGMA ; doc 3 T. Orban/SYGMA – **85** doc 4 Hires Chip/GAMMA ; doc 5 Haley/SIPA PRESS ; doc 6 D. Weintraub/EXPLORER – **88** h Laski/SIPA PRESS ; m Archives Nathan ; b CEA – **94** doc 1&2 I&V Krafft /HOA QUI ; doc 3 Les Stone/SYGMA – **95** doc 4&5 I&V Krafft/ HOA QUI – **96** I&V Krafft/HOA QUI – **97** h I&V Krafft/HOA QUI ; b C. Vaisse/HOA QUI – **98** SIPA PRESS – **99** doc 2a West Kevin/GAMMA ; doc 2b Alain Buu/GAMMA ; doc 2c I&V Krafft/HOA QUI – **100** Musée de la presse/GIRAUDON – **101** doc 5 Chamussy/SIPA PRESS ; doc 6 I&V Krafft/HOA QUI – **102** doc 1a F. Hanoteau ; doc 1b et doc 2a&b Bardintzeff/Nathan – **103** h F. Hanoteau ; b E. Périlleux – **104** doc 1 Lewis/Liaison/GAMMA ; doc 2 Bardintzeff/Nathan ; doc 3 J.P. Lorand/MNHN - Minéralogie – **105** doc 4 Bardintzeff/Nathan ; doc 5 G. Menant ; doc 6 Mme Larcher, fond Fleury – **106** doc 1 Bourseiller /Durieux/HOA QUI ; doc 2 West Kevin/GAMMA ; doc 3 Ifremer ; doc 4 I&V Krafft/HOA QUI – **107** doc 5 Ph. Bourseiller/HOA QUI ; doc 6 Steve Watkins/FSP Gut/Gamma ; doc 7 Lewis/GAMMA ; doc8 I&V Krafft/HOA QUI – **108** J. amase – **47** h J. Damase ; m&b Piat – **109** IGN – **112** h I&V Krafft/HOA QUI ; m F. Hanoteau ; b J. Damase – **114** J. Durieux/SIPA PRESS – **115** E. Périlleux – **116** Ch Guy/ P. Engelvin/CAMAPAGNE CAMAPAGNE – **117** P. Thomas – **118** SPL/COSMOS – **124** F. Hanoteau ; doc 2b Bardintzeff /Nathan – **125** h F. Hanoteau ; b E. Périlleux – **126** doc 1a Ifrmer ; doc 1b I& V Krafft/HOA QUI ; **130** Gad/Pix ; **131** g Streano/COSMOS ; d F.Hanoteau – **138** Geospace/SPL/COSMOS – **139** h Sant/SPL/COSMOS ; m J.P. Gued/HOA QUI ; b Wang Zhiping/ANA – **140** g B. Piat ; d E. Périlleux – **142** doc 1a Tom Van Sant/Geosphere project planetary visions /SPL /COSMOS ; doc 1b F. Hanoteau – **143** h J. Jaffre/HOA QUI ; b Earth Satellite Corporation /SPL/COSMOS – **144** doc 1a E. Périlleux ; doc 1b&c F. Hanoteau – **145** doc 2a P. Thomas ; doc 2b&c F. Hanoteau – **146-147** G. Fugiglando – **148** h J.P. Gued/HOA QUI ; m E. Périlleux ; b P. Thomas – **153** M. Land/SPL/COSMOS – **154-155** S. Grandadam /HOA QUI – **156** D. Serrette/MNHN Paléontologie ; doc a Smithsonian Institute ; doc b à h Musée royal de l'Ontario, Département de Paléobiologie – **158** D. Serrette/MNHN Paléontologie ; doc a à c D. Serrette/MNHN Paléontologie ; doc d à f Musée royal de l'Ontario, Département de Paléobiologie ; doc g&h D. Serrette/MNHN Paléontologie – **162-166** D. Serrette/ MNHN Paléontologie – **172** royal obs Edi/AATB/SPL/COSMOS – **174** doc 1a Doc Neil D. L. Clark/Hunterian Museum; doc 1b S. Scaglia/COSMOS ; doc 1c H. Gillert Camoin ; doc 1d Bibliothèque pour la science – **179** K.G. Cox/Oxford – **180** doc 1a J. Collina Girard ; doc 1b Broadcast/GAMA ; doc1d Valérie Feruglio – **181** F. Broadcast/GAMMA ; **184** h Royal bos edi/SPL/AATB/COSMOS ; m crédit TS ; b F. Broadcast/GAMMA.

En couverture : Steeve Bloom/Pix.

RESPONSABLE D'ÉDITION : **Élisabeth Pinard**
ICONOGRAPHIE : **Marie-Odile Pérulli**
ILLUSTRATIONS : **Laurent Blondel – Graffito – Sophie Jacopin – Gilbert Macé**
CONCEPTION GRAPHIQUE : **Marc & Yvette – Killiwatch**
MISE EN PAGE : **Killiwatch**
COUVERTURE : **Double File**
GRAVURE : **APS-Chromostyle**

N° d'Editeur 10044193 (I) (50) CMP 70
A.P.S MAI 1998 Imprimerie MAME (n° 98032272)
Cet ouvrage a été imprimé sur un papier de 70 grs